U0155693

万物小史

Weiße Magie   Die Epoche des Papiers

[德] 罗塔尔 · 穆勒（Lothar Müller）著　何潇伊 宋琼 译

SPM
南方出版传媒
广东人民出版社
· 广州 ·

图书在版编目（CIP）数据

纸的文化史 /（德）罗塔尔·穆勒著；何潇伊，宋琼译. —广州：广东人民出版社，2022.2
ISBN 978-7-218-14657-7

Ⅰ.①纸…　Ⅱ.①罗…　②何…　③宋…　Ⅲ.①纸—文化—普及读物　Ⅳ.①TS761-49

中国版本图书馆CIP数据核字（2020）第238066号

Title of the original German edition:
Author: Lothar Müller
Title: Weiße Magie. Die Epoche des Papiers
© 2012 Carl Hanser Verlag GmbH & Co. KG, München

ZHI DE WENHUA SHI

纸的文化史

[德]罗塔尔·穆勒 著　何潇伊　宋琼 译　　　版权所有　翻印必究

出 版 人：肖风华

责任编辑：刘飞桐　陈　晔
责任校对：钱　丰
责任技编：吴彦斌　周星奎

出版发行　广东人民出版社
地　　址：广州市海珠区新港西路204号2号楼（邮政编码：510300）
电　　话：（020）85716809（总编室）
传　　真：（020）85716872
网　　址：http://www.gdpph.com
印　　刷：天津丰富彩艺印刷有限公司
开　　本：889毫米×1194毫米　1/32
印　　张：11.75　字　　数：231千
版　　次：2022年2月第1版
印　　次：2022年2月第1次印刷
定　　价：68.00元

如发现印装质量问题，影响阅读，请与出版社（020-85716849）联系调换。
售书热线：020-85716826

致敬我们仍身处其中的纸张时代

目　录

第二部分   版面背后

第三部分   大举扩张

前 言
微生物思想实验

1932 年 11 月 16 日，法国作家保尔·瓦雷里（Paul Valéry）在巴黎的年鉴学院论坛（Univsersité des Annales）上做了一个题为"心灵政治"的演讲。他在演讲中说道，如今这个时代一片混沌，未来不可预知。我们生活在一个以信托为基石的文明之中。信贷机构之所以能够存活下来，是因为人们不会在同一时间跑去窗口，要求取出自己的存款。文明亦是如此。文明之所以能够不断延续，是因为它赖以存在所需的那些想象中的资源不会在顷刻间消失。瓦雷里通过一个思想实验，向听众们阐释了人类文明中的信托机制是如何借助信任与信用的相互作用来运行的。他说这个设想并不是他自己创造出来的，而是很早以前从一位他已经忘记名字的美国或者英国作家那里读到过。瓦雷里让大家想象，有一种不知名的微生物，攻击了世界上现存的所有纸张，并以迅雷不及掩耳之势将其破坏殆尽："没有任何防御措施，没有解药，也不可能找到方法来消灭它们，或者阻止这一破坏纤维素的物理化学反应的发生。它们像啮齿类生物侵入抽屉和柜子一样，将钱包和图书馆里的东西化成粉末；所有人们书写下来的东西都被摧毁了。"

　　当时，瓦雷里并不知道由木浆制成的纸本来就老化得非常快。不过，他提出这一设想的初衷，并不是真想让大家去关注纸的损坏，而是希望人们能够意识到纸在现代文明中的无处不在和不可或缺。他需要这样一个景象，能够全面整体而不是仅仅在文学或者艺术领域中，描述文明想要自我存续所面对的危机。所以，他在演讲中谈到了钱包和图书馆。对于我们身处的文明，他是这么形容的：纸已经渗透到了人类文明的每一根毛细血管中，社会机构和日常运作都离不开纸。想象一下纸消失后的世界吧，他这样描述：再没有纸币，没有债券，没有案卷，没有法典，没有诗歌，没有报纸。

　　瓦雷里做上述演讲的时候，广播和唱片才刚刚兴起，电视机还处于测试阶段。纸是文字、图片和数字能够保存与传播的重要媒介，即使是电影、电报和电话也无法从根本上撼动它的地位。瓦雷里虚构的微生物带来的毁灭性后果，凸显了纸在现代文明中的普遍性和广泛性。这一思想实验只不过是将原本就无处不在的东西更加具象化而已。

　　哲学家雅克·德里达（Jacques Derrida）可能对保尔·瓦雷里的这场演讲比较熟悉。1997 年，德里达在接受《媒体学报告》（Cahiers de Médiologie）杂志的一次大型的、非常个人化的采访中，摒弃了 1932 年瓦雷里微生物思想实验中的幻想元素，并将纸张迅速、突然瓦解的观念转变为一种预测：瓦雷里所说的纸的这种广泛性正在逐渐衰落。我们正在经历的是巴尔扎克在他的长篇小说《驴皮记》中所描述的那种衰退。正如那张写着阿拉伯文字的神奇驴皮不断地缩小一样，纸也在不断变小和衰落。

德里达很聪明。他没有说纸会终结或"消亡"。在他看来，即使电子媒介不断兴起和广泛发展，纸在现代文明中的出镜率依然不会太低。他只是提出，纸作为图片和符号载体的统治地位可能会逐渐瓦解。他所说的纸的"衰落"，并不是指纸在所有领域的全线崩溃，而是指它在关键地位上的衰退。

德里达这一生都在思考和文字有关的事情。在采访中，他讲述了自己写字的手如何滑过一张白纸，写字的设备从机械打字机到电动打字机，最后发展成电脑。他认为写字方式的这一发展，是他这一代人所经历的决定性体验。和瓦雷里一样，纸对德里达来说也不仅仅是文字的舞台。他也提到了金钱和信用的结合，谈到了"信用货币"、纸币以及塑料做的信用卡是如何替代纸币的。他通过法国"证件"和"无证人士"的问题，说明自然人在现代社会中的融入问题："我"对国家来说只是"一纸证明"，即使这些证明正在逐渐变成塑料制品。

本书借鉴了瓦雷里的思想实验。在这个实验中，微生物就像是一个探测器，发现了纸的广泛性。同时本书也吸收了德里达的建议，从纸的衰落这一角度出发，将纸的发展和统治地位呈现在大家眼前。

当说到书籍、信件或报纸的时候，我们相信自己非常清楚它们的起源。在普遍的认知里，我们首先会想到"谷登堡时代"。但确立这样的术语，以及"谷登堡时代"这一术语背后的结论，是把印刷机以及印刷书籍当作现代媒介理论的支点。加拿大媒介理论家马歇尔·麦克卢汉（Herbert Marshall McLuhan）以及他的两本畅销书《谷登堡星汉璀璨》（*The Gutenberg Galaxy*，1962）和《理解媒介》（*Understanding Media*，1964）为推广这一观念起到了关键作用。在这两本书中，印刷机被描述成"现代世界之母"和"媒介革命"的典范。尽管过去几十年的历史学科不断修正麦克卢汉关于书籍印刷和字体排印的阐释，但他的思想一直存在于我们对"谷登堡世界"的日常理解之中。因此，本书有部分篇章在麦克卢汉媒介理论的语境下，对"纸张的时代"进行了分析。

纸的历史比印刷机要悠久得多，比纸张印刷的历史包含的内容更广。纸是一种惰性的材料、被动的物质，思想通过文字的组合在它身上表现出来。"你们知道"，保尔·瓦雷里在演讲中说道："纸扮演着蓄电池和导线的角色。它不仅仅在人与人之间进行传播，也在时代与时代之间传播，肩负着高度多样化的真实性和可信度的使命。"瓦雷里这位精神的倡导者，并没有从书籍中去总结他关于纸的不断发展的媒介理论。他将纸称作"蓄电池"和"导线"，让纸充满了能量，这种隐喻将纸带入了电池和电路的领域。本书也倾向于将纸概括为某种动态能量的储存和传播媒介。

纸张可以折叠、弄皱，或是进行裁剪，可以被撕碎甚至烧掉。纸的两面都可以覆盖上数字、字母或是线条，可以被铺开、拉出、寄出去或藏起来。纸的样式和质量各式各样，从便签条到对开本，从包装纸到装饰纸。瓦雷里虚构的微生物可以追踪到任何地方、任何形式的纸张，我可没有这种能力。在本书中，我试图将三种不同的看待纸张的角度结合起来。第一种侧重于纸张的物理形态和材料，作为一种人类文明的产物，纸张并非天然存在于自然界，而是需要一定的生产技术。但本书中涉及的造纸技术历史比较粗略，在很大程度上局限于欧美视角，将阿拉伯纸作为欧洲纸的先驱，对亚洲的造纸技术也只能点到即止。有关造纸技术史的所有篇章将围绕着以下问题展开：纸是如何一步步成为西方文明的基本元素的？又是如何在我们所熟知的"谷登堡时代"占据如此关键的地位？

第二种看待纸张的角度则是参考了保尔·瓦雷里的比喻：纸扮演着蓄电池和导线的角色。本书会探讨文化技术、基础设施以及日常习惯，在这些方面，纸是储存和传播文字、图片和数字的媒介。印刷机被认为是纸张时代最重要的实体，但印刷出来的纸和非印刷的纸从根本上而言是平等的。所以这本书也会提到信纸，顺带提及了为信纸流通提供基础设施的邮政事业。就像瓦雷里提到图书馆和钱包一样，本书不仅会谈到作家和学者用的白纸，也会谈到商人用的信函和记账技术。

最后，第三种角度是从内部来观察纸张的时代：这个时代是否形成了自我意识？如果是的话，它在自我解释的时候会赋予纸怎样的特性呢？纸不仅仅是一种实用的基础材料，同时也是一种用作隐喻的资源。在日常生活中，我们会说某个人是"一张白纸"，某人只会"纸上谈兵"，或者是人生"翻开新的一页"

等。从约翰·洛克（John Lock）将人类的思想比喻成一张白纸，到索绪尔（Saussure）通过纸具有正反面来阐释语言符号的两面性，纸的隐喻一直贯穿科学和思想的历史。很显然，对于纸张作为反思物的悠久历史，本书也只能简单提及。

以上探索的角度是由笔者自身的职业所决定的。作为一位热爱文学研究的学者和报社记者，我非常关注欧洲近代文学中对其制作材料的认识，以及造纸技术发展历程和报刊的出现二者之间的关联。近代文学除了拥有众多其他魅力之外，同时还出色地展现了报纸的编年史。在本书中，纸的历史和文学史是密切相关的。如果是由一位艺术史学家来研究，可能关注的角度就完全不一样了——他会去研究阿尔布雷希特·丢勒（Albrecht Dürer）时期以来的平面艺术，以及20世纪视觉艺术中拼贴画所用的纸。社会史学家或经济史学家会详细地描述意大利、法国和中欧纸张的生产和交易景象。旧式造纸厂的交易关系和内部社会结构，以及18世纪手工作坊和工业造纸厂的经济模式必定会是重中之重。而日常生活史学家则会详尽研究家庭作坊、监狱、手工作坊以及工厂中纸的生产方式，也会讨论包装袋、手提袋、信封、账本、节日和聚会用品这些纸制品的流通。

本书中用来阐述（至少是初步阐述）纸的广泛性的例子，并不是随机选择的，而是由笔者对纸作为文字和图像载体的首要兴趣所驱动的，并与一个总体论点相捆绑：如果我们把媒介的起源嵌入纸张的时代，便可以更好地理解"谷登堡时代"，以及我们现在所处的过渡时期，即电子纸和传统纸开始相互竞争的时期。"书籍时代"和"互联网时代"之间的严格对立是 21 世纪初谈话节目和新闻辩论中常见的话题，但这两者的对立源于大家对"谷登堡时代"的普遍理解。而笔者写这本书，就是反对过于关注这种假定的对立，这种对立会阻碍我们意识到以纸为基础的发展路径和文化技术，不仅自近代早期以来塑造了我们的知识、经济、政治、艺术和现代公共生活的基础设施，也同样是数字存储和传播媒介的前身。电子媒介和迅速扩张的数字化基础设施所改变的，不仅仅是"谷登堡世界"，而是整个纸张的时代。纸是一个擅长替代他物的高手，通过潜移默化地融入现有的模式和惯例中，它能够在现代文明中，在银行、图书馆、邮局、新闻机构中发挥重要的作用。直到电话和电讯时代的到来，纸才迎来了真正意义上的挑战。而如今，在我们所生活的时代，基于纸张的习惯和文化技术（比如远距离的书面交流）正在被它们的数字继承者所取代、补充或改变。电子纸与传统纸也越来越接近。自 20 世纪以来，新闻纸和书写纸在纸的总产量中所占的比例不断下降。对于传统纸在未来所能发挥的作用，人们所做的悲观预测不在少数。但与此同时，大家对纸是如何发展至今的却并不十分清楚。未来并不总是和今天预测的一样，它往往藏在过去的历史中。所以，这本书会先谈一谈传统意义上的纸，最后再转向电子纸。

第 一 部 分

纸在欧洲的传播

第 一 章

来自撒马尔罕的纸

阿拉伯帝国

纸千变万化。人们不仅无法对它的用途一概而论，就连追踪它的起源也十分困难。只有一点可以确定，那就是纸起源于中国。但与欧洲的印刷机不一样，我们无法追溯人们发明出纸的确切日期。公元 105 年，当时的宫廷官员蔡伦在皇帝的资助下，以低廉的成本制造出了可供书写的大幅面纸张。但这并不能算是从无到有的全新发明，它其实是在一种古老生产技术的基础上通过改良形成的。现代历史学家试图追踪历史悠久、循序发展而来的造纸术的起源。他们找到了一种"原生纸"：这种纸是人们通过模仿毛毡的制造方法，从植物纤维、丝绸或棉絮中提取出来的，但它和书写纸还相差很远。一种工艺技术一旦出现在世界上之后，人们再回过去看它，常常会觉得它的存在是理所当然。但其实它并不是一蹴而就，而是一步步发展而来的。

最初的中国造纸术可以这样概述：中国造纸匠通常将构

树[1]的韧皮作为造纸的原材料。他们将构树的韧皮浸泡在木灰水中，经过一定时间的处理，直到其中的纤维相互分离。若要将这些分离的纤维做成纸张的话，需要用到滤网，这种滤网是将棉布或者麻布绑在一个木制边框上制成，能够漂浮在水上，也被称为"抄纸帘"。工匠将纤维铺在抄纸帘上，用手均匀摊开。随后将抄纸帘连同形成的纸层从水中取出，晒干，接着便可以开始造下一张纸了。因此中国造纸匠每天只能产出几十张纸。

　　蔡伦对造纸技术的改善，主要在于他扩大了造纸的原材料基础。根据约公元450年间撰写的一本史书[2]记载，蔡伦将麻布、破布以及破渔网作为原材料用于造纸，但总体来说，造纸术是在民间长期发展而成的。随着灵活便携的竹筛的运用，生产力得到大幅提高。再加上纸的用途日益广泛，造纸术开始在中国传播开来。人们不仅仅将它当作书写材料，还拿它来糊裱门窗、做成灯笼、纸花，或是扇子和雨伞。有证据表明公元9世纪的时候，中国人就已经开始批量生产厕纸了。到了10世纪，纸币已经成为可被接受的支付工具。

　　一个古老的阿拉伯故事描述了纸从东方第一次传播到西方的过程。故事说，公元751年，阿拉伯人和突厥军队展开了一场战争，当时的突厥军队有一些中国的援军相助（原文如此）。在这场战争中，一些中国的造纸工匠被阿拉伯人俘虏。阿拉伯人将这些工匠从塔什干战场的塔拉兹河岸带到了撒马尔罕，并

---

[1]　构树，落叶乔木，其树皮是优质的造纸和纺织原料。（本书脚注皆为译者注和编者注）
[2]　即《后汉书》。

强迫他们透露造纸技术的秘密。从那时起，撒马尔罕及其周边地区——这些阿拉伯人在8世纪早期就已经征服的地方，人们开始造纸。其质量一点不比中国所产的纸张逊色。

当代纸张研究对这一说法的理解是：中亚的军事冲突加速了纸的传播，不过这一传播可能早在几百年前就已经开始了。军事史上记载的对东方秘密知识的加速传播和武力征服，是以贸易史上长期的东西文化传播运动为背景的。丝绸之路在纸的传播中起到了关键作用。早在这批中国造纸工匠被俘虏之前，纸就已经作为商品，通过丝绸之路的交通网络传到了中亚。因此，丝绸之路也是一条纸张之路。从这个角度看，造纸术更像是一种缓慢渗透到阿拉伯世界的文化技术，而不是一种在特定日期习得的技术。中国纸被纳入长途贸易，引发了当专有知识以商品形式转移时通常会发生的双重步骤：首先进口一种商品，然后是生产这种商品的技术。进口商品的耗费巨大，必须经过漫长的旅途，这使得这种引进方式变得十分有吸引力。

最开始，阿拉伯造纸工匠可能一直是使用浮筛，后来才一步步地通过"抄纸"替代了这种"浇铸"工艺。但不管对造纸技术做了哪些细节上的修改，阿拉伯的造纸工匠们都需要让纸的生产技术适应当地的气候条件。他们需要尽量减少水的用量，并找到其他材料来代替中国造纸术中主要使用的原料——构树的韧皮。在这种压力之下，破布、旧织物、绳索这些在中国至多起辅助作用的原料，变成了阿拉伯造纸中的核心原料。

于是一种物质循环的基本模型就建立起来了。在这一模型中，人们不是仅仅通过改变废弃物的物理形态来获得材料，比如金属，而是制造出了一种结构完全不同的材料。从此以后，纸成为一种人造材料，其原料本身就是文明的产物。尽管中国用的构树和埃及用的纸莎草也不是纯"天然"的，毕竟它们也是人工栽培的植物。但使用破布造纸打破了自然条件的束缚，使人们不再受限于只有在中国南方亚热带气候条件下才能生长的构树，或者埃及纸莎草。破布等原材料在人类生活的地方随处可见，只要他们需要穿衣，并进行交易。一旦造纸的原材料不再受到当地的自然条件限制，造纸技术便得以在全世界范围内传播了。它在作为长途贸易商品时就已经拥有的游牧民族随遇而安的特征，也融入了它的物质结构中，在克服区域生产界限时没有遇到太大阻力。公元8世纪，巴格达出现了造纸坊，接着开罗和叙利亚也有了造纸坊。公元10世纪以来，大马士革、的黎波里、哈马的人也开始造纸，并很快开始出口纸张。公元11世纪，有一位波斯人报告说，在开罗，商贩们用纸包裹他们的商品，而早在公元10世纪，叙利亚不仅仅向北非出口纸张，也输出了造纸技术。

随着使用本身已是文明产物的材料来造纸，纸张逐渐失去了与天然原材料的联系。当然，这并不意味着它的原材料基础是无限的。由于这些原材料来自城市和乡村，而不是田野和树林，所以从中世纪的阿拉伯文明一直到19世纪，造纸一直和人口发展以及纺织制造等因素密不可分，再加之它对绳索和索具的需求，造纸和贸易与航海之间也有着千丝万缕的联系。

纸是如何到达撒马尔罕，又是如何在整个阿拉伯帝国传播的，直到19世纪晚期才被详细地追溯。维也纳宫廷图书馆的馆长、东方学家约瑟夫·冯·卡拉巴克（Joseph von Karabacek）对此功不可没。1877—1878年的冬天，埃及中部城市法尤姆附近以及赫尔莫普利斯两地发现了两万多张纸的残片。卡拉巴克的论文《阿拉伯残片》（*Das arabishe Papier*，1887）正是基于这两万多张残片的研究写成。后来这些残片被奥地利的莱纳大公（Erzherzog Rainer）收进他的纸莎草文献收藏中。卡拉巴克翻译了这些来自8—14世纪的残片，向世人描述了这些残片上丰富的字体、颜色和格式。他还提到了一种非常轻薄的"鸽纸"，人们一方面用它来"飞鸽传书"，另一方面也很喜欢用它来写情书。此外，卡拉巴克还出版了他自己翻译的《文士工作者》（*Umdat-al-kuttab*），这是唯一一篇流传至今的、在11世纪撰写的关于阿拉伯造纸工匠的文章。最后，他在一次展览中向公众展示了其中的一些残片，并编制了一个目录，记录了纸的广泛用途和地理分布。

同一时间，奥地利植物学家尤利乌斯·威斯纳（Julius Wiesner）利用植物生理学研究的显微镜法分析了阿拉伯纸的材料特性。他和卡拉巴克同时发表了研究成果。两人的研究是独立进行的，却得到了同一个结论：阿拉伯不仅是纸从中国传向欧洲的中转站，而且阿拉伯人还不断地改进了造纸技术，对13世纪以来欧洲造纸厂的兴起做出了不小的贡献。卡拉巴克试图证明，用亚麻破布以及大麻纤维制造的"布浆纸"源于阿拉伯文明，因此阿拉伯文明是欧洲造纸业的典范。这项在维也纳进行的关于阿拉伯纸的研究，采用了类似历史文物和科学微观的方法，或多或少得到了一些专家的回应。但这几乎没有影响到欧洲人的普遍认知。当然，在某种程度上，这一结论与其说是填补学科空白，不如说是在打破一种旧有的传播范式。

约瑟夫·冯·卡拉巴克将他写的关于阿拉伯纸的论文称为一项"历史学和古文物学的研究"，这个副标题有一种纲领性的气息。这意味着，这篇文章会用与研究古希腊、古罗马同样细致和翔实准确的方法来描述阿拉伯纸。卡拉巴克认为阿拉伯纸是欧洲纸的起源。而对阿拉伯人来说，他们的纸源于中国纸。这引出了一个在当时的欧洲尚未为人察觉的巨大认知差异：欧洲近代的纸和古代的莎草纸并不相同。

美国造纸学家达得·亨特（Dard Hunter）在评论老普林尼《自然史》第十三卷中对莎草纸生产工艺的描述时，强调了这两种书写材料的区别。用于书写的莎草纸是由植物制成的。人们先将纸莎草的茎的外皮削去，切成薄片并将其压制后，再通过一种类似于精细木工打磨的方法进行加工，使其表面变得光滑，易于书写。而在造纸术中，纸张则是通过分离原材料纤维得到纸浆，然后经过舂浆、抄纸等步骤，获得了所需要的形态。

德语里"纸"（papier）这个词是从papyrus（纸莎草、莎草纸）一词演变而来的。而莎草纸则通常被称为"尼罗河纸"。所以，人们很容易觉得在文艺复兴和人文主义时期繁荣起来的欧洲纸就是古希腊和古罗马时期莎草纸的直系后代，把两者作为同一类东西看待。在老普林尼的作品中，"papyrus"这个词通常是指纸莎草，而由它制成的产品才称之为纸。而与基督教以及修道院文化密切相连的羊皮纸又构成了古代莎草纸和现代纸之间的桥梁，阿拉伯纸反而成了一个配角。即使到了20世纪，人们在回顾纸的历史的时候，也只用了一句话便概括了阿拉伯纸数百年的历史："造纸技术是通过阿拉伯人传到西方的。"

约瑟夫·冯·卡拉巴克等东方学者基于18世纪、19世纪的东方旅行以及考古学发展之后搜集的材料，对阿拉伯纸进行了深入研究。在这之后，人们清楚地看到，欧洲并不是纸张经过激烈竞争之后占领的第一个地区。在纸作为书写材料（特别是书法的载体）刚传到阿拉伯的时候，它的竞争对手主要是莎草纸和羊皮纸。羊皮纸尚能和这位新来者共存，成为一种相对独特的传播媒介。但是纸的到来意味着莎草纸生产的持续衰败。在巴格达的第一家造纸坊建立几十年后，有人试图再生产莎草纸，但很快就失败了。尼罗河流域曾经造就了埃及莎草纸的垄断地位和成功，但随着外来纸张的发展，纸张质量不断改善，莎草纸逐渐成了一种阻碍。公元11世纪，莎草纸的生产在埃及已经销声匿迹了。这很大程度上是由于纸的经济优势——尽管最初的时候，两者的价格差异不大，而且纸本身也是一种昂贵的商品。纸在书写材料的竞争中取得的第一次重大胜利，要归功于让造纸原材料打破了自然生长周期的束缚。

在纸取代莎草纸的过程中，我们厘清纸张崛起的路径。首先，它作为一种替代品出场，在经济和文化领域发挥作用。然后它充分发挥这些功能，证明自己的实力，从而不断刺激人们对它的需求。它并没有给世界创造出新的文字或者书写方式，也没有创造出古代高官的职位，书法也不是因它而产生。它更多的是弥补沟通上的欠缺，比如以传播媒介、统治手段等形式来立足。于是，伴随着纸在空间地理上具有的游牧民族般的特性，纸在社会生活中的各种用途和功能不断积聚起来。它的推动者，如高官蔡伦以及阿拉伯王国里的哈里发，都来自统治阶级。

早在倭马亚王朝（661—750）时期，这个征服了波斯萨珊王朝的阿拉伯帝国，其统治范围已经从中印边界一度延伸到了北非和西班牙。公元750年，阿拔斯王朝掌权后，帝国将都城从大马士革往东迁，最后迁都至公元762年建立的新都巴格达。这个年轻的伊斯兰帝国从波斯文化中学习了行政管理的方法，从拜占庭帝国吸收了古希腊自然科学和哲学的丰富遗产。而纸这一新兴媒介，则正好帮助他们把希腊遗产复制到阿拉伯文化中。同时，纸对阿拔斯王朝哈里发的官僚机构和统治阶级也十分有吸引力。根据历史学家、政治家伊本·赫勒敦（Ibn Chaldun）的说法，行政系统淘汰羊皮纸转而使用纸张，是在786—809年间的哈里发哈伦·拉希德（Harun al-Raschid）统治时期。人们认为纸更适合于行政和法律系统以及贸易往来，因为写在莎草纸上的字可以擦掉或伪造，写在羊皮纸上的字可以刮掉，而写在纸上的文字很难以这些办法篡改。

伊本·赫勒敦认为，纸的传播一方面是阿拔斯王朝行政系统不断书面化以及精神生活不断丰富的结果，另一方面，纸的传播又促进了行政、文学以及科学的发展。东方学者对伊本·赫勒敦的观点又进一步进行了解释，如约瑟夫·冯·卡拉巴克和阿尔弗雷德·冯·克莱默（Alfred von Kremer），后者著有《哈里发时期的东方文化历史》（*Kulturgeschichte des Orients unter den Chalifen*，1875）。这些研究为我们打开了鲜为人知的世界。过去我们只知道阿拉伯和奥斯曼帝国没有迅速采纳印刷术，直到18世纪才勉强接受。相比于印刷术缺席所带来的影响，学者们越来越多地开始追溯阿拉伯文化中"印刷术之前的纸"。

开罗的书法和字纸篓

人类文明中，文字和数字从未只与一种书写材料绑定在一起。尽管在阿拉伯文化中，纸的出现很快导致了它的竞争对手莎草纸的消失。但是，和纸同时存在、作为书法载体的除了羊皮纸，还有平坦的石块、木头、树皮、棕榈叶、丝绸、黄铜和金箔，或者其他类似骆驼骨头之类的材料。纸一般被人们用于保存那些要复刻到金属或其他材料上的草稿和草图。不过，人们很快开始将纸作为复制《古兰经》的载体，虽然《古兰经》的文本中只提到了莎草纸和羊皮纸作为书写载体。自公元10世纪以来，纸成了《古兰经》在伊斯兰世界中传播的最重要媒介。10世纪早期，阿拔斯王朝宰相、书法家伊本·穆格莱（Ibn

Muqla）通过规定不同书写面积的几何比例，发展和统一了阿拉伯文的字体，而纸则成为这种曲线文字的最佳载体。正如人们把祈祷看作一种虔诚的行为一样，在抄写《古兰经》时，为了追求书法的一丝不苟，人们不能选择这些曲线文字的简便写法，即将这些曲线字母连在一起快速书写。就和之前的羊皮纸一样，人们在纸上誊写下珍贵的《古兰经》抄本，然后用金饰装裱。《古兰经》的地位证实了这些装饰过的纸作为文字载体的事实。《古兰经》的诵读和书法就像是一对艺术姊妹，相辅相成。诵读，在人们以口头和书面相结合来传播先知思想的过程中，就像是一种声音的书法。

　　今天的人们大多是在展示中世纪伊斯兰艺术的博物馆或展览中，从那些带有昂贵装饰的《古兰经》手抄本里看到古老的阿拉伯纸。人们首先会将它与书法和书籍艺术联系在一起。与这一形象相比，纸在当时的行政、法律、贸易以及个人生活中的作用则被弱化了。19世纪晚期，人们从开罗旧福斯塔特的伊本·以拉斯犹太教堂（Ben Ezra Synagogue）废墟中，发现了大量应用在这些领域的文献。后来，这些文献大部分被运到了欧洲不同的图书馆中。阿拉伯语言学家、历史学家斯洛莫·D.戈廷（Shelomo Dov Goitein）从20世纪60年代开始研究这些材料，并撰写了一部长达五卷的宏伟巨著，自此将这些"格尼扎文书"（Geniza Documents）介绍给了英语世界的读者。

　　格尼扎文书大多是残片，有数万张，起源时间可推至公元10世纪至13世纪下半叶。纸上几乎所有的文字都是以希伯来字母书写的阿拉伯语言。中世纪时期，开罗的犹太人并不生活在犹太区，他们需要与穆斯林进行日常的交流，所以这些犹太人就使用了一种混合语——犹太 - 阿拉伯语。尽管在格尼扎文书中只有少部分记录了"上帝"一词，但因为犹太人认为希伯来语是上帝的语言，所以这一语言的神圣性也扩展到了希伯来文字中，这些文书也因此被保存下来。这些纸片是因为上面的文字而被人敬畏，而与文字所记载的内容毫无关系。保存这些纸片并不是为了流传，而是为了防止其毁损。

"格尼扎"一词在希伯来语的字面意思是"隐藏"，指的是犹太教堂里没有窗户的房间，人们在那里储存日常生活中废弃的纸张。所以"格尼扎"并不是档案室，因为档案室不仅储存文件，还会有筛选文件的标准。尽管在格尼扎文书里也有书籍的片段，有包含或不含定价的图书目录，还有借书条，但和档案室相比，格尼扎谈不上是一个图书仓库或图书馆，它更像是一个巨大的废纸篓，即使原本成套的纸张，也会在这个纸篓中失去相互间的联系，变得一片混乱。它们唯一抽象而笼统的共同点是：都是用希伯来字母书写的。和废纸篓一样，格尼扎并不是一个所有东西有去无回的封闭空间。一代代的人可以交换存放在那里的纸张。根据需要，人们会将还可以写字的纸张取走，用来书写新的东西。单面写满了的合同则会被裁开，用作记笔记的小纸条。

"商务信件，所以没有价值"——西方的传统图书馆就是这样对这些纸张碎片进行分类的。但戈廷并不单单专注于那些珍贵手稿或书籍的残片。约瑟夫·冯·卡拉巴克对阿拉伯纸进行历史文物研究时，不仅在他的著作和展览中收录了写有《古兰经》文字的护身符、绘有骑士的钢笔画或者占星术残稿，同时也收录了收据、土地登记簿和税收登记册残片。隔了两代人后，斯洛莫·D.戈廷采用文化人类学的方法，重新构建了那个中世纪阿拉伯纸张流通的世界。

戈廷原名弗里茨·戈廷（Fritz Goitein），1900 年出生于法兰肯地区的一个犹太经师家庭，早期受到《塔木德》（Talmud）的熏陶，后来跟随约瑟夫·霍洛维茨（Joseph Horovitz）在法兰克福学习阿拉伯文献学。1923 年，他与格肖姆·舒勒姆（Gershom Scholem）搭乘同一艘船，从意大利的里雅斯特出发，前往巴勒斯坦，并在那里协助建立了耶路撒冷希伯来大学。1948 年，他得知了格尼扎文书。1957 年迁居美国后，这些文书就成了他的研究重点。戈廷于 1957 年之后定居普林斯顿。在那里，他与文化人类学家克利福德·格尔茨（Clifford Geertz）往来频繁。格尔茨不仅研究巴厘岛上的斗鸡，也研究阿拉伯国家市集的经济体系。戈廷在其著作《地中海社会：格尼扎文书描绘的阿拉伯世界犹太人社区》（A Mediterranean Society: the Jewish Communities of the Arab World as Portrayed in the Documents of the Cairo Geniza，1967—1988）的后记中，强调了他的社会地理学与格尔茨的人类学之间的密切联系。

戈廷审阅和分析了格尼扎文书中的混乱纸片，从中探寻开罗犹太人的生活，同时也窥见了他们所生活的那个社会。他翻阅这个"废纸篓"的时候，就像是在阅读一份跨越几百年的老报纸，上面刊登着来自遥远国度的新闻、当地的消息："几乎所有你能想到的人类之间的关系，都能够在这些记录中找到，常常让人觉得是在读一位天才记者的本地新闻报道。"戈廷借助这些结婚契约和遗嘱、免责声明和法院传票、商务信函和私人信件、捐赠者和受益人信件，勾勒出一幅城市文明的图景。这一文明的内部贯穿着密集的书面交流网络，对外则维持着长途的贸易关系。他还展示了除了书法和书籍文化以外，纸在中世纪阿拉伯文化中起到的各式各样不起眼却又不可或缺的作用。对一个和印度人有着贸易往来的商人来说，纸是一份昂贵的礼物。而一位耶路撒冷朝圣者则会在纸上记录下朝圣之旅的每一站，晚上便将这一大张薄却充满韧性的纸盖在身上驱赶恶魔，足见他们有多么信奉纸的魔力。

虽然戈廷也偶尔提及在阿拉伯王国里有众多小作坊和大型工厂生产纸张，但是，在他对中世纪开罗日常生活的重构里，并未谈到阿拉伯纸的生产历史。不过，他展示的纸张技术在西方地域如突尼斯、西班牙、西西里岛的传播，则描绘出了阿拉伯纸传向欧洲的道路。

在山鲁佐德的世界里

关于故事集《一千零一夜》的起源，可以追溯到一个名为"一千夜"（阿拉伯语为Alf Lailah）的故事传统。后来的名字

《一千零一夜》（*Alf Lailah wa-Lailah*），人们能够找到的最早的记录便来自格尼扎文书。斯洛莫·D.戈廷在牛津大学图书馆所藏的一位犹太医生的笔记中找到了这一记录。这名犹太医生同时还是一位图书出借人和公证员。公元1150年左右，医生在他的笔记里记下了他将《一千零一夜》借给某人之事。哪怕只是草草翻阅过《一千零一夜》的读者，都会惊讶于这部故事集受欢迎的程度，竟能在古开罗的格尼扎文书里留下痕迹。因为在《一千零一夜》里，开罗城区位于西边，与巴格达西边以及遥远的中国相对。格尼扎文书和山鲁佐德[1]的故事集里都能够发现犹太医生和基督徒中间商的影子。

哈里发哈伦·拉希德是两者的联系点。作为历史上真实存在的人物，他推动了纸——格尼扎文书的载体——的发展。而在《一千零一夜》中，他则作为故事里的人物被写在了纸上。

犹太医生在12世纪写下了他的借书条。但其他证据证明，山鲁佐德的故事集可能在更早以前就开始以纸质的形式在民间流传了。世界上现存最古老的阿拉伯纸是芝加哥大学东方文化学院里保存的一份9世纪的古书残片。而最初那本书，早在公元879年这张残片被二次利用时就已经被当作废纸了。一个名叫艾哈迈德·伊本·马夫兹（Ahmad Ibn Mahfuz）的人将这张残片用作草稿纸，用来修改法律文书。在这张脆弱泛黄的残片上，马夫兹的旁注正好围绕在"一千夜"的书名以及扉页上。专家

---

[1]　山鲁佐德是《一千零一夜》中的故事讲述者，《一千零一夜》的别名便是《山鲁佐德故事集》。

们认为，原书比这位法律工作者的笔记至少要早半个世纪，接近哈伦·拉希德统治时期（786—809）。纸张专家的这一论断和文学史专家的看法也是契合的。他们认为，除了《古兰经》的传播，阿拉伯通俗文学的流行也和纸这一新型书写材料密不可分。

《一千零一夜》这本浩瀚的故事集，在跨越数百年的时间里被书面化并不断丰富，它的发展正好伴随着纸从撒马尔罕向巴格达、大马士革、开罗以及其他地区一路传播的足迹。与为《古兰经》的传播提供复制媒介不一样，在《一千零一夜》的流传中，纸是作为不断丰富扩充的文本的载体。它既有阿拉伯化的波斯—印度故事题材，也不断加入新的故事来丰富内容。《一千零一夜》并没有明确的作者，也不像德国童话那样有柏林兄弟这样的收集者和编辑，它的文本一直是变化的。和格尼扎文书那些古老的纸张一样，《一千零一夜》中那些古老的故事也被人翻出并重新誊写。18世纪早期，通过法国人安托万·加朗（Antoine Galland）而为欧洲人所熟知的《一千零一夜》，是在15世纪下半叶的手稿基础上发展而来的。

纸在阿拉伯世界的传播与浩瀚故事集《一千零一夜》的发展在如此漫长的时间里相伴而行，不免出现一个疑问：纸除了作为传说故事的载体外，是否也作为文学材料和主题被人写进了《一千零一夜》？毕竟在《一千零一夜》的许多故事中，哈里发哈伦·拉希德时期巴格达文学的繁荣，总是给人留下神秘又诗意的印象。通过各种各样的方式，书籍和文字被写进了魔

幻的冒险经历里。在《一千零一夜》里，这位阿拔斯王朝的哈
里发，不仅是一位喜欢在夜间于巴格达城里闲逛，数次经历冒
险之旅的传奇统治者，还是书和文字之神。在其中一个故事里，
哈里发来到巴格达的图书馆，随手抓起一本书读了起来，突然
间又哭又笑，然后把他忠实的宰相贾法尔赶了出去，这使得惊
恐万分的贾法尔逃到了大马士革。在几经历险之后，贾法尔终
于回到了巴格达。哈里发将他带到图书馆，指给他看那本让他
又哭又笑的书。贾法尔惊奇地发现，书中居然描述了自己在大
马士革游历期间的所有细节。哈里发在巴格达读到的一本书，
变成了日后成真的预言。诸如此类，人们总是可以在这些故事
中读到关于文字的文化。

中国和撒马尔罕间的东西之路，即纸传往阿拉伯伊斯兰世
界所经之路，从一开始就在《一千零一夜》的故事里留下了诗
意的线索。主线故事发生在波斯尚被萨珊王朝统治的时候。故
事中有两个国王，他们是兄弟，哥哥叫山鲁亚尔，统治着"印
度与中国之间"的一个遥远的岛国。年幼的弟弟则获得了撒马
尔罕周边的土地，成了那里的苏丹[1]。兄弟俩妻子不忠的故事像
是丝绸之路上的一件货物，沿着东西之路不断流传，最后回到
了山鲁亚尔的王国，山鲁佐德的故事也由此诞生。无论是从大
马士革还是巴格达来看，这个故事都被设定在了一个遥远的东
方国度，正如后来欧洲人读《一千零一夜》时一样。在山鲁佐
德的故事构成的世界里，虚构的城市和真实的地理方位相互交

---

[1]　阿拉伯历史中的一个特殊统治者职位，类似于总督。

叠。在这个世界里，开罗在世界的最西边。而叙述者也像是故事里真假难辨的空间位置一样，雌雄难辨。一直以来，人们都将山鲁佐德奉为口头叙述的神——毕竟她的任务是打发夜晚的时间，所以只能在夜晚讲述这些故事，而在黑夜里是没有办法照着书读的。但是在她第一次出场的时候，人们就已经彻彻底底将她和书写联系在了一起。山鲁佐德涉猎甚广，无论是哲学、文学还是医学的书籍，她都读过。她还能背诵许多故事，尤其爱好历史作品。她就是一部活生生的名人名言百科全书，甚至还能说出圣明的国王和法官的箴言。

这样一位博闻广识的女读者便成了后来夜里讲故事的人。这样一来，山鲁佐德便避免了口头与书面之间的对立。她是书面文化的代表。在这一文化中，书最高尚的使命之一就是被人当作朗诵的范本或叙事的根据。城市里的职业说书人和《古兰经》诵读人一样，他们的工作经常是基于已经写下的文本展开的。很快，每一位《一千零一夜》的读者就会发现这样一个模式：每一个激动人心的故事都因为书面记录而变得高贵。大多数情况下，记录是通过一位君王的角色完成的："它必须记录在书或者编年史中，并且要用金色的笔墨！"

书法和《古兰经》诵读是山鲁佐德故事的永恒话题之一。故事里的人物总是参加完一场热闹的《古兰经》诵读会后回家。有时候是一位帅气的小伙坐在一条毛毯上，翻开面前的《古兰经》大声吟诵。又或者是一位被魔怪变成猴子、说不了话的托钵僧，他赢得了一场书法大赛后才被解除了魔咒。这个托钵僧实际上是一位博学的王子，正好会写这一由阿拔斯王朝书法家和大臣伊本·穆格莱在10世纪时发明的曲线文字。被变成猴子的王子用笔蘸墨水，在巨幅纸卷上写下了一首安拉真主的赞美诗。笔变成了舌头，墨水变成了嘴巴，写字人通过书写的方式记录下的文字，被托付给时间之手来保管，哪怕写字人死了很久也不受影响。王子利用书法的魔力来对抗把他变成猴子的魔怪。看到这个情节，现代的读者禁不住会想到古埃及的智慧之神、书写之神托特。被变成猴子的王子不仅大力赞扬了文字的美丽，更称颂了它的力量："这支芦苇笔似埃及尼罗河般充满力量，用它写字的人，五根手指就可以让所有的城市灰飞烟灭。"

纸是山鲁佐德故事里的重要道具。它总是无处不在，低调又不可或缺，它是文档、信件、案卷保存和流通的载体。《一千零一夜》的德语译者克劳迪娅·奥特（Claudia Ott）曾写道，可以用一个完整的语义场来概括《一千零一夜》中纸的主要概念——"kagad"和"waraq"（阿拉伯语中均指"纸"）。另外还有特定的词专门指代纸张或纸条、包装袋或包装纸。就像在格尼扎里一样，文字在法律、贸易和行政管理中的实际用途，与书写的魔力和书法共同存在。

比如有一个故事说的是两个宰相——埃及的努尔丁和巴士拉的舍姆斯丁[1]的故事。和斯洛莫·D.戈廷从开罗的格尼扎找到的那些合同、遗嘱和商务信件所构筑的世界不一样，山鲁佐德的故事更富有诗意。两个宰相本是同一个父亲所生的两兄弟。

---

[1]　这里作者可能有误，应该是埃及（开罗）的舍姆斯丁和巴士拉的努尔丁。

父亲也是一名宰相。在这个故事里，纸有助于故事人物跨越空间距离，证明身份。故事一开始，兄弟俩生活在开罗。他们谈到各自婚事的时候，约定如果其中一位生了儿子，另一位生了女儿，就让子女结婚。但是他们因为聘礼的问题发生了争吵。弟弟一气之下去了巴士拉，后来成了巴士拉宰相的女婿，并接任了宰相的职位。故事后来通过故事人物对书写知识的了解来解决兄弟之间的矛盾，拉近两个家庭在空间上的距离。写有字的纸帮助两个家庭重新团聚，保护并最终揭开了被精心伪装的身份。巴士拉宰相的儿子在前往开罗的旅途中，将写有父亲生平经历的纸像护身符一样缝在头巾里。卷起来的密封纸张证明了携带者的身份。开罗的宰相从那字迹中一眼就认出这是他弟弟，从而证明了写字者的身份。

从大量诸如此类的配角作用中，我们发现，纸是中世纪阿拉伯文化日常生活的一部分。斯洛莫·D.戈廷在对债券以及其他金融交易文书的评论中，提到了开罗的"纸张经济"。他指的是非现金交易，也就是用"ruq'a"（阿拉伯语，意为"一张纸"）指代的汇票，以及赊购。这两种方式都能在《一千零一夜》中找到无数例子。在开罗和巴士拉两个宰相的故事中，两张纸携手合作，将巴士拉宰相的儿子带入他命中注定要娶的姑娘的怀抱。其中一张是与一位犹太人签的合同，这个犹太人买下了一船尚未抵港的货物。另一张纸就是那张护身符，如果没有那上面写的故事，通过这纸合同赚来的钱也就没法当聘礼了。就像《一千零一夜》中惯有的模式一样，这张纸回顾了从前发生的故事。开罗的苏丹亲自命令"将此事记录下来，并注明日期"。

但故事到了这里并没有结束。在《一千零一夜》的世界里，魔怪经常把故事人物从一个地点移动到另一个地点，这就需要人物来证明身份，并确认地点。在动身前往开罗前，巴士拉宰相拿出纸和墨，精确地记下了家里各个家具摆放的位置。这些对家具摆放位置的书面记录最终证明了新郎的合法身份。通过这样或类似的方式，纸在诗意的冒险世界里也被证明是制定法律和维护法律的便利媒介。但它最令人愉悦的任务是以书法载体的形式来作为一种诗意的比喻。所以，当12世纪一位诗人在他的诗歌中将白雪皑皑的风景比作撒马尔罕造纸坊时，人们便会想起古阿拉伯的造纸时代。在《一千零一夜》中，一位航海者说："海在我们面前展开，犹如一张平滑的纸。"

帖木儿和苏莱卡

在《西东合集》（*West-östlichen Divan*）中，歌德把自己描绘成一个徜徉于大图书馆中的作者，置身于英国、法国和德国旅行者及学者的书籍摘录中。他从法国旅行家让·查汀（Jean Chardin）的《波斯之旅》（*Voyages en Perse*，1735）一书中摘录了一句话："来自布哈拉的 / 水果干 / 来自撒马尔罕的薄绵纸。"查汀在1664—1677年间游历了波斯以及与波斯毗邻的周边国家。他在关于波斯宫廷书信文化的报告中，记录下了选择信纸和火漆封印的习俗。歌德从中摘录了一段关于货物流通及起源的描述。

　　重要城市的名声，一部分取决于使它们蜚声于外的商品，还有部分原因则取决于定居于此的统治者们。所以撒马尔罕这座城市的名声，不仅仅是因为它曾是阿拉伯纸历史的最古老发源地，还因为蒙古统治者帖木儿曾将他的帝国定都于此。《西东合集》中的《帖木儿之书》和紧随其后的《苏莱卡之书》之间的对立，体现了撒马尔罕这种双重的历史意义。《帖木儿之书》中，"狂风凛冽"和"寒冷刺骨"的冬天使帖木儿还没有攻打中国就病死了。而《苏莱卡之书》则讽刺了这充满武力统治和战争、"无数灵魂"沦为祭品的世界，诗人哈特姆用一种讽刺的态度挑战强大的征服者。诗人的想象力使帖木儿帝国听命于自己，他将城市向统治者进贡的贡品占为己有，在诗歌中寄托爱人的珍贵。

　　　　我常常开心地坐在小酒馆中，
　　　　开心地坐在不大的房子里，
　　　　不一会儿就想起了你，
　　　　我的灵魂已被你占据，不断延伸。

　　　　帖木儿帝国应当服务于你，
　　　　威严的军队对你俯首帖耳，
　　　　巴达赫尚为你献上红宝石，

赫卡尼亚海为你奉上绿松石。

蜜一般甜的水果干，
来自阳光之城布哈拉；
千万首悦耳的诗篇，
写在撒马尔罕的薄绵纸上。

你满心喜悦地读着，
我从霍尔木兹给你写的东西，
这所有的贸易，
都乐意向你靠近。

诗人借着商人和旅行者的语言与战争狂人做斗争。在送给情人苏莱卡的诗歌集上，他记下了他的礼物清单。根据诗里对物品的记述顺序，来自撒马尔罕的精致纸张是排在宝石和果实后面的。"薄绵纸"是最高形式的书写——书法的基础。它在《西东合集》里无所不在。当苏莱卡用开玩笑的口吻问哈特姆是不是写了许多诗的时候，她脑海中想象的是写在镶着金边的纸上的"漂亮的字"，"一笔一画如行云流水"，她想象的是定情信物。而在那篇被歌德以"花与符号的变换"为题插入《西东合集》的短篇谜题小说里，纸则成了恋人之间对话的暗号。随着词语前后的顺序，纸被隐藏在一个厚厚的联想网络中，从无花果、激情的甜蜜、沉默，直到无拘无束的文字表达：

Feigen（无花果）　Kannst du schweigen?（你可以沉默吗？）

Gold（金子）　Ich bin dir hold.（我喜欢你。）

Leder（皮革）　Gebrauch die Feder.（用这支羽毛笔。）

Papier（纸）　So bin ich dir.（我是你的。）

Maslieben（博爱）　Schreib nach Belieben.（随意书写吧。）

　　这段字谜读上去就像是沉默恋人间的短篇欲望小说和故事。用金子来比喻爱情，似乎是把它转变成文字的先决条件。受羊皮纸（皮革）上鎏金的书法字所启发，诗人想起了羽毛笔。正如在《罗马哀歌》（*Römischen Elegien*）中一样，爱这一行为是诗歌的媒介。而恋人则被赋予了纸所具有的平滑、柔韧、易书写等特性，同时这些特性也被用来表达恋人所拥有的、诗歌所无法限制的自由："随意书写吧。"

　　当歌德在1815年写作这篇短篇浪漫小说时，想到的便是这些他在《西东合集》里引用的阿拉伯手稿。1814年2月，作为魏玛公爵图书馆的馆长，歌德得到了一捆阿拉伯手稿，其中就有一本哈菲兹[1]的诗集。从《西东合集》中人们可以看到哈菲兹对歌德在诗歌创作上的影响。当歌德在《西东合集》里以哈菲兹的形象来映照自己的时候，却把真实的手稿视为一种亵渎神灵的魔法。他试图让自己习惯于书写阿拉伯文字。学习东方书法的灵魂不一定要理解誊抄诗句的内涵。但歌德依然想要获得灵魂、词句和字体组成的整体："只要我还在学习阿拉伯语，

---

[1]　即沙姆思·哈菲兹（约1315—1390），14世纪波斯的抒情诗人。

就想要通过书写来练习，我可以描摹原稿中的护身符、驱邪符、符咒和封印。没有一种语言能像阿拉伯语一样，使灵魂、词句和字体如此原始地浑然一体。"

1815年4月，东方文化爱好者、手稿收藏家海因里希·弗里德里希·冯·迪茨（Heinrich Friedrich von Diez）将他翻译的《土耳其郁金香和水仙栽培》（*Vom tulpen- und Narcissen-Bau in der Türkey*）寄给歌德。为表感谢，歌德在"丝绸般平滑的纸上"写下了致谢诗，并装饰以"华丽的镶金花边"。他把苏莱卡和哈特姆之间作为礼物往来的书法纸加入日常通信之中。同时，在对护身符和驱邪符的诗意再现中，纸排在价值不菲的宝石和水果之后，作为配角出现在《西东合集》里由土耳其、波斯和阿拉伯元素组成的东方世界里。歌德可能是从哈菲兹作品的德语译者约瑟夫·冯·哈默尔·普尔戈什塔里（Joseph von Hammer-Purgstall）处得来的启发。从哈默尔·普尔戈什塔里的《关于穆斯林的驱邪物》（*Über die talis- mane der Moslimen*）一文中，歌德了解到了有关阿拉伯纸和宝石的知识，他在《歌唱者之书》中的"祝福信物"一节里对此进行了汇总：驱邪符、护身符、铭文、符咒和印章戒指。

哈默尔·普尔戈什塔里是这么描写波斯和阿拉伯驱邪符的："串在一根细绳上的小小的圆柱体或半球体，上边刻有数字。"这为19世纪早期欧洲的大城市，尤其是维也纳和圣彼得堡中女性的东方审美时尚提供了原型，"阿拉伯人将这种串起的宝石，或是没有宝石时作为替代物的写有字符的纸条称作

hamalet，'护身符'（amulet）这一词便在所有欧洲语言中流传开来。今天，驱邪符（talismanen）和护身符（amulet）的区别在于，前者是将符文刻在宝石上，后者则是写在纸上。前者通常由女性佩戴在腰带上或胸前，后者则由男性，而且大多数是士兵当作肩衣或肩带一样佩戴在身上。"歌德将护身符和驱邪符进行了对比。用作护身符的纸可以为文字提供更多的书写空间，而作为驱邪符刻画文字的宝石，则在空间范围上有一定的局限性。

> 护身符是写在纸上的字符，
> 但是却不会像写在狭小的高贵宝石上，
> 感到拥挤。
> 保佑虔诚的灵魂，
> 选择更长的诗篇。
> 男人们将纸佩戴在身上，
> 笃信虔诚，像肩衣一般。

歌德的《西东合集》通过诗歌的形式预示了19世纪晚期欧洲世界对阿拉伯帝国的研究。维也纳东方学者约瑟夫·冯·卡拉巴克是哈默尔·普尔戈什塔里的后继者。在卡拉巴克对莱纳大公收藏的阿拉伯文书进行历史文物研究和公开展览时，护身符、宝石和驱邪符是他将纸和东方书写魔力联系在一起的主要例子。

第 二 章

沙沙作响

欧洲造纸厂的兴起

穿过北非大陆，造纸术首先来到了西班牙科尔多瓦——欧洲最重要的伊斯兰文化中心。随着越来越多的造纸厂兴建起来，造纸技术一步步传播到了西班牙的其他城市：加的斯、塞维利亚、托莱多，还有瓦伦西亚附近的舍蒂瓦。同样的，就像纸从遥远的东方传往撒马尔罕时一样，在欧洲，首先流行的是纸这一商品，然后才是造纸技术。公元9世纪被用来书写宗教文书的纸，可能来自北非、埃及或是西班牙的阿拉伯造纸商。

欧洲第一批造纸厂于1235年左右出现在意大利中部马尔凯大区安科纳省的法布里亚诺，这并非偶然。城市名"法布里亚诺"（意大利语：il fabbro）一词含有"铁匠"的意思，金属加工和纺织业是这座城市的主要产业。阿拉伯人是在哈里发王国扩张的过程中，改进和发展了从中国人那里学到的造纸技术，而欧洲人则将阿拉伯造纸技术的引进，与中世纪晚期的纺织技术革命结合到了一起。于是，欧洲纸的生产很快就同阿拉伯的造纸方法区别开来。在法布里亚诺，人们不断地对纸张生产工艺的三大工序——原材料处理、纸张成型和加工处理（干燥、压制、上胶）进行改良：通过引入破布捣碎机，实现了造纸原材料处理的机械化和集中化；通过使用凸轮轴，人们将由水驱动的槽梁旋转运动，转变成锤子上下垂直敲打的运动；通过吸收纺织行业和金属加工业的粉碎技术和锤式捣碎机，欧洲人可以用比阿拉伯造纸匠大得多的力量对预先浸渍过的破布进行纤维分离。在第二道工序，即纸张的成型过程中，抄纸工人从陈放纸浆的大桶中舀取"纸浆"——捣碎破布后制成的纤维悬浮液，他们在木框上蒙一层细金属丝网，制成抄纸帘。中国人用的是竹帘，阿拉伯人用的则是芦苇帘，这两种抄纸帘都是柔性的。使用刚性的金属筛网是欧洲造纸工匠对纸张生产工艺核心工序的一大创新。通过引进破布捣碎机以及利用金属丝网来过滤纸浆，金属行业直接或间接地促进了造纸的发展。破布捣碎机强化了制浆这一环节，而纸浆黏合度和舀浆的速度也都得到了提升。负责抄纸的工人将吸满水的抄纸帘垂直提起沥干。当压纸工把纸张转移到毛毡上进行压制之前，会先将一个空的抄纸帘递给抄纸工。用两个抄纸帘从纸浆桶里抄纸是非常有挑战性的工序，这一步在很大程度上决定了最后成品纸张是否均匀、强度是否足够。尽管是手工操作，但抄纸工需要"机械"地不断地重复这一动作。纸张的压制和平铺也都各有分工，比如将微干的纸张悬挂到工厂的晒纸层。

　　在最后的第三道工序中，人们需要在吸水性极强的原纸上涂上一层涂料，也就是"上胶"。欧洲造纸匠用一种从羊蹄、鹿腿、骨头和兽皮中提取的胶液，代替了阿拉伯人使用的植物胶料，从而简化了上胶的过程。每一张纸都需要单独或成叠地浸入这些胶液中。

欧洲的造纸厂是一个生产分工明确的独立空间，地下室放置噪声较大的捣碎机，晒纸层则置于加高的屋顶下。选址上，靠近城市居民区的地方会更受青睐。一方面，这有助于原材料供应，另一方面也保证了生产出来的产品能快速送到市场。除此之外，建造造纸厂最好能够选择水源充足且水流动力足的地方。因为水不仅是驱动力，同时也可用于原材料的转化：前工业时期的纸就是通过水加破布制造的。早在约瑟夫·冯·艾兴多尔夫[1]将溪流和树林的悄声细语变成浪漫主义的关键词之前，磨坊和山谷的两大传统主题——潺潺的溪流和沙沙作响的树林，就已经是诗歌中常见的意象了。可这种诗意和造纸厂这种"原始工厂"却并不相配。工厂在熬煮动物残骸时会发出恶臭，浸渍破布和抄纸都会污染水流。地貌和四季更替对工厂来说是个风险。结冰和低温，或者天气炎热时的水源紧张，都有可能造成捣碎机停运或是影响对破布的处理。潮湿的天气还可能影响纸张干燥的时间。

造纸厂的建造或者改建、预筹资金购买原材料，以及支付工人工资都需要大量资本，所以投建造纸厂也是一项风险极大

---

[1] 约瑟夫·冯·艾兴多尔夫（Joseph von Eichendorf, 1788—1857），德国浪漫主义诗人和作家。

的活动。并且造纸厂还需要一个销售网络，保证最后的成品可以成功地销往市场。

1390年6月，商人乌尔曼·斯特罗姆（Ulman Stromer）将不久前买下的一座位于纽伦堡的旧工厂改造成了造纸厂。斯特罗姆的造纸厂是一个很好的例子，后人对它的研究也非常详尽。工厂位于佩格尼茨河南岸的沃尔特门前。如果想要更好地了解它所处的广袤空间，以及作为欧洲北部"古撒马尔罕"的纽伦堡如何成为一座造纸之城的话，不妨在地图上观察一下。和撒马尔罕一样，纽伦堡的造纸业发源于长途贸易。作为城市新贵、市议员的乌尔曼·斯特罗姆当时掌管着一家正好处于欧洲贸易枢纽上的商行。他的生意往来从黑海延伸到大西洋，从地中海延伸到北海和波罗的海。上普法尔茨的冶金和金属加工业，连同纽伦堡兵器和火器的生产，让这家商行在武器贸易领域取得了不可动摇的地位。斯特罗姆还参与了货币铸造，这拉近了他与金融巨头及政客们的关系。纽伦堡商行的仓库、马厩和酒窖不断扩大，它的发展建立在一种以吸收技术和商业金融技术创新为导向的商业模式基础之上。

乌尔曼·斯特罗姆买下城门前的工厂，并不是因为他自己想要造纸，而是因为作为一个把生意做到意大利北部和热那亚的批发商，他意识到这是一个在未来有利可图的行业，有助于商行的发展。斯特罗姆雇用了造纸工人，并于1394年与他的造纸主管约尔格·迪曼（Jörg Tiemann）签订了第一份造纸厂租赁合同。他生产的纸张并不局限于在当地的市场销售。他通过自己经营的远途贸易中的销售渠道，将纸张销往世界各地。

　　纽伦堡、拉文斯堡、奥格斯堡和巴塞尔是德国南部及西南部早期的造纸中心。这些城市都位于重要的远途贸易的路线上。在法国昂古莱姆周边的奥弗涅地区以及特鲁瓦周边的香槟地区，商人也对造纸厂的建设起到了关键作用。一座单纸浆桶的造纸厂一天最多可以生产3000张纸。这样下来年产量几乎可以达到每年100万张，远远超过了15世纪当地市场的需求。所以纸往往是在一个地方生产，但在其他地方使用。它的往返流动——就跟制造纸张的破布一样——塑造了中世纪晚期兴起的欧洲造纸区的历史。每一座造纸厂的背后都藏着一部关于市场需求和贸易发展的历史。从世界历史的角度看，造纸技术和商路基础设施的紧密联系，意味着阿拉伯世界经历了一个逆向的"古撒马尔罕效应"。不仅仅在西班牙，甚至是在阿拉伯国家里，欧洲造纸厂逐渐成了阿拉伯造纸业强有力的竞争对手。

　　欧洲纸从它的亚洲和阿拉伯先辈中吸收了游牧民族的天性，它与贸易之路密不可分。从14世纪中叶开始，欧洲纸就成了伊斯兰世界越来越重要的进口货物。很快，欧洲纸又出现在了非洲北部的办公厅里，并不断进军到阿拉伯造纸业的核心地区。最晚到15世纪早期，埃及和叙利亚造纸业的衰败就已是板上钉钉的事了。

纸、学者和纸牌

乍看印刷机发明前的纸的发展史，人们会觉得它不太活跃，就像公主等待王子之吻一般等着某种技术将它唤醒。它并不是在某次重大事件中突然出现，而是以一种不间断、不可抗拒的形态在大量的文化实践中不断地自我扎根。但即使在纸相对低调的传播过程中，也已经呈现出后来印刷机发展起来的原因：通过复制技术的腾飞，来实现从前不可能做到的事。

图书史学家亨利·让·马丁（Henri-Jean Martin）和吕西安·费弗尔（Lucien Febvre）在其经典著作《书的起源》（*l'Apparition du Livre*）中认为，13世纪以来欧洲造纸技术的发展是书籍印刷得到广泛传播的先决条件。在修道院缮写室和中世纪晚期的图书馆中，纸取代羊皮纸作为书写载体的地位，是以手工抄写手稿为背景的。意大利北部和阿尔卑斯北部地区纸张的供应，是否是14世纪晚期和15世纪早期手稿产量增加的原因？还是说纸只不过是推动了随着识字率上升而开始的写作热潮？图书史学家们对此意见不一。有一点很重要，即在人们需要纸的时候，它很容易获得。羊皮纸手稿上的字越写越拥挤，是人们开始需要纸张的一个征兆。人们若想多写些东西，但又没有更多的书写材料可以或者愿意使用，就只能更节省地使用手上仅存的材料。所以中世纪晚期，羊皮纸上文字的行距很窄，行高变小，字距也越来越密，每一页上字母的个数也变多了。纸张的出现帮助人们走出了这个困境。它使得人们又可以用合适的行间距书写了。

易读性提高带来的好处就是读者的数量也不断增加，不仅仅是修道院的僧尼，还包括城市里的公证员、抄写员和（以世俗神职人员的名义）进入宗教机构的教授们。14世纪以来，不仅仅是主教，越来越多等级较低的神职人员也面临着更大的读写压力。

同时，大学对手稿日益增加的需求也使纸的发展从中受益。大学不仅仅在书面化上做出了很大的贡献，它作为教育机构也推动实用书籍取得了跟宗教书籍相同的地位。很快，纸很快就进入了1200年左右在意大利大学出现的"佩西亚系统"（pecia system）。佩西亚系统是一种高效的教科书抄写方法，它的特点是将经大学授权抄写的原件由书商或者文具经销商分成若干部分，然后在一段时间内借给大学生，由大学生们自己亲手或请抄写员们抄写。那些抄写员并不能像僧侣那样赚取神职的工资，而是要通过抄写副本来谋求生计。这样一来就出现了价格便宜的实用书籍的抄本。又因为原件可以被分成好几部分，抄写的速度也得以提升。14世纪中叶，巴黎大学为香槟地区造纸业的建立做出了很大贡献。为了摆脱对意大利伦巴第纸商的依赖，巴黎大学向国王申请并成功拿到了造纸许可，让拥有大学职工身份的造纸匠可以在特鲁瓦和埃松省经营造纸厂。

从纸走进修道院、缮写室和大学来看，它似乎一直在实现其最重要的使命：促进书写的日常化，储存并传播知识，并为印刷机的发展铺平道路。用今天的话说，就是为知识社会的形成做出了贡献。但是光靠这些崇高的用途，早期的造纸厂是没法生存下来的。为市政机构、修道院或者大学供应书写用纸，只是造纸厂盈利的一种方式。即使是 14 世纪德国最大的城市的办公厅，对纸的需求也不超过几令[1]。乌尔曼·斯特罗姆的造纸厂的主要业务也不是书写纸，而是生产纽伦堡制造商们用来包装他们的针、扣眼等产品所需要的商业用纸。15 世纪的造纸厂发现了另一条重要的销售渠道，这要归功于逐渐在欧洲风靡起来的新型娱乐活动——纸牌。纸牌由若干层纸黏合而成，随着不断高涨的游戏热情，纸牌对纸的需求远远超过了办公厅和地方议会。

在印刷机发明之前的纸张传播史中，这一条支线是值得注意的，因为它使纸张跳出了修道院、大学和办公厅，转而进入未受教育的群体和早期娱乐媒介这两个新的领域。纸牌游戏风靡背后的受益者之一就是上色师，在近代早期介绍不同职业的"百业全书"（Das Ständebüchern）里，他们总是出现在造纸商的周围。他们使用描绘流行的圣像所用的绘画技术为纸牌上色。他们与造纸术和早期的木刻术[2]一起，构成了大规模生产纸牌的"铁三角"。

18 世纪晚期，莱比锡的音乐发行商、出版商伯恩哈德·克里斯托夫·布雷特科普夫（Bernhard Christoph Breitkopf）的儿子约翰·戈特洛布·伊曼纽尔·布雷特科普夫（Johann Gottlob

---

[1]　一令为 500 张。
[2]　即木版雕刻技术。

Immanuel Breitkopf）曾经详细研究了这一"铁三角"。只可惜，他的著作《浅探欧洲纸牌起源，布浆纸引进以及木刻艺术的开端》（*Versuch, den Ursprung der Spielkarten, die Einführung des Leinen- papieres und den Anfang der Holzschneidekunst in Europa zu erfor- schen*，1784）只剩残稿传世。布雷特科普夫自己出版的只有第一部分《纸牌和布浆纸》。这部作品引经据典，描述了现代娱乐媒介从纸中产生的历史。这是一个分析媒介联盟的经典范例。在"书城"莱比锡长大，并对印刷术研究颇有造诣的布雷特科普夫知道，在谷登堡发明印刷机后不久，印刷书籍已经成为木刻插画大显身手的重要领域。他也知道木刻术的历史远比书籍印刷要久远。"由于它们出产的产品十分相似，人们很自然地会将两者混淆起来。"而布雷特科普夫在研究中则将两种技术加以区分。

布雷特科普夫曾和沃尔芬比特尔的图书管理员戈特霍尔德·埃夫莱姆·莱辛（Gotthold Ephraim Lessing）在信中交流了如何确定古版《圣经》的确切年代。1779年9月，布雷特科普夫提议莱辛将手上关于书籍印刷的手稿寄给他，并备注说："谷登堡的想法显然不是别的，就是把那些和我们的印刷术相似的单个发明结合起来，通过新的操作方法，实现美观、快速、廉价和实用性。"

在这一理解和观察的基础上，布雷特科普夫否定了从木刻术直接跃升到"谷登堡发明"的技术发展路线。他将14世纪德国的纸牌定义为木刻艺术的首个产品。在其作品的第一部分，布雷特科普夫研究了纸牌从东方到欧洲的传播历程，在第二部分中则记述了纸牌的载体——破布制成的纸。在这一部分，布雷特科普夫还简略地提及纸和木刻术的相互作用。因为从一开始，布雷特科普夫研究的重点就是证明在纸牌的生产过程中，纸的载体作用和木刻术的复制技术得到了很好的结合："纸牌游戏在各地流行开来，促使人们去研究制作纸牌的材料、发明简单的复制方式，从而帮普通人节约成本。"一言以蔽之：布雷特科普夫认为纸牌、纸和木刻术组成的"铁三角"，面向的是普罗大众。

事实上，物质载体和复制技术的融合确实使纸牌变成了一种大众产品，它不仅考虑到购买者的阅读能力，也考虑到了他们对赌博的上瘾程度。在对赌博上瘾的人群中，相比简单的骰子游戏，许多市民偏爱更有挑战性的纸牌。一方面，14世纪和15世纪纸牌的生产迅速壮大；另一方面，城市管理者出于对市民纳税能力的担心，颁布了纸牌禁止令。但是除市民外，布雷特科普夫也有意识地提到了文盲群体。在以印刷业和书面化共生为主线的纸张媒介史研究中，他们是很容易被忽略的一个群体：14世纪至15世纪初，有许多"贫穷放荡的人"，比如雇佣兵，对他们来说纸牌游戏"并不是什么伟大的发明"，和骰子游戏差不太多。

布雷特科普夫将雇佣兵们玩的纸牌和米兰公国的维斯康蒂公爵花"15000枚斯库多金币[1]"买下的一幅华丽、独特的彩绘

---

[1] 斯库多金币（scudi），19世纪以前意大利国家的一种钱币。

纸牌进行了对比。这位公爵鲜明的反差形象吸引了布雷特科普夫。因为在布雷特科普夫的"铁三角"中，艺术被赋予了一种社会性的维度。因为存在像米兰公爵这样的人，所以即使有木刻术这个选择，人们仍旧可以用昂贵的绘画方法来制作纸牌。这就产生了一种现代性结构："为高贵之人绘制纸牌，为普通群众印刷纸牌。"布雷特科普夫这里所说的"印刷"，不是谷登堡的书籍印刷术，而是指在质量较差、黏合而成的纸上批量进行的木刻雕版印刷。和纸一样，木刻术也是打破社会界限的媒介。

布雷特科普夫研究木刻术和纸牌这两种前谷登堡时期以纸张为基础的复制媒介时所使用的方法论前提，使他成为媒介联盟史分析的先驱："这些技术本与其他技术休戚相关，并且是在各种现有技术基础上通过一种尝试性的组合而产生的，如果这些现有技术没有被当作新技术的开端，就往往会被忽视，以至于这一新的完美技术若是具有惊人的价值和用处，历史学家大多只会注意到它的突然出现，而不会关注它是如何逐渐形成的。"印刷术就正好是这种"突然出现"并且"具有惊人的价值和用处"的技术。布雷特科普夫所讲述的结合木刻术和纸来生产纸牌的故事，便是印刷术早期媒介大量复制并传播的例子。现代对木刻术历史的研究扩展了布雷特科普夫关于纸的可加工性以及从东方流传而来的纸牌游戏的描述，并指出彩色织物印花术是木刻术的前身，但这并没有削弱布雷特科普夫的核心观点。

纸牌从埃及传往意大利，由此迎来它在欧洲的第一次伟大胜利。我们从欧洲纸牌上的人物以及纸的术语史中就可以发现这一传播留下的明显痕迹。意大利人把他们引进的纸牌游戏命名为"naibbe"，这一名称借用了埃及纸牌上画的主要人物。而纸牌本身作为第一个依靠纸张流通的大众商品，它的名字则根据其载体被命名为"cartae"（意大利语的"纸"）。因此这个词就包含了两个意思：它既可以指一张纸，也可以指一张纸牌。在欧洲，人们通常使用第二种意思。纽伦堡是阿尔卑斯山北部大规模生产纸牌的中心地区之一。在那里的圣凯瑟琳修道院，修女们个个都是织物印花的专家。乌尔曼·斯特罗姆的造纸厂可能早就靠人们的赌瘾大赚了一笔。民间关于纸的说法或者逸事，总是会带上它的"亲戚"们。17世纪，著名的天主教传道士亚伯拉罕·圣克拉拉（Abraham a Sancta Clara）曾写过一篇寓言，说的是羊皮纸和纸互相争论。纸吹嘘自己的古老血统，还自我夸耀地说，绑在鼓上的羊皮纸是血腥战争的帮凶，而它则是和平生活的同盟。于是羊皮纸也为自己辩护，嘲笑纸的出身，说它是由破布制成的。但这还不够，它接着控诉世界多数的"埋怨和争吵"都是由纸造成的："纸牌和拉丁语里叫作'charta'的纸有什么不一样呢？是谁造成了更多的埋怨、争吵和斗殴？谁有比纸牌能够带来更多的祸患和轻浮呢？所以纸还是别张嘴了吧。"

档案的兴起：纸国王、办公厅和秘书

　　在歌德的悲剧作品《哀格蒙特》（*Egmont*）的第二幕中，主人公哀格蒙特回到家中，而他的秘书因为不想错过晚上的约会，已经在哀格蒙特的家里等得万分焦急："他还没回来，我拿着笔和这几张纸已经等了有整整两个小时了。"和秘书一起等待的还有三名信使。那些等着哀格蒙特回复的信件和公文首先是关于根特地区的骚乱，其次是他的账房先生在讨债时遇到的困境，最后是一位西班牙贵族的告诫信，他因为哀格蒙特一次酒后狂欢后的公开讲话而担心他的安全。哀格蒙特批判西班牙的宫廷礼仪（"我在骨子里反抗西班牙的生活方式，我也没有任何兴趣，按照新的、谨小慎微的宫廷缛节，唯唯诺诺地度日"），他将书写信件和指示这项并不令人愉快的任务交给秘书："我抽不出时间。写信对我来说是最烦人的。你很会模仿我的笔迹，就以我的名义回信吧。"秘书本想让主人仔细思量每一封回信，但是匆匆忙忙的哀格蒙特根本就没有给他机会："快去回信吧！"秘书和信使们会记录并传达他们主人的意见和处理，而无须主人亲自动手。

　　第三幕中，尼德兰的女摄政玛格丽特·冯·帕尔玛，即查理五世的女儿、腓力二世同父异母的姐姐，她因一封从西班牙寄来的书信忧心不已，女摄政对这封信件的字斟句酌和哀格蒙特处理信件时的漫不经心形成了鲜明对比。从女摄政和她的顾问

（歌德给他起的名字叫"马基雅维利"[1]）的对话中，女摄政认为此次派遣阿尔瓦公爵及调动一支强大军队，便是腓力二世和他的内阁这次来信的结果。阿尔瓦公爵深入骨子里的强硬做派，会让女摄政玛格丽特左右制衡的政策无法施展。但是她深谙统治之道，并分析了她的弟弟想要如何削弱她的权力："他会提出指令——我已经搞了一辈子政治了，很清楚如何在不剥夺一个人职位的情况下取代对方的权力——首先，他会搬一个内阁出来，表达一些模糊不清、模棱两可的措辞；他会逐渐扩张他的权力，毕竟大权握在他手里；如果我有些许怨言，他就会暗示一些秘密指令；如果我想要见些什么人，他就会闪烁其词；如果我固执己见，他就会颁布一份完全不同的重要文书；如果这不能让我满意，他还是会继续下去，就好像我从未抗议过一样。同时，他将完成我所惧怕的事情，挫败我最为珍视的计划。"

通过充满人性关怀、拥有骑士风度且与人民大众站在一起的哀格蒙特与宫廷中专制的阴谋诡计的对立，歌德这部18世纪的悲剧作品，用文字刻画了200年前尼德兰王国的衰败。但是在女摄政玛格丽特的这段"戏中戏"里，腓力二世的历史形象显得尤为突出。和生在北方的父亲查理五世不一样，这位君王很少游历他的领地，而是试图以西班牙为中心，通过对信息的评价和文件的流通统治国家。以至于当时的人们都称他"rey papelero"，即"纸国王"。

---

[1] 与著名的意大利政治思想家和历史学家、《君主论》的作者同名。

现代历史学家们详细地描述了这类统治者的特征。腓力二世身处公文传播的中心，这些公文的传播范围近到周边小镇，远至南美海外。1556年，腓力二世从退位的父亲手里接过统治权后，将查理五世于1540年建成、位于西曼卡斯的用来存放内阁文件的档案馆变成了中央国家档案馆。大量的公文等待君主的决策。他身边的大臣和秘书们会先起草、研究所有的公文，并备注好优先级。几十年来，他经常需要一天签名几百次，直到16世纪80年代，他开始在日常通信中用印章来代替签名。1571年3月，他每天亲自处理40多封请愿书，一年下来所处理的请愿书超过1250封。他喜欢园艺，热衷狩猎，但后来已经戴上了老花镜。他深信，"这些魔鬼，我的这些纸"是他经常咳嗽的罪魁祸首。歌德的《哀格蒙特》里提及的那些指令，只不过是往来于他宫廷之间的公文的一部分。与之相伴的，是宫廷通过这些公文，有条理地在其整个统治地区逐步搭建起政权。像歌德戏剧中这样协助哀格蒙特的秘书，在腓力二世的宫廷中有很多。他们是近代早期的一个重要角色。

现代行政体系传播媒介的起源可以追溯到腓力二世统治时期的西班牙：问卷、申请表和表格被寄到各省的官员手中。基于地图的登记簿以概要的形式显示发出的文书，以免文件数量不断增加后变成一片混乱。通信人员被要求保持系统、简洁的写作风格。"纸国王"的统治原则是，他的每一位臣民都应该能够给他寄一封信。国王依然会接见臣子并听取秘书的报告，但相比于口头汇报，这位"纸国王"对书面请示的偏爱揭示了君主专制的一个重要元素：接触统治者。卡尔·施密特（Carl Schmitt）用"走廊"来描述这条通路的范围，一个"充满间接影响和武力的前厅"，可以直达统治者的耳朵。

在近代早期的欧洲戏剧里，这条走廊充满了轻声低语，阴谋诡计的气氛和通过亲临现场获得权力的机会相互交织。在"纸国王"的帝国里，亲临现场可获得权力的价值有所下降。至少，出现在眼前和出现在耳旁，所能获取权力的机会是一样的。1581年，威尼斯大使弗朗切斯科·莫罗西尼（Francesco Morosini）曾写道，腓力二世更偏爱书面请示和咨询的一个原因是，这可以留给他更多的时间做出答复。在嘈杂的权力前厅出现了这样一条纸制的走廊，在这一走廊中的拖延、阻碍或者加速等策略，不仅仅适用于宫廷之人，也适用于那些身处宫廷之外的人，他们虽然无法亲自来到宫廷，但仍希望在遥远的地方回应君王。

即使是同意了当面谒见的请求，这位"纸国王"也会给谒见者书面公文的压力。据说，腓力二世有时会在接见属下时随身带着一些公文，好在说话的时候拿在手里，以维护自己的威信。他想要通过这个动作向对方传达一个信息：他所知道的事情比对方说出来的要多。作为一个会见的静默参与者，公文象征着无穷无尽的背景知识，即使这些随身携带的公文和具体事件毫无关系。因为这些公文的存在，"房间好像有另一个人。人们虽然看不见他，但他却就站在国王的身旁，并早已将他的观察告知国王。公文就像是一个潜藏的告密者，他不仅向当权者发出了自己的'声音'，还转移了执行的后果"。在腓力二世的世界里，纸既是秘密的携带者，又是当面谒见统治者的阻碍，纸的这一双重作用使权力中心向不可见的领域转移，这种不可见性正是近代早期国家行政现代化的重要标志。

　　腓力二世帝国里公文流通和行政用纸功能升级的技术根源可以追溯到13世纪。1238年，阿拉贡国王海梅一世（Jakob I）征服瓦伦西亚，并在那里建立王国。此后，他让西班牙东海岸的阿拉伯造纸厂供应行政通信所需的纸张。1276年海梅一世去世，留下了大量的档案。佩德罗三世（Peter III）于1262年与曼弗雷德（Manfred）的女儿康斯坦斯（Konstanze）结婚，所以他可以成为霍亨斯陶芬王朝的继承人和后代。1282年，他的儿子佩德罗三世为阿拉贡王国赢得了西西里王国。早在两代人之前，即腓特烈二世（Friedrichs II）时期，西西里王国已经将罗马教规和拜占庭行政惯例与阿拉伯纸相结合，产生了现代以文件为主的近代统治管理的原型。如果按照1231年腓特烈二世时期的法典规定，那么所有的文档（公文和契约）都应该写在羊皮纸上，以保证它们不会随着时间的流逝而毁损，可以留作证据。这听上去像是在贬低纸、抬高羊皮纸。但这其实是给羊皮纸和纸进行适当分工的条例。通过阿拉伯商人，纸被供应到腓特烈二世的办公厅里。就像哈里发哈伦·拉希德的统治时期一样，纸在霍亨斯陶芬的西西里王国，也凭借着它的物美价廉和供应充足而变得极具吸引力。与羊皮纸相比，它的竞争力不仅仅来自经济上的优势，在防止人们伪造文件上也更胜一筹。此外，纸对那些需要快速撰写、易于阅读且只需在特定一段时间内使用的档案记录来说，也是非常理想的书写材料。对于这些要求，纸早在阿拉伯文化中就已经接受过考验，它与曲线文字的良好结合也因此发挥了作用，使得纸在保存时间上的劣势不会对它的需求造成太大的影响。

对登记簿来说同样如此。腓特烈二世的办公厅首次在欧洲将登记簿作为存档工具进行试验。登记簿，或者说大事记，正如它的名字一样（拉丁语 res gestae，意为"做过的事情"）是指对管理统治时发生的事、通讯往来所涉之事的连续记录，包括完成的支出、下达的订单、收缴的税款。它们还可以包括以前不值得记录的琐事。腓特烈二世时期的办公厅里，连国王喜爱放鹰狩猎的兴趣也被大量书信记录了下来。

1943 年，最后保留下来的腓特烈二世的档案残篇被德国士兵破坏。但是克莱利尼亚·威斯曼（Cornelia Vismann）基于前人的一些研究，在欧洲档案的历史研究中描绘出了这些文书的典型特征。羊皮纸和纸的双重使用与文档和登记事项的区别有关。中世纪的证明文件需要一个时间跨度非常长的载体，因为它需要收录永久有效的法律法规。相比于所需要保存的信息，这些文件来自哪里则是次要的。证明文件中经常出现表示永久性的词句，比如"ad perpetuam rei memoriam"（拉丁语，意为"对事物的永恒纪念"），这是来自高度专业化的写作工坊制作的、具有代表性的设计。文件字体的易读性也必须反映出文件颁发人的权威。与印章以及签名一样，字母的排列和大小以及装饰的细节都是服务于文档的鉴定认证作用的。

而在登记簿的设计和储存中，作为临时保存工作内容的载体，时效性则是最主要的，在书写方面同样要求经济性，所以文字在纸上的分布是由行政程序决定的。给不同收件人的相同内容的公函会以程式化的方式进行登记，但不是直接复制，而是通过关键字压缩正文内容，省去致敬与问候。纸相比羊皮纸来说价格并不昂贵，所以就算前一个月的纸还未填满，人们照样可以每个月使用一张新纸来进行登记。在每张纸上注明日期是登记簿的一个关键。为此，人们特意在纸的边缘保留了一列，在从左到右的阅读方向上引入了一个从上到下的组织网格。虽然在形而上的层面上，公文是永恒性的体现，但登记簿的条目序列反映了行政活动不断变化的特性。事物的永恒在无止境的登记簿中有了时间限度："通过登记内容并在边缘注明日期这样一种登记方式，登记簿将行为和时间结合在了一起。更广义地说，登记簿这个工具将统治管理从永恒的维度中抽离出来，将其时间化。"

羊皮纸上写的证明文档，作为立法文献和权威代表性阐述的媒介，在很长时间里都是外交活动偏爱的原始文本。当这种固定状态被打破之后，在中世纪晚期和近代早期的历史编纂学中，登记簿和档案以及它们的主要载体——纸——才从文档和羊皮纸的阴影下走出来。这揭示了自14世纪下半叶以来，纸是如何促进以文档为中心的统治管理向以档案为中心的帝国、教会机构、行省以及地区的行政管理过渡的。和过去一样，纸并不是一开始便从源头上来推动这一实践的发展的。

　　无论是从术语上还是本质上，"档案"都可以追溯到罗马法系统以及罗马地方法官、执政官、皇帝的行政文书（法令、指令、协议等）。它们的历史比纸更加悠久。它们跨越文档的时代，将刚揭幕的档案时代与罗马人行政与权威并行的做法结合在一起。但是，与古罗马之间的联系相比，档案对近现代国家未来的意义更加重要。14世纪的时候，广义上的"档案"——即与单个商业交易相关的文件集，有正式登记的传入、传出和内部流通的卷宗——可能还尚未出现。那个时候在各个国家的领地，人们可以自行决定是否使用档案体系，并未做强制要求。

　　但是办公厅里处理的文件时间跨度很大，这很适合纸的特性。登记分"永久登记"和"临时登记"。前者汇集了诸如封地公函、捐赠、担保、联盟、和平条约等公文，后者则收录了抵押、典当或者收入说明等在某段时间内有效力的文本。不论是在君王和侯爵之间，还是城邦与城邦联盟之间，往来的通信都增加了。纸在不断推动书写的进程。自14世纪下半叶以来，大多数官方的书籍都是写在纸上的，查理四世（Charles IV）和普尔法茨选帝侯（后来的德意志国王）鲁普雷希特（Ruprecht）的登记簿以及幸存下来的登记簿残片也是一样。鲁普雷希特以及普法尔茨地区的行政技术是第一批德国造纸厂所处的政治和文化环境的一部分。

　　乌尔曼·斯特罗姆，这位纽伦堡造纸厂的创立人和颇具影响力的城市新贵，在国王、侯爵和城邦之间剑拔弩张的关系中扮演着十分重要的角色。纽伦堡于 1384 年加入莱茵-施瓦本城市同盟，这其中乌尔曼起了一定作用，并与文策尔（Wenzel）国王达成合作协议。1400 年，文策尔被废黜后，乌尔曼又毫不犹豫地通过加密信帮助文策尔的对手鲁普雷希特成为国王。1390年乌尔曼·斯特罗姆兴建这座造纸厂的时候，他一定早从作为纽伦堡地方长官的经历和与帝国政治的接触中，清楚地认识到纸在行政管理中所具有的重要性。纸张历史学家已经证明鲁普雷希特的办公厅确实使用了乌尔曼造纸厂生产的纸。从地方乡镇直至帝国层面，纸成为行政管理不断书面化的媒介，纸的这一发展路径可以一直追溯到古老帝国最早的造纸厂。作为将统治具象化成管理以及日常媒介的理想工具，纸还具有法律的特质，法律的行政后果也会在纸上体现。

在现代行政体系中，一张纸很少会单独出现。这种走向复数的趋势可以在一些短语中找到，例如歌德《哀格蒙特》里秘书说他"拿着笔和这几张纸"。复数形式的纸将有一个光明的未来。

热那亚商人和他无声的合伙人

作为商人、政治家、金融家、德国第一家造纸厂的创立人，乌尔曼·斯特罗姆的经历中还有一点，即他与热那亚也有贸易往来，而热那亚很快将成为阿拉伯纸进行远途贸易的中心。热那亚之所以成为欧洲造纸最重要地区之一，主要有两个原因。一方面，这个商业海港受益于造纸匠人的迁移，他们把在法布里亚诺最古老的欧洲造纸厂积累的知识带到了这里。另一方面，热那亚商人和金融家们的成功也推动了当地造纸业的迅速发展。自16世纪以来，他们在欧洲南北贸易以及新兴国家和欧洲市场之间的商品和黄金贸易中占据重要地位。费尔南·布罗代尔（Fernand Braudel）在他的巨著《地中海与菲利普二世时代的地中海世界》（*La Méditerranée et le Monde Méditerranéen à l'Epoque de Philippe II*）中，解释了热那亚如何在16世纪下半叶和17世纪前30年里发展成了"国际金融支点"。

热那亚的造纸厂位于沃尔特里的西边，沿着海岸附近山区的水道而建。它们凭借其生产的优质书写纸而声名鹊起。1544年，沃尔特里山谷中已经有29家工厂生产白纸，到1588年变成40家，到1612年，造纸厂的数量增加到62家。工厂群形成了一个小村庄，包括一个广场、一座小城堡和一个教堂。这个被叫作"圣巴托洛米奥德里法布里齐"的村庄，成了热那亚这座国际贸易大都市基础设施的一部分，热那亚的港口则为其大规模进口破布和出口成品提供了便利。造纸厂的不断增加不仅要归功于热那亚的地方行政系统、商人和金融业，还要归功于高质量的纸张像从前的羊毛和丝绸一样，越来越成为一种具有吸引力的商品。商人们不仅想做经销商将纸张销售到市场上，他们还想自己来生产，于是开始对纸张进行投资。

热那亚商人乔瓦尼·多梅尼科·佩里（Giovanni Domenico

Peri）从 1639 年开始出版《生意人》（*Il Negotiante*），在这部著作的第三卷《书写纸制造厂》一章中描述了沃尔特里的造纸景象。读者可以很清楚地感受到，他为这些工厂感到非常自豪。他描述了这些工厂所处位置的优势，有足够的水力来驱动捣碎机，西风和北风则有利于纸张的干燥。他详细地介绍了工厂的结构、设备、水车和纸浆桶的数量、用于整理破布的房间和做浸渍处理的房间的位置。他在描述从粉碎破布到压制纸张和上胶的整个生产过程时，还加入了有关工具质量以及加工材料数量的精确信息。于是，通过他的详细描述，人们可以看到这样一个多层的造纸工厂：各种质量的碎布在带有大型捣碎机的大理石槽内被打成纸浆，这里需要的水要通过一个精密的过滤系统净化。在一个由砖砌成的房间里，造纸匠从若干纸浆桶中舀浆。在紧挨纸浆桶的地方，一台 8 英尺（约 2.5 米）高的木质压力机被铁螺栓紧紧固定在地面上。而另一个房间里，铜制锅炉里正熬制着胶料。

与 18 世纪德国格奥尔格·克里斯托夫·凯弗斯坦（Georg Christoph Keferstein）的《一位造纸匠给儿子上的关于造纸艺术的一堂课》（*Unterricht eines Papiermachers an seine Söhne, diese Kunst betreffend*，1766）不同，佩里的叙述不是一位造纸大师写给后代的论述，也不像 18 世纪法国的杰罗姆·拉朗德（Jerome Lalande）的《造纸的艺术》（*l'Art de faire le papier*，1761）那样是一位地区监督官所写的关于造纸厂的论文。佩里是作为一位经验丰富的热那亚贸易和金融资本代表，向不同地区的人介绍家乡的模范工厂，这些工厂以超高的技术水平生产出绝对完美的纸张。他对沃尔特里造纸厂的描述就像是一份给潜在投资者的招股说明书。他们可以在里面找到有关员工数量、工作时间和年产量的信息，甚至还有专门的章节附上了商人和造纸师傅签订的年度合同的详细信息，商人为造纸厂提供资金，造纸师傅则作为雇员受其委托，在某段时间内处理运来的破布。商人需要提供生产所需的所有设备。造纸师傅会在一年结束时将工厂原样交还于商人。乔瓦尼·多梅尼科·佩里十分熟悉这个体系，他甚至提醒读者要小心造纸师傅的把戏，他们会想方设法将过剩的产品以固定的价格全部出售给造纸厂的所有者。

在佩里的描述中，造纸厂不单单是一个有利可图的投资对象。这位热那亚商人不仅描写了沃尔特里的生产景象，也研究了他在日常生活中使用或接触的材料的来源和物理性质，无论是处理信件、记账单还是签发汇票时。所以在佩里的著作里，纸张从一开始就出场了，远早于第三卷的《书写纸制造厂》。佩里的《生意人》一书属于商人论著，人们在阅读时可以将其理解为欧洲艺术家所画的商人肖像在文学中的对应物。比如德国画家小汉斯·荷尔拜因（Hans Holbein d.J.）曾在伦敦为但泽出生的汉萨商人格奥尔格·吉斯泽（Georg Gisze）画了一幅肖像画，画中的商人手里拿着一封半开的信函，身旁各种不同类型的纸张以及书写和密封时用到的道具都很引人注目。佩里的这部商人论著，就像是用文字"画"成的"自画像"。

佩里受过良好的教育。他的工作要求他懂一些拉丁语。虽然在《生意人》一书中，佩里也经常引用老普林尼和西塞罗等罗马作家的话，但是在序言中，他就明确指出，这本书与文人的高雅文风不同：读者在这里读到的是商人的语言，不是学术或艺术的语言，而是实践经验。尽管他形容自己为"Scrittore"（意大利语，意为"写手"），但这并不是指作家，而是字面意义上的写作者，一个阐释他的工具和技艺的人：身体和手指的姿势，介于过于挤压的圆曲与过于脆弱的僵直之间的字母形状，笔的形状和质量，以及落笔的方式，易读性、美感和书写速度之间的平衡。事实证明，这位商人的写作技巧在于一种折衷——兼顾了时间经济性所要求的速度、可读性的保证，以及有助于商业成功的匀称字体。佩里证实了历史学家的研究结果："对于神职人员来说，他们写作的目的是创作证明文档、注定要被保存的神学以及科学书籍。而对商人来说，写作是一种为企业创造价值所必须承担的责任。"

在《写作》《写信、订单和佣金》《商务写作》三个章节中，佩里概述了理想商人应该掌握的用于保存和传播信息的书写技巧。他非常重视纸和笔的质量。在关于如何撰写信函、说明书和订单的章节中，佩里赞扬了纸作为远距离通信媒介的作用。他首先称赞了纸的简单易用和可折叠性，加上密封技术，使得人们可以没有阻碍地交流和传达消息。商人和恋人们一样，都可以从这种远距离通信中获益。

佩里在一开始描绘沃尔特里工厂时，就将这种赞誉从个人的角度上升到世界历史的角度。纸就像是人们可以用来模仿上帝之无所不能的发明。它通过传播英雄主义的故事激发美德，作为连接不同时代和不同民众的便捷方式，赋予艺术和科学、建筑和航海、哲学和修辞学以灵感。这段话听上去就像是歌颂书籍印刷的赞歌。但佩里极少提到印刷厂和书商。热那亚是有自己的印刷厂、书商和出版商的。佩里《生意人》的第一版就是其中一家出版的。而其他几版以及重印则是在图书大都市威尼斯出版的。在威尼斯及其周边地区，纸张生产是和图书印刷相互结合的，而在热那亚，纸张生产则与贸易以及金融共生。

《生意人》中，纸占据重要地位的地方不是图书馆，而是账房。佩里使用"libro""scrittura"和"la carta"将人文主义里的三大概念——书、书写和纸，应用到了日常商业生活中："il libro"是他的总账，"scrittura"并不是指写作，而是指记账，而"la carta"不仅用于商人的远距离通信——佩里在《生意人》中插入了许多信函模板——也是人们开具汇票和办理信贷业务的媒介。所以，在热那亚，商业和金融资本将资金投资于造纸厂，而造纸厂则通过依赖纸张作为储存和流通媒介的商业实践来赚钱。

在费尔南·布罗代尔关于《热那亚人的时代》这一节中，佩里像线人一样讲述了热那亚商人在地中海贸易网络及其复杂的汇率体系中所占据的主导地位。据布罗代尔对这一体系的描述，如皮亚琴察交易会这个极为重要的市场所证明的那样，纸之所以拥有双重意义，是因为它有能力将书信传递与金钱流通连接起来，"热那亚人的一切财富确实建立在一种相当巧妙，同时又被巧妙地运用的机制之上。正如富格家族在西班牙的代理商幽默地指出的那样，热那亚人的统治是证券的统治。这个代理商在1577年指责他们'拥有的票据比现金还多'……证券的出现及其发展是经济生活的一种新结构的开端，是对经济生活的一个必要的补充。"[1]

布罗代尔在这里讨论的不再只是造纸厂生产出来的产品，它同时还是现代银行金融业的象征和缩影。与狭义上的造纸技术一样，纸作为金融交易中的无声参与者，它所具备的特性也是从阿拉伯文化中继承而来的。阿拔斯王朝时期，贸易在不同的地域间进行，为了方便不同地区之间的支付，汇票以及汇票法规就应运而生了。有了这两样工具，人们就无须再担心运送真金白银所带来的风险。对阿拉伯人来说，金融交易的术语也代表完成这一交易的纸质文件。从逻辑上来说，交易并不一定要通过某一特定的媒介完成。但是从历史和实践的角度出发，汇票的发展和造纸技术在阿拉伯世界中就已经融合了。

十字军东征之后，欧洲汇票在阿拉贡王国和意大利的贸易共和国同时发展起来，它兴起的模式明显和阿拉伯模式类似。早在17世纪早期，佩里将理想商人描述成位于航海、书信和信用交易网络中的蜘蛛。而在此之前长达一个世纪的时间里，商人们只能依靠旅行者来完成这些事。正如汇票避免了货币的实际运输一样，纸质单据——提单、合同、订单——使商人不需

[1] 摘自布罗代尔著，唐家龙等译《腓力二世时代的地中海和地中海世界》，商务印书馆1996年版。

要自己亲力亲为，就能让货物流通。商人的办公室就是导航中心，他在这里监控着货物和金钱的流动。例如，14世纪，托斯卡纳商人达迪尼（Datini）就推荐他的代理商穿铅制的鞋，这样便可以与书桌、图书和笔紧密相连。

就像在《一千零一夜》的故事中海洋和纸张的平整表面可以被隐喻式地联系起来一样，欧洲远途贸易中的海洋也变成了一个人们可以用直线、短线进行丈量的平面，这些路线也可以在纸上被规划和计算。莎士比亚的《威尼斯商人》不仅仅说明了贷款的艰难，也见证了商人在不同地域之间进行贸易和运输面对的风险。

《生意人》第一卷第四章的标题为"算术"。通过将算术融入商人的教育课程中，再配之以"libro""scrittura"和"la carta"（书、书写和纸）三大元素，佩里向阿拉伯文化的遗产表达了敬意。阿拉伯数字在意大利的引进不断推进着算术和经济的结合。12世纪在北非港口城市贝贾亚，一位来自比萨贸易公司的代表让他的儿子研究贸易伙伴在普罗旺斯和叙利亚之间长途旅行中所使用的数字和计算方法。他儿子名叫莱昂纳多·皮萨诺（Leonardo Pisano）[1]，于1202年发表了《计算之书》（*Liber Abbaci*），书中内容就包括了"乘法口诀"、四则运算、分数运算和开方运算，以及阿拉伯数字体系中最重要的成就——零。他在介绍时注重数字与文字如何在字母列和数字列的连贯

---

[1] 即斐波那契，中世纪意大利数学家，西方第一个研究黄金分割数列的人。

符号体系中相互结合。珠算学校里的算术教学与大多数修道院学校不一样，其问题设置和运算举例更注重与贸易公司日常运营的紧密性。这样的珠算学校自14世纪早期以来就属于商人教育课程的一部分了。

数字、行和列或者用于钱币价值转换的算法在纸上构成了一个抽象的体系，相当于商人在其中活动的物理空间。但如果要描述空间里的移动、控制货物的数量、货物的有或无，数据存储和"更新"的结合（即数据的覆盖和修改）是非常重要的。如果要在一张图表中描述一段随时间而变化的进程，商人理想的更新方法是能够使被修订的数据不会因删除而消失，而能够被保留在数据存储工具中。由于其材料的特性，纸张在这一点上恰恰展现出了它的魅力。和算盘不同，纸不仅是一个缓存器。算盘一旦呈现出最后的计算结果，计算过程中所用到的数字就都被抹掉了，而写在纸上的数据，人们可以划掉或者改写，但不用非得真的删除。这一更新方法可以"保存每一次运算"。这样做的坏处就是需要大量的书写面积。所以，这种更新方法适用的前提是有足够的纸张。

《生意人》的第三卷的标题为"阿尔巴罗的果实"，可以看成作者在时尚郊区阿尔巴罗闲暇时光的产物。在阿尔巴罗，富商们的花园可以与热那亚旧贵族的花园相媲美。尽管佩里唤起了人们对小普林尼和西塞罗的别墅的回忆，但"阿尔巴罗的果实"依然有双重含义，并未局限于与商业世界相对的田园牧歌。《生意人》中，"收获果实"这一比喻总是与当时商业生活中的争论有关。早在第二卷中，佩里就通过比较农业和现代贸易，驳斥了"钱从它的自然属性上来说是无法开花结果的"这一陈词滥调。只有那些放着不动、留给自己的钱是无法开花结果的，它们就像是密封在袋子里的种子。但是通过流通，它所蕴含的繁育力就会被唤醒。《生意人》第三卷的一个重要主题就是为在交易会上进行的汇票交易以及整个信贷体系辩护，即使是佩里同时代那些受过教育的人，也对这些信贷体系持怀疑态度。

佩里的辩护是对布罗代尔描述热那亚时所谈及的"经济生活新结构"的一次捍卫。20世纪初，德国社会学家维尔纳·桑巴特（Werner Sombart）将"现代资本主义"定义为法律统一、计算统一和信贷统一的三重组合。他将资本概念与复式记账法紧密联系起来，并坚持认为在复式记账法出现前，世界上不存在"资本"这一概念。没有复式记账法，就不会存在资本。人们几乎可以将资本定义为通过复式记账法获得的劳动财富。

想要得出这一论点，我们需要将"现代资本主义"放在西方理性主义的整体环境中去考虑。在这一整体环境中，复式记账法和定量自然科学、血液循环、万有引力等理论的发现具有同等的重要性。这种认为经济上可利用的文化技术与20世纪现代化理论的宏观概念或"资本主义精神"之间存在联系的观点，被后来研究中世纪后期账簿的历史学家所批评。他们提出的微观史学式的修正，为纸在复式记账法发展过程中的作用提出了重要假设。

对桑巴特的批评主要是针对其关于复式记账法在会计功能

上的论断。这是桑巴特将记账回归于"经济理性"进步的主要证据。批评他的人说，在中世纪晚期意大利商人的日常账簿中，人们对快速并可靠地获得关于损失和利润的信息，即编制公司的资产负债表并没有迫切的需求。甚至在文艺复兴时期的贸易公司里，完全发展的复式记账技术也没有像桑巴特理论所期待的一样被广泛使用。在很长一段时间里，它只是会计账簿的记账方法之一。这些账簿最初只是交易过程中非常实用的数据存储工具。使用它们更多的是实现记忆功能，而非会计功能。

这个帮助记忆的小工具是十分必要的。有了它，人们可以在各种交易方于不同时间里进行的纷繁复杂的交易网络中，对债券和债务、未结或结清的账单一目了然。如果我们不是从诸如"经济理性"这样一个上层且抽象的秩序原则角度来看待这个网络，而是从实现这种记忆功能所采用的方法来看，那么记账技术就不是从"资本主义精神"中出现的，而是由于计算的记忆功能和保存媒介之间的实际相互作用，记忆功能增强了文字的使用，反过来又作用于保存文字的媒介。历史学家弗朗茨·约瑟夫·阿林豪斯（Franz-Josef Arlinghaus）在对几乎完整留存下来的来自佛罗伦萨商人弗朗切斯科·达迪尼（Francesco Datini）1367—1373年间的账簿进行细致入微的批判性分析时，阐述了这一相互作用。

对丢失数据的担心，以及对日常业务运营中已经存储的数据进行重新分类的需要，产生了构成会计特点的三大元素：回忆、记忆和汇总。在"回忆"中，人们会将已经发生的商业交易（例如购买和销售）记录下来。但是一段时间之后，哪个顾客什么时候购买或者多久进行一次购买，这一笔款项已经支付或者未支付，这些信息可能就消失在不断累积的海量数据中了。所以，人们会根据具体的搜索命令在"记忆"中将同样的数据再次誊写和整理一遍，这样就可以暂时将与同一客户的业务往来归纳在一起。接着在"汇总"中，对数据进行分类，合并到内部划分好的客户账户中。这种三重结构是记账的固定组成部分。在这种连续和网络化的基本模式中，通过对借方和贷方的一系列数据的特别关注，发展形成了复式记账法。与修道院相对更直观的记账系统相比，城市商人们的这些数据要复杂得多。

无穷无尽的数据流是造成这一复杂性的主要原因。在过去各种为了更好地管理这些数据所进行的尝试中，复式记账法并不是一项突然出现在文艺复兴时期历史舞台上的发明，而是人们从不断的试验和错误中，在中世纪后期的书写模式的基础上，对实用数据的实际修补并逐渐演化而来的具有革新意义的成果。不断增加的数据量对数据处理工作带来的压力，使得纸和墨这两个记录媒介的局限性凸显出来。如果我们从电子数据处理的角度来看回忆、记忆和汇总的三重结构，会发现这种结构其实是由纸张的"不灵活性"导致的。因为重新组合数据以及通过关键字创建数据单元，都只能通过在第二张纸上复制和重新格式化来实现。出于这个原因，阿林豪斯认为"文本化的内在动力"在复式记账法的发展过程中起到了关键作用。

但即使对阿林豪斯来说，纸也是一个无声的伙伴。它接受和批准商人们的交易，却并不能决定交易所遵循的规则。但它成了市场活动不可或缺的媒介。纸在这一功能中所获得的意义，与它于近代早期在日常生活中出现频率的增加并不相同。诚然，回忆、记忆和汇总的三重结构使人们对纸的需求增加，对书写纸的生产产生了重要影响。但是，纸张功能意义的增加，更在于它作为存储媒介参与到了变化的世界中。所以佩里的《生意人》是一份富有启发性的历史资料。它不仅描绘了沃尔特里的工厂，还将这种描述与一位参与了以纸为基础的现代资本主义发展的成功商人的自画像结合了起来。

破布收集者、书写者和布道

前工业时期的造纸厂内部，不同工人之间存在技能上的差距，这同时也成了一种社会差距。在工厂中心，将抄纸帘浸入浆桶，把抄完的纸进行压制和干燥，对于造纸工人来说是一门艺术。这也是导致造纸工人后来没有像其他手工艺人那样形成行会的原因之一。在与他们相邻的房间里，工人们要对破布进行预先分类和清洁。因为破布的颜色和材质决定了纸张的颜色和质量，只有用尽可能白的亚麻布才能做出精美的白纸。妇女和儿童们就在干燥的地板上做着这些工作。这种差距进一步体现在原材料的采购上。和面粉厂不一样，造纸厂中待加工的原材料不是由客户提供的，而是从附近采购而来，在必要时还要去更远的地方。所以，早期的时候，作为与外部社会衔接的一环，破布收集者和守护着造纸技术秘密却只在工厂内部工作的造纸工人们一样重要。

破布收集者既是"猎人"也是收藏家。他们的理想"猎区"是城市，几百年来，他们一直是城市的一部分。他们在中世纪晚期首次亮相时并没有预料到，在他们职业生涯的秋天——19世纪的时候，会出现在波德莱尔（Baudelaire）的诗歌、爱德华·马奈（Edouard Manet）的画作以及查尔斯·狄更斯（Charles Dickens）的小说里，并被赋予艺术性。破布收集者是非常显眼的存在，因为他们的工作要求他们必须引起人们的注意。"破布、破布"的吆喝声以及他们的口哨声早就成了欧洲城市和乡村声音图景的一部分。在被人轻视的纺织业工作的妇女数量不小。和造纸厂不同，破布收集者很快就被一个由社会关系和法律规定组成的密集网络所包围。破布经销商是破布收集者与造纸厂之间的中间人；每个工厂有不同的破布特权区域，这决定了破布经销商的许可证和收集区域；各州的破布出口法规管控着它们的大规模的流通。

作为从事"脏活"的群体里的一员，破布收集者在近代属于底层人民，尽管批发商们有可能依靠他们而变得富有。德语里的"破布"（haderlump）一词也因此变成了骂人的脏话（流氓）。破布收集者中有很多是犹太人。18世纪后期，德国医生约翰·克里斯蒂安·戈特利布·阿克曼（Johann Christian Gottlieb Ackermann）在编辑意大利同事贝尔纳迪诺·拉马齐尼（Bernardino Ramazzini）的论文《关于艺术家和工匠的疾病》（*Von den Krankheiten der Künstler und Handwerke*）并将其翻译成德语时，将破布收集者放在了《犹太人的疾病》一节中。阿克曼强调说，犹太人处理腐烂破布时所用的房子是传播疾病的源头。这里的居民身处"一种不可思议且极度浓烈的恶臭"中，这股恶臭已经渗入他们的身体，"咳嗽、荨麻疹、头晕和恶心是他们最普遍的疾病。一大堆男人、女人、孩子以及尸体所穿的各种肮脏衣服的边角堆成了垃圾山，人们很难想到还有比这更加丑陋和令人作呕的东西了。所以当满载着最底层穷人的残余物的马车经过或到达目的地时，人们无不感到惊讶与同情"。

　　将前工业化时期的造纸与碎布联系在一起，不仅建立起了造纸厂与破布收集者的联系，也使造纸与织布工人产生了关联。文人和学者是纸张最主要的用户。在他们的世界里，相比于在浆桶旁工作的技艺高超的造纸工人来说，破布收集者是相对低贱的角色。

　　浪漫主义诗人阿希姆·冯·阿尔尼姆（Achim von Arnim）和克莱门斯·勃伦塔诺（Clemens Brentano）整理编辑的民歌集《男童的神奇号角》（*Des Knaben Wunderhorn*，1806—1808）中，有一部关于中世纪晚期和近代早期社会的浪漫主义色彩的百业全书诗集，其中不乏有裁缝和磨坊工人、铁匠和农民、猎人和织工为自己发声。诗篇《书写者的尊严》（*Würde der Schreiber*）也属于此类。诗的前几节是这样的：

纸的本质是发出声响，

它会沙沙作响，

人们可以轻易地偷听到，

因为它总是要发出声响。

它在哪里都会发出声响，

只要有一张纸存在的地方，

学者们也是如此，

诚实地发出声响。

人们将破布做成，

高贵的写作工具，

也许有人会笑，

但我没有骗你。

　　今天的读者可能会从这首诗中读出嘲讽的语气。毕竟人们对"沙沙作响"[1]这个媒体评论界常用的比喻太熟悉了，人们用它来形容那些精通炒作之人在轻易会被煽动的公众群体中快速宣传从而引起骚乱的做法。但这首诗歌里表达的是书写者的自我意识，它采用的是"发出声响"（rauschen）一词最原始的含义：将一种难以压抑的自然力量表达出来。正如词典中解释

───────────

[1] 原文为"Rauschen im Blätterwald"，是德语的一个戏谑用法，比喻报纸大肆宣扬或谈论某事。

的那样，这种力量可能是爱，或者是"怦然而动"的神圣灵魂。人们将其归功于纸总是能够发挥强大作用的本质。作用的大小与使用纸张的数量无关。它的作用不仅体现在大量使用纸张的学者们的房间里，也表现在一本小册子在无纸的环境里流通时，又或者体现在用纸张发号施令的地方。书写者知道，由于自己与办公厅以及当权者的亲密关系，他在流行歌谣中经常被会当作嘲讽的对象。但是因为书写者与纸张的作响声是相连的，所以他的诗歌以对那些蛮力英雄们的自信挑战来结尾：

> 在书写者面前，
> 常常会有一些骄傲的英雄折腰，
> 并蜷缩在角落里，
> 再不高兴也是枉然。

近代早期自我歌颂的书写者和18世纪文学中卑微的抄写员以及狡猾的秘书形象相距甚远。这些书写者们认为自己属于新兴的、上进的、受过教育的阶层，不仅因为他们能够识字，还因为他们熟悉拉丁语和学者们的世界。如果谁在嘲讽学者时也捎带上他们，这些书写者可以很轻易地为自己辩护。因为他们有大量的比喻可以用来赞美书写，这些比喻不仅仅源于中世纪的学术文化。在他们的弹药库里，既有羽毛笔和剑的比较，也有羽毛笔和犁的对比。比如1690年的一本书中就有人写到：

纸是我的地，
所以我如此勇敢。
笔是我的犁，
所以我如此机智。
墨是我的种子，
我用它来书写我的名字。

与书写者的尊严相对应，《男童的神奇号角》中还有一篇《织工之歌》(Weberlied)。它先是描写床单、桌布和餐巾，接着又描绘战场上英雄们扎下亚麻布帐篷，少尉挥动装饰着纹章的旗帜，以此赞美和歌颂纺织工人。诗的最后一节将纺织业和造纸厂之间的技术联系转变为一种抽象的结合。织物死亡后，又以新的形态获得重生，融进纸的声响里。

亚麻布已经没有价值，
旗帜也已不见，
但它们又获得了新的价值：
纸在耳旁沙沙作响，
人们在上面印上神祇话语，
用墨在上面书写，
纺织工人的作品永存，
无人能探究它的尽头。

纸的沙沙声引起了共鸣，预示着纺织工人的作品将获得永生。这是一个后谷登堡世界的观点，在这个世界里印刷工人和书写者取得了同样重要的地位。纺织由此成为纸张发挥潜力的一个伙伴，虽然这个变化过程有一个中间阶段，但当纺织品堕入破布的领域时，诗人有意识地回避了"破布"这个词。不过人们还是可以从诗句里读出来。纸张由破布制成，这是造纸的基本知识之一。早在18世纪百科全书、学术论文、专著和文章详细地讨论造纸技术和历史之前，这个常识就已经在民间诗歌和俗语中流传开来了。尽管造纸匠们并不愿意透露他们技术的秘密。但是遍布城市和乡村的破布收集者们早就已经将他们的原材料来源暴露了。

在近代早期的百业全书里，从刻画造纸匠和造纸厂的生动文字中，我们就可以发现纸张低微的出身与高贵的用途之间的对立性。

《地球上所有职业的写实，不论贵贱，宗教与世俗，包括所有艺术、手工业者和贸易》（*Eygentliche Beschreibung aller Stände auff Erden, hoher und niedriger, geistlicher und weltlicher, aller Künsten, Handwercken und Händeln*，1568）一书的木刻画是由绘图员、雕刻师和书法家乔斯特·安曼（Jost Amman）提供的，诗歌文字则是由汉斯·萨克斯（Hans Sachs）提供的。这本书描绘了当时造纸厂内部的作业情景：一位抄纸匠从浆桶中抬起抄纸帘，助手则正抬着一堆在毛毡上铺平的纸张拿去晾干。从画的背景中人们可以看到压制机和捣碎机，透过窗户还能看到两个水轮。汉斯·萨克斯在诗歌中通过读者看到的破布以及造纸工人的自问自答，向人们描述了造纸这一工作：

> 我的工厂需要破布，
>
> 水推动着水轮将它们捣碎，
>
> 纸浆被浸入水中，
>
> 压成一张纸，
>
> 再被放在架子上晾干，
>
> 挂在高处。
>
> 雪白而平滑的纸，
>
> 人们都喜欢。

细腻平滑的白纸是高品质的书写纸。被人嫌弃的材料变成了高贵的白色书写材料，人们很容易就将这种转变和宗教中堕落人性的净化与转变联系在了一起。克里斯托夫·韦格尔（Christoph Weigel）在《主要公共职业》（*Abbildung Der Gemein-Nützlichen Haupt-Stände*，1698）一书中，将关于造纸匠的篇章归在《对促进研究十分有用的职业》一节，紧接在图书经销商、铸字工人、印刷工人和装订工人之后。在简明扼要地描述了书写材料的历史之后，作者以一首纸的赞美诗结尾，称赞纸为"学习和传播所有荣耀科学和艺术的工具"。在铜版画中，一个造纸匠正从浆槽中拿起抄纸帘，在他的身后，三个工人正在忙着压纸。从工厂敞开的门看过去，可以瞧见一个驱动捣碎机工作的水轮，门的附近是正在挑拣破布的女人和小孩。诗歌则抽象地描绘和总结了这一作业情景：

> 老旧的破布通过人们的辛勤劳动，
> 获得了新生，美丽而洁白；
> 你，我亲爱的，要依然保持鄙夷吗？
> 从罪恶的旧状里走出，变得全新而纯洁，
> 上帝之手将在你身上写下他的意志。

汉斯·萨克斯和乔斯特·安曼所著的百业全书里，造纸匠被铸字工人、绘图员、木版雕刻师、印刷工人、装订工人——一群黑暗艺术的仆人所包围。在这个后谷登堡时代，纸的破布出身不仅仅可以由白色这一代表纯真的颜色所弥补，还可以通过印刷油墨来升华。

传教士亚伯拉罕·圣克拉拉的作品《见微知著》（*Etwas für alle*，1699）建立起了办公厅和百业全书之间的桥梁。不论是在口头的布道中，还是在配有插画的书籍里，纸张的生产过程总是和堕落人性的重生联系在一起。纺织业和造纸业在技术上的相似性，让人们总是将纸比作灵魂的外壳。造纸匠的技术就在于变废为宝。就像他们将破旧的碎布变成雪白的纸张一样，上帝也会在那些不幸的、像被抛弃的破布一样的人类死亡后，为他们穿上"永恒幸福的雪白衣裳"。

第 三 章
广泛的实体

马歇尔·麦克卢汉和拉伯雷的庞大固埃

在弗朗索瓦·拉伯雷（François Rabelais）的《巨人传》中，主人公高康大和庞大固埃以及他们的名字，都巧妙地取材于神话传说、历史学家的编年史以及《圣经》的人物，颇具讽刺意味。巨人的教育故事包含了拉伯雷怀念和歌颂的人文知识体系。书籍印刷的引入在这些教育故事中标志着一个决定性的转折。它区分开了高康大和儿子庞大固埃出身的世界。高康大一开始接受的教育不太成功，他早年师从诡辩学大师霍罗费，霍罗费的教学方法极其呆板，使用方块字母来教授书写艺术，没有为高康大打开真实知识的大门。这位将字母表硬塞进学生头脑中的大师就像一台打字机和自动记忆机，一种固化的经院哲学后期产品，一个盲目崇拜《圣经》的怪物。他的写字桌重达三十几吨，文具盒有里昂的古修道院的柱子那么粗，他"把所有的课本都抄一遍，因当时还没运用印刷术"[1]。高康大需要第二位

---

[1]　本书有关《巨人传》的译文皆摘自蔡春露译本，长江文艺出版社2011年版。

老师引导他进入真实知识的世界。他的儿子庞大固埃在巴黎学习的时候，收到了父亲的一封信。高康大在信中回顾了自己的教育经历，并赞美儿子所处的世界："何况你要知道，当时我学习时不像你有这么多良师益友。那时社会昏暗漆黑，哥特人破坏各种各样的艺术作品，给人们带来痛苦和灾难。然而，圣明的天主，让我看到文学艺术重见光明，恢复了尊严……现在，各门学科的学习已回到正轨，语言的学习享有至高无上的荣誉。不懂希腊文而自诩是个学者的人必遭人耻笑；希伯来文、迦勒底文、拉丁文也一样重要。在我那个年代，我们掌握了印刷精美书籍的技术，也受魔鬼驱使，懂得制造火炮和其他武器。当今世界充满学者、博学的老师，还有藏书丰富的图书馆。我认为没有哪一个年代能比现在学习便利，即使柏拉图、西塞罗或者帕比尼安的年代也远不如现在。"

许多证据证实拉伯雷与里昂印刷商之间的联系非常紧密。当时的里昂是继巴黎和威尼斯之后欧洲印刷业的第三大中心，一座正在蓬勃发展的商业大都市，丝绸业在这里稳固发展，这座城市正吸引着来自欧洲各地的商人和资本。佛罗伦萨美第奇家族的银行早在1461年就在这里开设了分支机构，贸易网络延伸至安特卫普、奥格斯堡和纽伦堡，以及巴塞罗那、瓦伦西亚和热那亚。国际资本流入这座城市，流向罗纳河和索恩河汇合处的半岛，书籍印刷业已经在半岛上兴起。1515年，这里已经有60家印刷所、29家书店，大量的铸铅工人、装订工人、雕刻工人和若干造纸厂。但是，与巴黎不同，里昂没有大学和议会。

这里的印刷业并非源自大学的复制系统、主教或修道院的缮写需求或是大型私人图书馆的手稿文化。和热那亚的造纸业一样，印刷业在贸易城市也是一项有利可图的生意，并且新技术在里昂能够迅速发展，是因为人们在这里无须应付来自手稿誊写者和图书插画家的强烈抗议。

拉伯雷以医师身份工作的医院距离和他以作者身份合作的印刷所不过几步之遥。这位早期的出版策略大师在他的流行作品中使用的诙谐笔名"阿尔高弗里巴斯·纳西埃"（Alcofribas Nasier）是将自己本名的 16 个字母重新组合后得到的。这位策略大师清楚地知道哪些印刷所对新兴的小型书籍更有经验，哪些则可以大量生产八开本的图书。《巨人传》中有许多关于图书世界的暗示。拉伯雷在他的信件中使用了人文主义的修辞，称颂书籍印刷为驱散"哥特时代的黑暗"的光明使者。高康大在给儿子的信中将印刷术称为"上帝的礼物"，这其实也是拉伯雷在表达自己的观点。

马歇尔·麦克卢汉（尤其是在他的畅销书《谷登堡星汉璀璨》中）一次又一次地将拉伯雷和高康大写给他在巴黎求学的儿子的信称作媒介理论的主要见证。拉伯雷仍然植根于手稿文化的口头世界，但已是印刷时代的艺术家，他在麦克卢汉眼中是谷登堡星系的关键人物。与之相对应的詹姆斯·乔伊斯（James Joyce）则站在印刷世界出口的门槛边，将电子媒介技术带入文学。

麦克卢汉在研究拉伯雷的过程中，受到了埃里希·奥尔巴赫（Erich Auerbach）在《摹仿论》（*Mimesis*，1946）中关于拉伯雷的章节《庞大固埃嘴里的世界》以及沃尔特·翁（Walter J. Ong）的《拉米斯、方法和对话的式微》（*Ramus, Method and the Decay of Dialogue*，1958）的启发。麦克卢汉接受了奥尔巴赫的观点：进入巨人之口的冒险这一主题是取自中世纪的民间故事，具有乌托邦的倾向，拉伯雷援引了对新世界的发现，并将不同的风格和不断变化的观点混合在一起。奥尔巴赫说，拉伯雷就像是一位中世纪晚期的传教士，既博学广识又平易近人。因为他使用的工具是书，所以他的受众并不是普通的群众，而是受过良好教育的精神精英，奥尔巴赫自己就是其中一员："布道人用生动的演讲面向大众，布道书是为了直接宣讲准备的，而拉伯雷的这部著作是为了刊印，也就是为了阅读。"[1]

　　对传到耳朵的布道和作为阅读对象的书籍之间关系的描述，充分体现了"听觉"和"视觉"的对立性。麦克卢汉借鉴了他的学生沃尔特·翁在《拉米斯、方法和对话的式微》（*Ramus, Method and the decay of Dialogwe*，1958）一书中提到的这一对立性。沃尔特·翁通过对比以耳朵进行的对话式学习和以阅读印刷书籍为基础的视觉式学习，描述了彼得吕斯·拉米斯（Petrus Ramus）的逻辑和方法论。在麦克卢汉的《谷登堡星汉璀璨》中，拉伯雷第一次出场就紧挨着沃尔特·翁的彼得吕斯·拉米斯，作为口头世界和视觉世界之间的连接点。小说家拉伯雷似乎是

---

[1]　译文摘自吴麟绶等译《摹仿论》，商务印书馆2014年版。

"突然陷入视觉文化的一群口述教师和注释者的集结体"。

拉伯雷投身的世界是麦克卢汉的媒介理论世界，它被戏剧性的时代事件所划分。古代口头文化随着古代语音字母的引进，被一直延伸至中世纪的手稿文化所取代。它们所造就的"字母人"在印刷机发明之后，成为谷登堡星系的"印刷人"，这种生物的感情和思想完全被书页和一行行黑色的线条文字所充斥。在麦克卢汉看来，技术和媒介都会对人类本来就可塑的天性产生影响。它们会使感官枯萎、隔离或驱使它们过度发育，导致人类原始感官配置的分离或延伸。麦克卢汉的媒介理论同时也是一种思辨的历史人类学。随着米尔曼·帕里（Milman Parry）和阿尔伯特·洛德（Albert B. Lord），尤其是沃尔特·翁对"口头"和"识字"之间关系的阐释，人们开始将中世纪的手稿文化和听觉关联起来，而视觉对印刷术则更重要。拉米斯在书页上对知识进行分割和展示的方法，导向了示意图、分支图和表格，这些都是无法被大声念出来的。沃尔特·翁称印刷术为实现拉米斯所主张的知识可视化的理想工具。正如麦克卢汉所认为的，印刷术使手写书籍周围的嘈杂声音和高声朗读沉寂下来。它使印刷工具有"超然和非介入"的力量，有了这一重要的先决条件，人们才能坚决地推进医学、自然科学和技术上的进步。另外，视觉是拥有距离感的感官，它的进化则是牺牲我们最具社会感的听觉为代价，并促进了现代个人主义的发展。

在历史哲学的古老三元模型中，随着旧秩序的覆灭，一个罪恶至极的时代会出现，而旧秩序又会在一个更高的层面中再度出现。同样的，印刷术的魔力早在电子革命将其进一步强化之前，就已经存在于麦克卢汉那个时代了。电子时代的发展因为计算机的发明到达顶峰，人类与技术之间的相互渗透已经延伸至我们的中枢神经系统。由机械化和个性化所塑造的书籍时代的结束，给非线性的思想和艺术带来了新的机会，嘈杂声音在更高的技术层面回归并且变得普遍，"地球村"里出现了"电子控制的社会"。

麦克卢汉关于拉伯雷的解释中有一个核心隐喻：印刷机和葡萄酒压榨机的相互交叠。它刻画了新兴媒介能够使人迷醉和亢奋的毒性作用。"拉伯雷用从印刷机里溢出的葡萄酒来比喻知识的民主化。媒体（press）的名字即源于它向葡萄酒压榨机借用的技术。"事实上，在拉伯雷的诗意世界中，书籍都试图采用酒瓶的形式。从一开始，这位小说家就喜欢扮演"掌酒人"的角色，而他的读者则被称作"饮酒者"。高康大和庞大固埃都有一张巨口，喜欢大吃大喝。拉伯雷一次次地将阅读、知识和学习的话语变成热情诗意的醉酒。拉伯雷用一长串可笑的书名来模仿图书馆的藏书目录，还有与古典作家的胡乱引用纠缠在一起的概念体系，听起来不就像一个醉酒者的连篇胡话吗？那些被笨拙的学生用来作为文献敲门砖，然后便可以大学成员自居的难懂的拉丁文语句，不就像醉酒者的常态吗？散布在拉伯雷作品中的那些荒诞的题外话，不就是说胡话的时候错丢在厕所的文章吗？他的整部小说，这种无拘无束、各种风格混合的怪物，不就像在理智的博学教养和人文知识之水里掺进怪诞和民间文化的葡萄酒吗？

拉伯雷是一位能将所有人文主义的知识和技艺转化为迷幻药和催情药的大师。

拉伯雷最奇怪的发明是介于植物王国里大麻和亚麻之间的神奇的庞大固埃草。在《巨人传》第三部的结尾，他采用题外话的形式大篇幅地赞颂了这一神奇药草，此时的庞大固埃正与巴汝奇一起在圣玛洛附近的塔拉斯准备启航前往大西洋。对于主人公来说，这是一个危险的时刻，因为大海凶险万分。庞大固埃将药草作为护身符带到船上。拉伯雷这位训练有素的医生赋予这种神草的力量，甚至超越了神奇的万能药。他对庞大固埃草的赞美里到处是模棱两可的描述与命名，留给几代读者和语言学家一个费解之谜。庞大固埃草有多种用途：能制成药物或衣服，能够捕获一切无形的东西，或助力船只从南极到北极跨越世界，甚至将来可能侵入月球，几乎所有的用途都有其象征性的阐释。拉伯雷脑中的宇宙图书馆、民间传说以及他所处的社会和政治世界的现实，都可以在庞大固埃草中找到对应物。提及其防火和防水的特性，影射了那个充斥着信仰斗争和镇压迫害异教徒的时代。

麦克卢汉坚决认为神草是印刷术革命力量的象征。不可否认，"拉伯雷通过灵活的字母强调了庞大固埃草是印刷品的象征和写照。因为用来扭制绳索的植物大麻就是这么命名的。通过栉梳、切割和编织，产生了最伟大的社会企业的线索和纽带。"线性是麦克卢汉媒介理论的神奇魔咒，他将庞大固埃草定义为这种线性的神奇写照。因为机械制造而成的相同产品的大量流通不会产生"印刷人"。作为视觉领域的统治者，印刷术的线性是"个体"标准化、统一化和同质化的决定性因素。书籍印刷是人们学习"如何根据系统线性原则组织所有其他活动"的模型。

那么纸在这一切中发挥了什么作用呢？在麦克卢汉的媒介理论中，纸是由于书籍印刷而获得重组和革新的"早期技术成就"之一。印刷机出现后，纸便与其密不可分。

事实上，谷登堡的发明具有划时代的意义，因为纸作为更经济且质量更好的书写和图像载体，逐渐取代了羊皮纸，尤其在大规模复制比图书的精心设计更重要的情况下。当然，这一兴起并不是在1450年就开始的，而是随着宗教改革运动里以各种形式出售的《圣经》和小册子逐步发展起来的。如果仔细研究印刷技术的核心，我们会发现这里面存在着一个创新度的差距。最具创新性是谷登堡的手工活字，它是人们能够随意复制相同字母的前提条件，也因此成为谷登堡"不用芦苇笔、滑石笔和羽毛笔就能写出漂亮字体的机器"中最重要的工具。相对来说，西方的语音字母表中字母数量相对较少，这在一定程度上推动了西方印刷术的"腾飞"。而中国象形文字数量的庞大阻碍了印刷技术的进一步应用。麦克卢汉的书籍印刷理论神化了手工活字，这种理论首先是一种关于标准化和机械化的理论，正是这种标准化和机械化使人们可以用印刷机制造书籍，虽然实际可能有差距，但理论上同一张印刷版印出来的书页看起来是完全相同的。印刷车间的这个核心创新元素是由金属制成的，所以人们在书籍印刷中采用了预示着现代工业未来的材料。当时的手工活字属于精密机械，是被当作商业机密保护起来的。

但纸就不一样了。和木质印刷机相比，它是印刷过程里的非创新元素之一。这一点和木质压榨机相比就更加显而易见，尽管木质压榨机也不是随随便便从葡萄园里搬来就能用的。美国造纸学家达德·亨特使人们注意到了一个看起来稀松平常的现象，即如果谷登堡不让造纸商准确了解他的发明，就无法为他的印刷机获取适用的纸张。他必须配合畅销的书写纸去发展新技术。在这个背景下，纸可能是非创新的元素，因为它本身就是一项已经发展了近200年的早期创新。它不再是刚引入欧洲时相对发脆的阿拉伯纸，而是一种可以承受金属活字压印的材料，不会被压穿，同时又是非透明的，可以实现双面印刷。当然，在压印过程中施加的压力要考虑纸张的性能，并相应调整木质印刷机和金属活字的相互作用。此外，人们必须使用一种印刷油墨，和通常的墨水不同，这种油墨可以在字符从金属转移到纸上的过程中保持字体的准确性和永久性。反过来，印刷活字必须由唯一确保能在纸上产生这种效果的材料——铅制成。

围绕这一技术核心，印刷术和造纸术之间的关系网络逐渐发展起来。在印刷业需求的强烈刺激下，纸张生产在数量和质量上都得到了一定程度的发展。所以也难怪15世纪晚期，纽伦堡的印刷商和书商安东·柯贝尔格（Anton Koberger）也开办起了自己的造纸厂。很快，在百业全书里，造纸匠和图书印刷匠的地位变得相当重要。在巴塞尔，古版书时期的文档证明，如果印刷商保证购买他们的纸，财力雄厚的造纸商会在投资巨大的项目上对印刷商给予支持。此外，图书印刷商还可通过抵押未来的出版物或其他的贵重物品来确保纸张供应。

我们已经讨论过，谷登堡发明金属活字之前，纸张早已沿着传播文化技术的东西走廊开始扩散，吞没了他的发明，然后以各种形式继续发展：西西里岛霍恩斯陶芬家族腓特烈二世的皇家办公厅；纽伦堡城里源于埃及的进口扑克牌；热那亚的造纸厂中，金融界的资本通过它们进行流通，取代了阿拉伯的汇票技术；在商人的账房里，纸的出现促进了复式记账法的发展。虽然纸在传教士抽象的描述中被上升到了隐喻净化和提炼的高度，但它的用途仍然可以是很基础的。早期用于批量复制的木刻术成了一种高级的艺术流派，但是纸和娱乐业的联系从未中断。文字和符号的载体是它最重要的功能，但它并没有被严格地局限于此。纸与印刷机的结合，并没有迫使它丧失作为一种媒介的技术独立和媒体自主。

纸和拉伯雷的神草——庞大固埃草之间依然保持着固有的关系。将庞大固埃草定义为印刷术和线性的象征，与印刷术的普遍性并不相符。庞大固埃草是一种双性植物，作为一种作物，人们会对它进行播种和收割。在描述它时，来自世界各地的神话学家们以及来自植物王国的所谓"远亲近邻"必会列队而来。像所有魔法药草一样，人们只有按照一定的方法进行配置，才能发挥它的魔力，而这方法只有内行人才知道。庞大固埃就是其中之一："庞大固埃草的加工时间是在春分，可以全凭人们的想象力和各地的不同习俗进行多种方式的加工。庞大固埃最初教导的方法是：先把茎上的叶子和种子剥下来，再把茎放到不会流动的死水中浸泡五到十二天，如果天气干燥而水温热就浸泡五天，天气多变，变得冰凉就浸泡九到十二天。泡完之后，便在太阳下暴晒，后移入阴凉处，把纤维从木质部分离开，纤维也就是庞大固埃草的所有价值之所在。它的木质部分没多大用途，但可以拿它点火，当火把用；小孩子还会用它吹猪尿泡……现代的一些加工者，为了节省分离纤维的人力，使用一种分离器，那样子就跟愤怒的朱诺极力阻止阿尔克墨涅生下海格立斯时并起来的手指一样。这种机器先把没用的木质部分敲碎，再把纤维抽取出来。"

　　这段关于庞大固埃草的正确加工方法的描述，和老普林尼《自然史》第十三卷中描写的用埃及纸莎草生产可用于书写的莎草纸的片段类似。拉伯雷对庞大固埃草的讴歌模仿了老普林尼的《自然史》。很显然，在模仿过程中，他借鉴了老普林尼在描写人们如何从茎上剥离尽可能宽的薄膜时的文字："中间部位的薄膜特性最好，其余的则随着剥离的顺序依次递减。"而拉伯雷所述的人们用来分离纤维的"分离器"则让人觉得它来自埃及。人们很容易就联想到造纸厂里的捣碎机和纤维分离法。当拉伯雷明确地区分庞大固埃草的两种纤维分离方法时，这一联想得到了更有力的佐证。第一种方法是通过敲碎神草的木质部分，来获得织绳工所需的纤维——正是以这些织绳工为证据，麦克卢汉得出了庞大固埃草促进线性的结论。对第二种方法，拉伯雷没有细说："还有的人为了不想让别人知道庞大固埃草的用途，便仿效命运三女神，尊贵的喀耳刻在夜间玩的游戏，或是珀涅罗珀在她丈夫尤利西斯远征离家后，拒绝无数求婚者所使用的一成不变的借口一样，日织夜拆一直忙个不停，让别人无从打听。"帕耳开负责纺线，喀耳刻和珀涅罗珀负责编织，珀涅罗珀还会将编织好的织物重新拆散。于是里昂的书籍印刷业和造纸业的近邻——纺织业开始发挥作用。拉伯雷提到了庞大固埃草制成的精美桌布和床单以及粗麻袋——这些通过珀涅罗珀拆解织物的活动而产生的材料可用来造纸。庞大固埃草为印刷机供应材料，但它不是印刷机："没有'庞大固埃草'，磨工就不能把麦子扛到磨坊，也不能把磨好的面粉再带回来。没有'庞大固埃草'，律师怎么把案情摘要带到法庭呢？没有它，怎么把石膏运到加工厂，又怎么把水从井里汲出来呢？没有'庞大固埃草'，法庭的书记员会终日无所事事，抄写员、秘书和其他文人也都要失业。没有这种草，文书和契约就会绝迹，伟大的印刷技术也会随之消失。"

　　将诗意的庞大固埃草视为现实世界某一具体物质的写照是不合适的。它既不单纯是大麻这种植物，也不是用大麻制成的促进航海和世界探索的绳索，它既不是印刷术，也不是纸。但是由于它和编织世界以及纤维分离之间的亲近关系，庞大固埃草获得了拉伯雷赋予它的众多伪装之一——莎草纸和纸之间的奇妙交叉。然而，模仿《自然史》来描述"神圣的"药草的意义，不在于这样或那样的相似关系，而在于它的普遍性。这种普遍性要归功于庞大固埃草的名字"pantagruelion"，拉伯雷使用了极其华丽的修辞来为它正名。首先是因为它与庞大固埃的天性接近，希腊语"pan"（意为"所有"）表明了名字所有者天赋异禀，多才多艺。这一多样性传递到了庞大固埃草上——也反映在小说主角庞大固埃的身上。这正好契合了我们喜闻乐见的一种关于神草的阐释，即将庞大固埃草理解为《巨人传》一书的象征，它以双重意象的形式存在，既作为书本这一实体，同时也作为作者精神世界的产物。例如，庞大固埃草是济世良药的象征，拉伯雷通过写书来对抗正教和巴黎教授们的水刑火刑；它也象征着书本上的印刷字母，是作者写作时所使用的修辞和文学艺术的象征。这一阐释恰巧也解释了为什么拉伯雷要在万能神草的自然史中跑题去描写"不怕火烧的"庞大固埃草。它象征了拉伯雷在书中赋予庞大固埃的才智和诗意的内涵。精神是不会被烧毁的。

麦克卢汉在一本非线性的书中勾画了他的印刷人理论，并将其置于谷登堡星系之中。但实际上，他将这个星系设计成一个行星系统，印刷业是处于系统中心的恒星。庞大固埃草的世界是非线性的。它无法融进麦克卢汉的中心透视空间，纸张也是如此。

哈罗德·伊尼斯、邮政事业和梅菲斯特的纸片

在古希腊神话中，一些流传的版本认为，忒拜城（底比斯）的创建者卡德摩斯（Kadmos）将腓尼基字母表传递到了希腊。这些流传的说法中所包含的元素很容易让人们联想到卡德摩斯杀死神龙这一重要的成就。在雅典娜的建议下，卡德摩斯将龙的牙齿播种到了泥土中，然后泥土中生长出了全副武装的士兵，这些士兵后来成了底比斯人的始祖。查尔斯·方丹（Charles Fontaine）所写的《对于里昂市的文化和卓越的颂歌》（*Ode de l'antiquité et excellence de la ville deyon*，1557）中有一段歌颂了数以百万计的"黑色牙齿"，即使在里昂没有举办书展时，这些黑色牙齿也充斥于这座城市之中："在一千幢房子里面／一百万颗黑色的牙齿／一百万颗黑色的牙齿／在展会内外忙碌。"这些黑色牙齿显然象征着沾了油墨的铅字，黑色牙齿实现了牙齿和字母之间古老隐喻式的关联。麦克卢汉一直使用卡德摩斯的神话证明，即使在古希腊世界里，"印刷人"也意识到了一种媒介传播的力量，这种力量造就了他们自身。继埃利亚斯·卡内蒂（Elias Canetti）之后，麦克卢汉也对卡德摩斯的神话进行了解释。卡内蒂在《群众与权力》（*Crowds and Power*）一书中分析了露出牙齿的攻击性特征。在谷登堡星系的神话中，字母变成了卡德摩斯龙牙的继承者，一种具有"侵略性的秩序和精确性"的强大工具。甚至在希腊字母表中，我们都可以发现印刷的线性战斗队形的先驱，其中的字母都可以被做成金属活字。

在麦克卢汉的媒介理论中，字母表拥有着一股神秘的力量，它将多伦多学派的基本理念推向极致，这一学派的名称是由杰克·古迪（Jack Goody）首次提出的。他与伊恩·瓦特（Ian Watt）于 1963 年合著的《识文断字的结果》（*The Consequences of Literacy*）以及埃里克·哈夫洛克（Eric A. Havelock）在《柏拉图导言》（*Preface to Plato*，1963）中所写的语音字母的体系，与《谷登堡星汉璀璨》有着直接的关联。古典学研究在分析荷马史诗以及柏拉图的文学批评时，将希腊文化中口头表达与读写能力之间的关系作为其学科研究的重心。此类研究将多伦多学派与文献学[1]紧密联系在一起。然而，与文献学相对的则是从经济史中发展而来的媒介理论，由加拿大人哈罗德·伊尼斯（Harold Innis）在他的晚期作品中提出。1923 年，哈罗德·伊尼斯出版了论文《加拿大太平洋铁路史》（*A History of the Canadian Pacific Railroad*），并且通过研究加拿大主要产业的演变，成为加拿大史上最重要的经济史学家之一。除了毛皮贸易史和鳕鱼业的历史发展，哈罗德·伊尼斯还研究了加拿大的木材业和造纸业发展史，自 19 世纪后期以来，加拿大的木材和造纸业推动了美国印刷业的兴起。他晚期所写的关于媒介理论的文章，以及他所写的书籍《帝国与传播》（*Empire and Communication*，1950）和《传播的偏向》（*The Bias of Communication*，1951），都是基于他对纸张生产与美国经济和文化主导地位发展之间

---

[1] 原文为 Philologie，也被译为语文学，即从文献和书面语的角度研究语言文字的学科。

关系的研究。通过探究造纸工业与现代大众媒介之间相互依存的关系，伊尼斯认为，在工业现代化中，传播媒介已经成为关键产业。通过回顾古代大帝国的衰落以及分析阿诺德·汤因比（Arnold Toynbee）的全球史研究，伊尼斯论述了他的基本观点，即传播所需的基础设施是一个同时决定经济史和政治史发展方向的历史常数。

麦克卢汉曾说过，他的《谷登堡星汉璀璨》只不过是伊尼斯作品的一个脚注。实际上，伊尼斯以一种相对谨慎的方式表达了麦克卢汉的名言"媒介即信息"："我们可以认为，长时间使用某种特定传播媒介，会以某种方式对被传播的知识的形态产生影响。"当麦克卢汉作为一名研究媒介与人的思辨性历史人类学家，研究语音字母、中世纪手稿文化或印刷术带来的影响之时，伊尼斯则研究了传播的物质媒介，特别是这些媒介为了开拓和控制空间及时间又提供了哪些选择。凭借这一问题的提出，经济史学家伊尼斯成了研究纸张的历史学家和媒介理论学家。他的信息来源之一——英国文学史学家亨利·哈勒姆（Henry Hallam），在回顾中世纪晚期的"纸张革命"时，曾把纸张称为"通用物质"。伊尼斯采用了这个范式，并赋予了纸张在现代通信体系中的关键功能。

根据伊尼斯的说法，一方面，石头、黏土片和羊皮纸是"重"媒介，它们使文明能够连接过去，并保持永恒。它们帮助人们进行广泛的、历时性的传播和交流，它们的存储作用大于流通作用——刻字的方尖碑只有在作为战利品时才能流通。另一方面，"轻"媒介，如莎草纸和纸张，则助力于空间上的横向交流。它们使人们能够掌控大片的领土。它们的流通作用大于存储作用。这一假设是由伊尼斯在一个源于古典美学的平衡概念中所提出的。伊尼斯将"帝国"兴衰描述成一系列成功和失败的努力，这些努力试图在时间偏向的媒介和空间偏向的媒介之间保持平衡[1]。作为一名前浸信会教徒，伊尼斯特别指出神职阶层与时间偏向的媒介的联盟，通过形成知识垄断来威胁这种平衡。伊尼斯认为宗教总是与长期存续的媒介形成联盟，例如埃及的石头以及基督教中世纪的羊皮纸。帝国的出现是以"轻"媒介为前提的，如莎草纸以及后来对拓展和控制空间起到保障作用的纸张。所以，征服埃及使得罗马人接触到了莎草纸，从而促进罗马帝国书面行政管理制度的形成。而在埃及国内，书记员对知识的垄断及其与统治阶级和宗教机构的附属关系限制了莎草纸的流通，从而阻碍了埃及"帝国"的出现。

　　在关于伊尼斯的纪念文章里，埃里克·哈夫洛克指出了伊尼斯空间概念里的双关性。它既指"帝国"的政治空间、管辖的领土，亦指"西方文明"的空间。信使和信件、学者和商人在其中流通，而无须遵循政治权力的逻辑。正是在这个同时包含政治领域、经济空间和日常生活的"西方文明"的空间里，以纸为基础的文化技术在其中得到了飞速的发展。由于这一空间，伊尼斯媒介理论的基本主题——把"传播媒介"这一概念

---

[1] 在伊尼斯的媒介理论里，时间偏向（time-biased）的媒介主要用于储存记忆，空间偏向（space-biased）的媒介主要用于传播思想和信息。

与传播的原始意义"交通"结合在一起——是可以应用于纸张历史的。

　　从现代的角度来看，纸张看起来似乎是旧工业世界里能够同时保证存储和传播的最轻媒介。它是与传统运输路线完全不同的数字数据流及网络基础设施仅存的前身。纸张是一种相对较轻的载体介质，但它仍然是一种必须在空间内移动的实物。也就是说，它仍然要受旅行者出行的交通基础设施的约束。只有与这种基础设施相结合，纸张才能成为传播的媒介，才能够在阿拉伯冒险，才能够成为热那亚商人和金融家不可或缺的工具，才能够在"纸国王"的宫廷里飞黄腾达，才能够从印刷机的发明中获益。纸张在结盟上的开放性以及它嵌入各种日常的能力，挑战了密闭容器在储存上所具有的封闭感，这种封闭感很容易在脑海中浮现，尤其是提到书本的时候。

　　如果人们将造纸技术和空间拓展的结合简单地归因于印刷业的兴起，就会对此产生误解，正如麦克卢汉在《理解媒介》中所说的："有了印刷品形式传输的信息，轮子和道路停用了千年之后又重新开始发挥作用了，在英国，源于印刷业的压力在18世纪促成了硬质路面的道路，随之而起的是整个人口和工业的重新布局。"[1]与罗马"国家邮政系统"（cursus publicus）之间的联系，是早期新闻传播和客运建设的古老示范，它并不是印刷机带来的影响。印刷机的深远影响直到18世纪才开始产生。

---

[1]　摘自何道宽译《理解媒介》，商务印书馆2000年版。

正如沃尔夫冈·贝林格（Wolfgang Behringer）在关于中欧邮政系统历史的《在水星的标志中》（*Im Zeichen des Merkur*）中所述，旨在建设与罗马"国家邮政系统"相当的近现代邮政系统的计划远远早于印刷机。它们并不是被车轮与道路的组合所推动，而更多是由邮政系统的复兴所促进。邮政服务研究者在14世纪晚期的米兰公国发现了这种复兴的第一个证据。在这个早期资本主义银行业、纺织和军工业的中心，人们发现了第一张骑马信使所使用的"时刻表"——信使必须能够读写——来记录他们路程的各个阶段。伴随着欧洲纸张技术的腾飞，一种不同于印刷机的线性形式发展起来：一个横跨大陆的固定邮政线路网络。

中欧传播通信基础设施的逐步发展，不得不让我们重新反思一个基本静态的前现代时期的形象，按照这种理解，前现代时期要一直等到18世纪所谓的"鞍形期"[1]才开始加速发展。与罗马"国家邮政系统"不同，中欧邮政系统并不是一个伊尼斯所谓的"帝国"机构。但是在1597—1806年，神圣罗马帝国邮政是合法存在的，并由皇室授予特权。事实上，它是一个私营企业。所以为了收回成本，原则上它必须让每个人都能使用。如果我们不是从电讯时期以来的现代媒介角度，而是从中世纪晚期的角度来观察这一通信网络，那么它在传播消息的速度和

---

[1] "鞍形期"（Sattelzeit）是德国历史学家莱因哈特·科泽勒克（Reinhart Koselleck）提出的时期，指在1780—1889年之间的欧洲所发生的近代性变化，是现代社会的过渡和形成阶段。

人员流通的频率上所取得的成就是相当可观的。

　　随着纸张成为通信的主要载体，纸张和邮政系统形成了一个联盟，取得了与纸张和印刷机联盟同等重要的划时代意义。两个联盟的作用有所交叠，但是产生的源头又相互独立，互不干涉。如果人们放下对印刷术的固有看法，并且将非印刷的纸张与印刷过的纸张放在同等重要的位置上，这一点会更加清晰。因为纸张和邮政系统的联盟超越了印刷和手写的对立性，因为它与印刷和手写的距离都很近。无数的信件后来被印刷出来，但这还只是所有非印刷的纸张中的一小部分，这些纸张在流通后就消失了。

　　纸张和邮政两者联合的重要性是不容小觑的。17世纪学者之间的学术通信或论文信件就是18世纪期刊的前身。信件的往来不仅有利于知识的传播，而且也促进了知识的生产。这两者的同步，即信息流通的频率，是邮政系统的显著特征：周期性。在特定的时间下，在特定的空间中，在越来越可靠的管理下，人和信息的流通会变得越来越密集。就如同纸张促进了印刷机的复制速度一样，邮政系统的周期性也与纸张密不可分。

　　在这里，现代日常生活中的一个决定性元素逐渐形成了。它使"送达日"成为日常生活时间连续性的重大转折，也是文学的基本主题。早在铁路时代之前，它便产生了时刻表，并最终产生了一种媒介，这种媒介能够体现即时性，把空间上分散的个体变成同时代的人——这就是报纸。报纸起源于17世纪初，它并不是150多年前引入的印刷技术直接发展而来的产物，而是在写于纸上的手写信件、为交易会印刷的通讯与邮政体系的相互作用下产生的。

期刊媒体产生的一个重要先决条件是消息流通的稳定性。16 世纪初，喜欢报道一些骇人听闻的灾难和彗星、谋杀和女巫火刑等故事的德国"新报纸"还不具备这一条件。直到 1600 年前后，帝国邮政体系的建立才使得这一条件得到满足。斯特拉斯堡的《报道》（Relation）以及沃尔芬比特尔的《通告》（Aviso）分别自 1605 年和 1609 年起利用了这一邮政体系的基础设施。正如报纸历史学家和邮政系统历史学家所表明的那样，新兴媒介的核心是以纸为基础的手写信函与帝国邮政基础设施的结合。纸质媒体从手写复制过渡到印刷复制是第二步，最开始的时候它们只能印 100—300 份。这一步在原则上是可以逆转的。18 世纪的时候，就有近代出版商针对出手阔绰的读者出版了手写报纸，且流传广泛。

在欧洲大陆三十年战争时期，以及英国国王与议会之间的持续冲突中，第一批报纸的重要性很快得以凸显。这些报纸预告了一股未来的强大文化力量：时事性话题。

在时间偏向的媒介和空间偏向的媒介这个二分之中，纸张为了不受约束地在空间中自由流通，不得不牺牲其持久性。同样的还有对 15 世纪下半叶纸质印刷书籍生命力的怀疑。最著名的是约翰尼斯·特里特米乌斯（Johannes Trithemius），他曾是施蓬海姆本笃会修道院院长。在《抄书人礼赞》（De laude scriptorum，1494）一书中，他就提出警告，说这些在纸上印刷的书籍保存时间短，并建议人们在羊皮纸上书写，使得它们能够永久流传。如今，在互联网上特里特米乌斯会被视为盲目否定现代性的原型，向人们展示了不理解某一媒介时代来临的人会有多么荒谬的想法。但是这位修道院院长是当时最重要的书目学家之一，他对利用未来的技术来保存中世纪书写艺术的辉煌成就非常感兴趣。他绝没有忽视印刷机所创造的媒介，还与美因茨的彼得·冯·弗里德伯格（Peter von Friedberg）的印刷工坊联系密切。他给印刷工坊寄去了许多手稿，也包括《抄书人礼赞》，以确保能尽快且尽可能大范围地传播它们。不过他似乎已经注意到，他的手稿既被印在羊皮纸上，也被印在纸张上。简而言之，他并非盲目讴歌羊皮纸上的手写副本。他只是很聪明，早在所有现代媒介理论形成之前，就已经考虑到了"时间"和"空间"的对立性。他也希望尽可能多地传播其著作的印刷版。但是，当他需要将手稿交付给一个他无法确认其能长期流传的可靠媒介时，就像我们今天面对数字媒体一样，在古老的、长期使用的载体上进行复制在他看来或许是更可靠的。

特里特米乌斯在书中表达了他对纸张的怀疑。但这本书的观点出现得比印刷书籍更早，也早于中世纪的手抄本和羊皮纸。人们可以追溯到古代，追溯到使用莎草纸制作卷轴的世界。罗马诗人贺拉斯在诗句中表现了书籍对长久性的要求："我立了一座纪念碑，它比青铜更坚牢。"[1]埃及学专家扬·阿斯曼（Jan

---

[1] 这句诗出自《我立了一座纪念碑》，这首诗表面上是写纪念碑，实际上也是赞美文学的力量。

Assmann）表明，这一名句的根源是在埃及，文学能够保证作者的名字超越大理石纪念碑，甚至超越金字塔而永世流传。根据阿斯曼的说法，刻在石头上的墓志铭是埃及文学的灵感。在埃及，一本书中所体现的永存不朽取代了墓碑的不朽，传播媒介可以同样发挥这一功能，甚至它的文化功能会超越它，而无须成为一块石头。鼓舞贺拉斯赞美纪念碑的，不是他用来书写的莎草纸这一材料，而是书写本身，它可以将作品不断地流传给子孙后代。因此，在古代，早在羊皮纸作为一种更耐用的传播媒介取代莎草纸之前，老普林尼就赋予了莎草纸的使用以不朽的品质。

　　纸质的印刷书籍已经成功地接过了接力棒，使得它很快在人文主义的修辞中成为不朽的保证。因为印刷书籍可以被快速大量地生产出来，因而很难将反对莎草纸而支持羊皮纸的观点也应用于纸张上。特里特米乌斯认为手稿在羊皮纸上大约能保存 1000 年，而写在纸上的文字保存时间最多只有 200 年。但他低估了纸张流传的时间，以及纸质印刷书籍取代羊皮纸和石头等古老媒介以获得永恒的可能性。

　　正如施蓬海姆本笃会修道院院长的观点所表现出的那样，在储存和传播媒介的历史中，对于文字的传播性与对文字载体持久性的期望总是相互联系的。因此，伊尼斯所关注的传播媒介的"时与空"的对立性并不是严格的，只是出于媒介物理质量轻重的缘故，它是嵌入在具体文化的时间和空间概念中的连续体。阿斯曼所分析的埃及文化中的"双文制"就是一个很好的例子。据阿斯曼所说，通常情况下，在埃及文化中，永恒媒介和即时媒介的对比非常常见。在其中一种媒介中，已完成的作品永恒不变，而在另一种媒介中，各种各样的事件循环往复。纪念性的石头建筑是长期存在的媒介，黏土建筑则是可以不断更新的媒介。建筑领域的石头和黏土所具有的对立性，在埃及的双文制中也有一个传播上的对应物。和石头建筑一样，象形文字象征着永恒，连笔字则像黏土建筑一样与当下和有实际功用的事件循环有关。纪念碑的石头中刻着刚性的铭文，与之相对应的则是写在便携莎草纸上的柔性手稿。

阿斯曼展示的埃及文化中的双文制可以与伊尼斯的"时与空"对立性理论结合起来，用于纸张的媒介理论。即使是在现代世界，文字与重媒介的结合也是存在的，比如在墓碑上或博物馆和剧场外立面上的铭文。随着中世纪晚期以来以纸为基础的文化技术的差异化，新的事物出现了。古代文化中适用于不同媒介（如莎草纸和石头）上的"时与空"的对立性，在现代演变成了单一媒介（纸）在不同格式上的对立性。如果人们不仅仅局限于纸与印刷书籍间的关联，而是着眼于纸张这一载体，不论是印刷的还是非印刷的，这一发现会更显而易见。在这一整体中，纸张作为媒介，既可以用于小范围的数据流通，也可以用于空间上大范围的传播和长期的存储。这种传播范围和空间范围上的多样化可以发生在印刷机之外，也可以围绕或通过印刷机，沿着不同长度的时间轴而产生。

早在阿拉伯文明中，纸就作为轻媒介被绑在信鸽上。人们在第二次世界大战中仍然使用了这种方法。一方面，纸张可以用于制作大开本古书，最后的成书比石头还要重；另一方面，纸张作为短期储存和传播的媒介也可用于承载只在短期内有效的信息。小册子、信件、传单、纸条（在电气化的时代，还要加上电报）早已渗透到人们的日常生活中，发挥着空间和时间上的远距离通信媒介的作用。

浮士德活在书的世界里。歌德把他置于1800年左右的一个书斋之中，他在书斋中批判书本知识。在与梅菲斯特的对话中，听到梅菲斯特要求他"写上几行"来达成契约，而并不满足于握手和说"一言为定"之类的话时，浮士德大发雷霆："只有一张羊皮纸，写上字并盖上蜡印，才是人人望而却步的鬼影。文字一经过写出便已死去，封蜡和羊皮纸则掌握了权柄。"[1]非常讽刺的是，浮士德批判了一番文字世界后，又提出了一个建议，暗示自己的书斋里有自古以来所有的书写工具："你这恶灵向我要什么呢？青铜、大理石、羊皮还是纸张？要我用刻刀、凿子还是鹅毛管？随你的便，我都照办。"但这番豪言壮语对非常现代的梅菲斯特丝毫不起作用，他不可能被写作载体和各自工具的长篇大论所迷惑。梅菲斯特心照不宣地认为纸是一份契约的恰当载体，并迅速进入一个反应敏捷的秘书的角色中，拿出一份准备好的待签的契约："你又何必夸夸其谈，说上这么一大摊？其实，任何一张纸片儿都行，不过须用一滴血签上你的大名。"

梅菲斯特站在时代的高度，将与汇票、信用和投机相关联

---

[1] 本书有关《浮士德》的译文皆摘自绿原译本，人民文学出版社1999年版。

的动荡带入魔鬼契约的古老仪式中。那可怕、荒诞、古老的血签名印证了一张纸的效力，"一张纸片儿"随处可得，但也能比一个痴迷于当下的书呆子的寿命更长久。在《浮士德》第二卷中，梅菲斯特的纸片重新出现，把青铜、大理石和羊皮纸远远抛在身后，以货币的形式完全投身金融行业。简而言之，当今时代的纸张继承了古老传播媒介的遗产，这些媒介在时间上表现出持续性，向上可以追溯到石头，同时也与人、商品和货币的加速流通密不可分。它是现实世界中数字媒介的前身。印刷机发明后，传播媒介更加多样化，纸张既可以在时间上服务于长久性的传播，也可以用于空间上不断扩大的传播。随着传播媒介的差异化，书和纸张也分离开来。在我们进一步详细研究纸张和书籍的对立性之前，我们先来看看纸张本身。

纸中的世界：水印、格式和颜色

印刷机和书籍都不是思考纸张的恰当起点。如果我们不想从一开始就把纸局限在它形成的某个联盟里，那么唯一可以利用的固定起点只能是"张"。它是纸张的基本构成单位。在前工业化的世界中，这个基本元素是从纸浆桶中产生的。它决定了纸张的计量方式。24页书写纸或25页印刷纸是1贴，20贴是1令，10令是1包。"张"和"页"是纸的所有存在形式的起源，无论是未装订的还是装订的，印刷的还是未印刷的，用于短期的还是长期的信息存储。像书一样，"张"是一个抽象的概念，实际上对应的是多种截然不同的样式。一张纸是从纸浆桶中舀出的，随后被加工成不同的尺寸和类型，不断扩大可用纸张类型的范围。上胶的程度决定了它吸收墨水和油墨的能力，这样纸上的字迹就不会迅速消失或褪色。纸的柔韧性和可折叠性，抗扯性和强度，可结合性和可分离性，可燃性和易燃程度，以及它赖以存在的元素——水，为它的可塑性奠定了基础。这些特性使得纸成为一种极具吸引力的选择，可在各种文化技术中用于数据的储存和传播，甚至是擦除。

在造纸工业中，纸张被制成袋子和药物包装，被用作衣服、鞋子和头饰的衬里材料，以墙纸的形式进入了中产阶级家庭和欧洲城堡内部，以多种形式存在于日常生活中。本书所关注的是它作为存储和传播媒介的功能，因此将主要考察其作为符号载体的情况，无论是文字还是图像。但是，如果要对作为文字和图片载体的纸张进行研究，最好不要从印有文字或画着图像的纸张入手。对前工业化时期纸张的历史研究源于对水印的研究和编目。拿起一张纸对着光仔细观察的冲动并非来自学术界。它产生于造纸商在工业化时代追溯造纸技艺的起源时，对纸张进行历史研究的需要。曾是出版商和纸商的日内瓦人查尔斯-莫伊斯·布里凯（Charles-Moise Briquet）在19世纪后期将水印研究系统化。在此之前，他曾经从欧洲档案馆中1282—1600年间所造的纸中复制了约40 000个水印。

水印是纸张定型过程中的工艺，这个工艺只在欧洲的纸张生产中发现过。要制作水印，就需要在木质抄纸帘中加入一个刚性的金属线模具，所以水印只是在欧洲开始生产纸时才出现的。水印是因固定在抄纸帘内的铜线而形成，并在抄纸过程中在纸张纤维层上留下的永久印迹。纸张制造商们将水印用于商标和认证的标志。它们的形状可能受到了统治者用来认证自己签名的纹章和徽章的启发。无论如何，许多水印在视觉上都近似于城市或皇室的纹章。人们熟悉的水印包括金球和王冠，鹰和权杖，虔诚的标志和神话中幻想出的生物，还有武器，船只和锚，傻瓜帽和手杖，人脸和宣誓的手，动物或动物的身体部位（比如牛头），还可能是字母和数字。在 18 世纪，法国大革命的自由之树也为人所熟知。简而言之，水印是早期现代世界的视觉图谱。

　　与此同时，水印是在抄纸过程中形成的不可磨灭的痕迹，见证了纸张的诞生和流转。无论是局限于实用的标记功能还是象征功能，它们总是能给工业化前的纸张注入一种血统的元素。水印讲述了一张纸的起源，并将它锚定到空间和时间的坐标系中。因此，水印具有的丰富信息并不仅限于它们在宗教或者纹章学上所体现出的内容。经济史学家能够从水印上研究出一张纸流转的历史，比如一张产自拉文斯堡的纸，穿过了莱茵河、多瑙河地区或汉萨同盟。而语言学家、艺术史学家或音乐学家可以通过水印来确定一本书的出版日期、一张装错的书页、一幅画或手写乐谱的创作时期，用于对出版年份错误的书籍或归类到错误作品中的纸张、绘图或附注手稿注明日期。每一个侦探小说迷都知道，即使是大侦探夏洛克·福尔摩斯——一个现代版的文献学家和线索追踪狂——也试图探明一张纸的起源。但是，水印并不能轻易提供有关纸张的地理位置和年代信息。这需要一种精妙的研究方法，它要考虑到这一事实：水印通常不是追溯到一个抄纸帘，而是一对抄纸帘，它们不一定完全相同，使用寿命也可能不一样。此外，还必须考虑一张纸从生产、销售、储存到使用所要消耗的时间。

水印研究的核心隐喻，就是将造纸的过程看成一次生育行为，印在纸上的水印就像胎记一样。这种有机性的隐喻很有意义，因为纸张的水印——不同于镌刻在硬币上的标志，金匠或银匠的纯度印记，或者石匠用于标记的顶石——不是后期才添加到材料中的，而是在纸张生产的过程中自然出现的。把水印比喻成生育还有一点比较贴切，因为在工业化以前的造纸过程中，每一张从纸浆桶中手工舀出的纸，从物质结构上来说都是唯一的"个体"。这些个体在被写上字之前就是人工制品。当纸张在抄纸帘中定型时，纸张获得的水印意味着它的物质实体性开始持续渗透于文化、社会、经济和政治之中。每张手工制作的纸都是个体，但同时也要经过标准化和格式化。早在16世纪，水印就已经不再只是原产地和品牌的标志，还可以表明纸张的质量和格式。

这种纸张的个性化被它的格式化所平衡。格式化的历史要早于促生欧洲水印技术的拉线工艺，可以追溯到阿拉伯文化和中国纸的起源，并且在古希腊、古罗马和古埃及的文明中也有对应。甚至从使用纸莎草来造纸时开始，纸张就没有"天然"的大小，都已经被格式化了。在罗马人征服埃及之后，他们也改变了官方所用的莎草纸的格式。在约瑟夫·冯·卡拉巴克以及近期海伦·洛芙迪（Helen Loveday）的著作中，都展示了在哈伦·拉希德时代，纸的传播是如何与格式的分化齐头并进的。在包装纸和书法用纸之间出现了一个交错的分类，其中纸张的规格和质量与社会和文化的功能相关，不同的种类通常以高级官员或产地的州长的名字来命名。

规格和质量这两个元素往往是息息相关的。最大规格的纸用于哈里发的文件和契约，大小是109.9厘米×73.3厘米，同时具有极好的质量。用于通过信鸽交流的纸是极小的"鸟纸"（9.1厘米×6.1厘米），重量也最轻。通常用什么规格的阿拉伯纸，与书写者的社会地位和收件人的政治级别有关。秘书和商人必须使用哪个种类、哪种规格的纸张写东西给哈里发，都是有规定的。这些规格在埃及和叙利亚是相同的，它们对在开罗和大马士革之间流通的文件进行了标准化，而且相应的规格都是经过精心计算的，以便于在行政和商业上进行管理。三种最常见的规格是29厘米×42厘米，42厘米×58厘米和58厘米×84厘米。较小纸张的长度与上一级较大纸张的宽度相同，这样可以通过折叠让不同规格的纸张之间更容易适配。阿拉伯纸在交易中以单位"捆"（rizmah）出售，一捆是五"手"，一"手"是20张。欧洲纸借鉴了阿拉伯纸的"令"（ream）一词，以及根据社会地位确定纸张格式的传统。欧洲最古老的纸张规格诞

生于 1389 年的博洛尼亚，被记载在一块石头上：inperialle（50
厘米 × 74 厘米），realle（45 厘米 × 62 厘米），mecane（35 厘米 ×
52 厘米）和 recute（32 厘米 × 45 厘米）。在 14 世纪初至 16 世纪，
这些格式被用于大多数手稿和纸质档案，以及第一批印刷书籍。
近期的图书史学家也努力将书籍的尺寸（对开、四开、八开、
十二开、十六开）与印刷用纸的规格关联起来。

很明显，在工业化时期之前的造纸术中，纸张幅面的尺寸
不可能无限扩大。因为它们受到抄纸帘的尺寸、纸浆桶的可控
性和手臂摆幅范围的限制。此外，纸张幅面的大小也关系到生
产难度。在工业化时期之前，纸张尺寸越小，制作起来就越容
易，这是经验之谈。纸张幅面越大，生产难度就越大，特别是
压出一个厚度均匀、强度一致的白色纸面的难度。在这种情况
下，人们必须要考虑到纸张的尺寸与其用途之间的关系，因此
在档案馆和图书馆里花样繁多的纸张中，最大的 imperial 尺寸只
能扮演次要的角色。相反，recute 尺寸的公文用纸需求在 17 世
纪市政发展过程中急速增长，并且随着纸张在日常生活中的普
及发挥了重要作用。18 世纪，纸张有非常多的分类，从少量上
胶的印刷纸到精细的书写纸、邮政用纸，以及较粗糙的灰色草
稿纸，到由边角料制成、用于制作手提袋和其他包装材料的"仿
制纸"。还有一些特殊的品种，例如乐谱纸，它的质量必须特别
好，以便在谱曲的时候墨水不会渗透。邮政用纸是水印技术和
标准化相互渗透的一个例子。自 16 世纪晚期以来，它与帝国邮
政的基础设施同时建立，与平时的书写纸分离开来，自成一套

格式，其水印由一个邮车号角和造纸厂的名称组成。

水印将标准化与造纸厂的网络紧密联系起来，而纸张格式则与早期现代国家及其管理机构密切相关。

纸张和行政管理的结合催生了印花纸，印花纸上印有国家的标志，是所有收费纸张的模板。它诞生于17世纪初荷兰的一次公开竞赛，竞赛的目的是寻找一种简单的方式来为国家增加收入。三十年战争之后，印花纸在德国经历了全盛时期。合同和文件只有印在印花纸上才能保证其法律效力，但印花纸不受公众的青睐，也遭到了不愿意在纸张的格式和质量方面服从官方管制的造纸商的抵制。

前工业化时期纸张的标准化，并不是一场远距离、大面积的不间断胜利。毕竟，适用于普鲁士的标准，对汉诺威不一定合适。前工业化时期纸张规格的历史，反映了中世纪晚期和法国大革命期间欧洲领土国家的地理情况。它包括中央集权的法国和松散的神圣罗马帝国之间的对比，以及荷兰国会对西班牙的反叛。然而，最重要的是，近代早期的纸张规格描绘了专制主义和等级社会的内部结构。因为随着纸张的传播，对每种纸张规格社会和政治意义的了解也在传播。我们在腓力二世宫廷中见过的文书，被书名中带有"文书"的书籍所取代。这些书籍指导文员和个人如何与官员和高层进行书面沟通。大量的书籍，如格奥尔格·菲利普·哈斯多尔夫（Georg Philipp Harsdörffer）所写的《德国文书》（*Der Teutsche Secretarius*，1655—1659），副书名是"适用于所有办公厅、学院及办公室的标题及表格信件用书第三版"，或者卡斯帕·斯蒂勒（Kaspar Stieler）写的《万事俱备的文书》（*Der Allzeitfertige Secretarius. Oder*，1673—1674），副书名是"关于外行如何为王子、领主、官方和特殊场合写一封恰当且赏心悦目的信"，这些书教人如何写下赞美和致敬的修辞，举例说明了写给收件人使用的字体、信件大小，或标题行和赠言的设计。同时，他们总是会给出有关适当的纸张类型和规格的详细信息提示。

巴洛克时代[1]的信件中，纸张的质量相当于一个人在宫廷里面对统治者时所穿的衣服。金边可以给信纸一种尊贵感，纸上也可以洒一些香粉或者喷一些香水。在专制时期的欧洲等级社会，纸张的尺寸与写信人和收件人之间的等级相关。在与王子或者其他尊贵人士通信时，需要使用大对开的纸张，给大臣和官员通信则使用小对开的纸张，与委员、女性和同事通信时，就按自己与收件人的级别之间的关系，确定使用大对开还是小对开的纸张。

根据这些文书指南，人们不仅需要注意字体和纸张尺寸，而且要注意行距，这也反映了写信人和收件人等级的高低。在书写时，对于空间的处理成了一种社交姿态，就像是鞠躬一样。称呼与信件正文第一行之间的距离为"空间荣誉"，使得写信人和收件人的社会地位差距一目了然。无论是在物理空间还是在页面空间，一封写给贵族的信都需要保留两个手指宽的"空

---

[1]　即17世纪初到18世纪上半叶。

间荣誉"；给地位较低的贵族写信的话，一个手指的宽度就足够了；如果给同等级的人写信，则只需留出一行的空间。信件写成后，根据文书的规则签完名，如何折叠信件也会进一步反映社会地位，这也和收件人有关。

纸的每一种物理、物质的元素都可以承载某种意义。在叙利亚和埃及，发布死刑所用的蓝色纸张标志着悲伤，向法院提出的请愿通常是写在红纸上的，纯白色在阿拉伯文化中是对眼睛的挑战，所以在书写的时候会尽可能地在纸上写满字。在欧洲，1389 年博洛尼亚市的法规中提到的蓝纸，在很长一段时期内都是唯一可以使用的彩色纸。阿尔布雷希特·丢勒在 1506—1507 年第二次访问意大利期间，使用了蓝纸来完成他的绘画。与此同时，在威尼斯，著名的人文主义学者、印刷商阿图斯·曼纽修斯（Aldus Manutius）用蓝色或蓝灰色纸张印刷了不少精装本。在质量等级的另一端，一般用于文件袋和包装袋的蓝色包装纸，成为 17 世纪法国流行的"蓝色图书馆"[1]的标志，包括占星年鉴、鬼故事、骑士小说和诗歌。

纸张染色的其中一种办法是在造纸时混入不同颜色的破布，这一技术从 18 世纪开始在欧洲传播开来。彩色纸的生产和纸张种类的增加，为书信和书籍设计在社会和审美的区分上提供了更多的选择。

在这方面一个主要的转折点是由英国印刷商约翰·巴斯克

---

[1] 蓝色图书馆（Bibliothèque bleue）借指近代早期法国（约 1602 年至 1830 年）出版的一系列短小、流行的文学作品，一般都是蓝色封面。

维尔（John Baskerville）与詹姆斯·沃特曼（James Whatman）的造纸厂合作开发的仿羊皮纸（wove paper），巴斯克维尔在1757年首次将其用于他出版的维吉尔诗集。仿羊皮纸的生产技术消除了抄纸帘上金属网格所留下的痕迹，为了制造这种纸，他们在抄纸帘的金属网格上又覆盖了一层细密的金属丝网，因此最终产出的纸上便看不到任何棱纹了。这种无棱纹、光滑的纸张让人联想起由羊皮制成的老式书写纸，因此成为一种具有经典复古设计的创新。弗里德里希·席勒（Friedrich Schiller）在私人书信方面是一位节俭但雄心勃勃的纸张消费者，也是一位精通不同书籍用纸的作家。他在1799年12月6日告诉他的莱比锡出版商齐格弗里德·莱布莱希特·克鲁修斯（Siegfried Lebrecht Crusius）自己的新诗集想要用什么材料："多印一些信纸和仿羊皮纸的版本，至少以我出版的五本历书中的经验而言，这些版本的需求是很大的。"仿羊皮纸为社会和审美提供了更多的选择元素，自18世纪下半叶以来，仿羊皮纸已经渗透到私人通信以及书商在书展上宣传著名作家特别版书籍的书目中。同时，它也碰巧展示了随纸张用途变化而发展的纸张定型技术会产生哪些意想不到的副作用。当后面讨论纸张生产的工业化时，我们会看到生产高质量仿羊皮纸的方法是一座桥梁，这使得1800年左右的发明家们能够通过组装第一台造纸机，逐步实现造纸的机械化。

第 二 部 分

版面背后

第 四 章
印刷和非印刷

范式陷阱：从手稿到印刷

剑桥大学的中古史学家亨利·约翰·蔡特（Henry John Chaytor）在其1945年出版的《从手稿到印刷》（*From Script to Print*）中对中世纪通俗文学的研究做了一个简单介绍。在这本书的第一页，这位学者就警告读者，不要将现代印刷书籍的阅读习惯带到中世纪："那些尝试阅读中世纪文学读物和文学评论的人并未真正了解（或不完全了解）的是，手稿时代和印刷时代之间有着难以逾越的鸿沟。"麦克卢汉从蔡特的文字中发展出他的"谷登堡星系"的基本理念。在这个理念中，"手稿时代"和"印刷时代"之间的对比，已经不仅仅是一种提示人们不能脱离历史去阅读中世纪文学的警告。"从手稿到印刷"这一表述成了一个革命性的时代转折的范式，成为通往艺术的万能钥匙，正如人们看到古典文化时相信自己发现了"从秘索思到逻各斯"。在更晚近的书籍史学家看来，这一革命性的剧变实际上是一个长期的过程。麦克卢汉在印刷术和格式统一、标准化和合理化之间画上的等号也变成了问号。印刷书籍不再是一个一成不变的容器，印刷作坊变成了标准化要求与日常变化和不稳定性之间竞争的舞台。

蔡特用"从手稿到印刷"来表述手写书到印刷书的革命。但现代图书学却不仅针对书籍，而是涵盖了印刷成品的整个范围，这就好比对待蜉蝣像对待《圣经》一样认真，现代图书学对 15—18 世纪之间新技术对社会和文化产生影响的范围非常谨慎："直至歌德时代早期，书籍印刷还只是贵族和公民中的精英的一个生产分支，而与之相反，欧洲人口的绝大多数，即使与书写文字有少许接触，除了少数实在非常流行的印刷品，如路德的家庭祈祷文或教义问答之外，能接触到的也几乎全部都是手写的作品（即卷宗和信件）。"

"媒介革命"延伸成了一个广阔的过渡时期。在这个时期内，印刷机开始印刷书籍，但是对文书和信件只是选择性地印刷；在这个时期，中世纪誊写室中的抄写员逐渐绝迹，官方文员和秘书逐渐变得重要起来，"谷登堡时代"能够更容易地嵌入纸张的时代。因为这个过渡时期不能简单地描述为印刷用纸一路高歌前行。而纸张出现在一个聚集状态的网络中，"从手稿到印刷"这个范式在这里遇到了阻碍和限制，这个网络表明了"印刷与非印刷"和"装订与非装订"这两种对立之间多样的结合可能。纸张在书籍中是"印刷/装订"的结合，在书信和文书中经常是"非装订/非印刷"的结合，在宣传册和传单中是"印刷/非装订"的结合，在"装订/非印刷"的这个组合下面的则是档案，以及更广阔的领域——笔记本。在笔记本上，生意人随手写下评论和日期，写日记的人记下笔记，作家抓住他们的灵感。人们将以纸为基础的媒介和文化技术理解为一个以纸张为基本单位的"聚集状态"的整体，那么"从手稿到印刷"的这种范式就不再是一个单向的演进，不再是一个历史进程，而是同时存在的两端。

同时使用手写版和印刷版是路德[1]传播策略的一部分。他与他的追随者使用这种新技术，并称颂书籍印刷是上帝赠予宗教改革者用来解放《圣经》的工具，这也经常被描述成印刷术在文化上得以传播的催化剂。但这种对印刷术的坚决拥护并不意味着放弃或贬低手稿。因为路德想要使每一名信众都可以日常读经，想给他们提供印刷的教义问答或"平民圣经"，以便从童年开始每天查阅。在这个计划中，他将手写作为一种对印刷文本的学习、领会和记忆的方式。当他讨论当权者的职责并详细说明什么是公正的领导时，他始终将书写媒介的两种形式牢记于心——手稿和印刷书籍，书记员、法官、公证员以及博学的"博士"。通过书籍摘要或是手写训诫稿的形式，这两种书写媒介与口述和布道辞联系在一起。路德的学生、随从和同事所记录的他的演讲和辩论有二十余卷。

鉴于这种聚集状态的网络，"从手稿到印刷"便不再指向谷登堡之后的整体文化运动，但它确实描述了产生"作者"这一

---

[1]　即马丁·路德（Martin Luther，1483—1546），16世纪欧洲宗教改革运动的发起者，基督教新教的奠基人。

近代概念的背景。中世纪的手稿往往是收集在一起的不同作者的文字，名字和文字之间的联系很松散。就像已经被多次证明的那样，印刷机催生了近代作者的出现，使得文字上的合法性和象征性的所有权与一个作者联系在一起。

并不是写下手稿就可以成为作者。一直到17世纪的词典中，"作者"这个概念都与印刷有着严格的联系。"从手稿到印刷"不单是近代作者身份的历史形成过程，也可以同时适用于一个印刷行为。因为印刷术催生出了一种新的手稿文化。

正是借助这一契机，印刷稿登上了舞台，并发展出了它的许多文化关系，在印刷就绪的手稿的背后，它的起源空间——近代手写文字的空间被打开了。这可以揭示出印刷术形成的体系的一个基本特征：在中世纪，手稿曾培育出专业的抄写员，而印刷术的复制功能则从手稿的领域中解脱出来。在印刷术的领域内，复制的技术和书写的技术渐行渐远，但同时，直到19世纪后期，印刷书籍的读者和作者依然受制于手写，手抄的副本也没有绝迹。在近代写作体系里，尽管作者的作品是在手稿和未装订文稿的领域里创作的，但却是由印刷术认证的。人文主义者搜寻古代手稿的热情，与15—18世纪之间的作者在作品付印之后销毁手稿的普遍趋势形成了鲜明对比。但随着近代作者的形象与逐渐提高的识字率，手稿的空间变成了一个等级森严、有着自己内在逻辑的创作空间。

印刷工艺在将手稿转换成印刷品这种形式时，并不仅仅是为了大量制造可在时间和空间中流通的副本。它同时保证了文字在转换的过程得以纠错和提高真实性的要求。印刷还包括了打印校样、编校和通读的过程。印刷错误的不可避免性并没有因能够重印、修订新的版本而被消除，但可以被吸收控制。继伊丽莎白·爱森斯坦（Elizabeth L. Eisenstein）之后，尼克拉斯·卢曼（Niklas Luhmann）将这种最新版本的优先性解释为印刷对于新版本价值的贡献。他认为，随着手稿在中世纪的誊写室里被抄写复制，错误出现的频率也逐渐增加，位于传抄末端的文本最容易走样。与之相对，书籍印刷则鼓励读者认为一部作品的最新版本是最好的，同时也颠覆了"原版"是很久以前写下的文本、手稿副本只是其（往往十分可疑的）衍生品这一观念。于是，"原版"这个词可以用来形容以前并不存在的东西。它指引到过去的部分逐渐消退，成了新事物的容器。

　　卢曼所强调的印刷书籍是可以不断进行修改的产品和设定，在手稿中也有所体现。近代作者在将其手稿交付印刷之前，就已经是自己的编辑了。当鹿特丹的伊拉斯谟（Erasmus von Rotterdam）将印刷书籍表述为一种原则上允许且需要一系列无休止的修改和调整之物时，他指的不仅仅是印刷。修正印刷错误可能是印刷工和排字工的事情，但是事实错误或者语句的不完美会在手稿里得到纠正，换句话说，这是作者的责任。在1651年的一封信中，让·巴尔扎克[1]写道，他在精简、扩展和改写他的一篇政治讽刺文时，用掉了半令纸。按照字面理解就

---

[１]　让·巴尔扎克（Jean-Louis Guez de Balzac，1597—1654），17世纪法国著名文学家、文艺批评家，法兰西学术院（Académie française）的首任院士之一。

是 250 张。这个说法可能有点夸张，但它指出了近代手稿文化的一个特点：一个文本定稿之前所消耗的书写纸的数量，在印刷页面上是看不到的。

作者身份和纸张使用之间这种不明显的联系，源于 15 世纪晚期在大学圈子里出现的学者实用手稿。蒂洛·布兰迪斯[1]将这种类型的手稿称为"带有个人风格的注释和读书笔记……一个工作手册和记录本，一套个人创作和收集的文本、古代手稿以及印刷品的集册"。这种类型的手稿包含短评和摘抄、汇编、图表以及写在"完整的四开或八开的纸上；字体是斜体，页面上没有特别的版式或装饰"的索引。从这里开始，大纲和草图、摘录和工作副本、草稿和誊清本的组合出现了。这些"小工具"可以成为学者和作家个人日常所固定使用的工具。在一个手稿付印后，它们的物理形态可能会被销毁，但并非消失得毫无痕迹，而是被吸收进素材和主题的创作库中，在这个创作库里，作家的形象逐渐与"抄写员"相脱离。"从手稿到印刷"的范式看上去像是宣告了将未印刷文稿纳入印刷机的逻辑之中，但若再仔细观察，手稿和印刷之间的张力是近现代文学中先验的张力。

---

[1]　蒂洛·布兰迪斯（Thilo Brandis），德国中世纪学者、图书管理员，在柏林国家图书馆手稿部工作。

白纸

在歌德的作品中，"Blatt"这个词被用了超过3000次，其中四分之三以上的情况是指纸张。它可以指一张图画或一张手稿，也可以是一页书、一张广告单或一份报纸，还可以是一张牌、一张表格、一张索引卡或者一张证书。"Blatt"这个词有着非常丰富的含义，其中包括印有浮士德契约的一小张纸，还有《浮士德》第二部中的纸币。格林兄弟的《德语大词典》和《歌德词典》都记录了在近现代，人造的书"页"是如何与植物的"叶"相联系的。就像一片叶子在一堆枯叶中凸显出来，一页纸也会随着翻阅在整本书中脱颖而出。"页"强调了翻阅时的灵活，让人们想到一本打开的书，每张纸的正反面相对。它强调了在手抄本固定形态中的可移动性。虽然"Blatt"涵盖了印刷品与非印刷品，但它更倾向于非装订的纸张，比如公报、报纸。单数一般指信件、便条或者信的附件，复数通常指很多页的信件。

在"Blatt"这个词汇含义的辐射范围内，能够构成许多复合词，包括从"Ahornblatt"（枫叶）到"Zifferblatt"（表盘）等，但是其中白纸（weißes blatt）却有着更特殊的地位。因为人们在白纸上读不到任何信息。它等待着被文字、数字、图画所覆盖，是近代作者身份的核心象征。作者作为文本的原创者，将有抄袭嫌疑的抄写员和编辑抛在身后的时候，白纸就超越了它作为中立、物质层面上写作载体的功能，获得了象征性的意义。它

成了"原创"这一概念的视觉形象、事实上的写作场景、作者
身份的象征性起源。这样，它与哲学经验主义的核心隐喻展开
了竞争。约翰·洛克为了解释"印象"和"感觉"的理念来源，
将"人类的思想"比喻成"白纸，没有任何字符"，然后又将其
与古代的蜡版进行类比，造成了这种被动的"处女纸"的印象。
结合现代写作而言，白纸不仅是创作的舞台，更是作品的有机
组成部分。

　　自16世纪起，在档案室和图书馆中堆满了成千上万的书
籍，其中穿插装订着白纸。对于装订书籍的人而言，在印刷书
页中加入白纸并不麻烦，这对于他们的很多客户来说都非常有
吸引力。因为这样，在印刷书籍中就有了可单独使用的书写空
间，在一本书中同时有了白页和印刷页。约翰·戈特弗里德·蔡
勒（Johann Gottfried Zeiler）的《书籍装订哲学》（*Buchbinder-
Philosophie oder Einleitung in die Buchbinderkunst*，1708）明确要
求，这些装订在书中的白纸需要使用上胶的书写纸，而不是上
胶不多的印刷用纸。就像16世纪以来的官方书籍会将书写纸纵
向折叠以形成修改和评注栏一样，装订在书里的白纸也可以给
看似封闭的阅读区开辟一个对文本进行加工的区域，可以供人
评论或修改。对作者来说，夹装在他们作品中的白纸是一个理
想的自我修订的手段，让他们可以着力于一本书将来的版本。
印刷稿不仅可以用来阅读，也可以在上面书写，这也并非是学
者的特权。16世纪问世的可书写的行事历，在年历、集市日期
表和气象谚语的周围都留有未印刷的书写空间，以便它们的主

人可以保存一个初始的记录。

　　随着 18 世纪想象力价值的增长，白纸成为伴随着作者的无声的写作要求。约翰·彼得·爱克曼（Johann Peter Eckermann）在 1831 年的春天这样记述道："我问到《浮士德》近来进度如何。歌德回答说，'它不会再让我放下手了，我每天都在想着怎样写下去。我已经把第二部的手稿装订成册，让它作为一个可捉摸的整体摆在眼前。还待写的第四幕所应占的地位，我用空白稿纸夹在本子里去标明。已写成的部分当然会促使我去完成那个尚待完成的部分。这种物质的东西比人们通常所猜想的更为重要。我们应该用各种办法促进精神活动。'"[1] 穿插着白纸或完全由白纸装订成的书伴随着写作的过程，使纸的白色成了创作的标志性颜色。让·保尔[2]摘录的一段话中写道："莱布尼茨：带一本白纸书旅行。让纸环游世界：这样很快就有了一个不错的图书馆。"格奥尔格·克里斯托夫·利希滕贝格（Georg Christoph Lichtenberg）在他的"剪贴簿"中写道："一张白纸比一张最漂亮的废纸更值得尊重。它可以让人充满赋予其灵魂的欲望。"白纸与写作之间的联系也适用于写作停滞的情况，"人们用白纸装订书籍，为了可以开始辛勤地努力，结果里面只写了很少或者什么都没有写"。

　　白纸为书写提供了选择，也悄无声息地下了创作的命令，

---

[1]　本段译文摘自《歌德谈话录》，朱光潜译，人民文学出版社 1982 年版。
[2]　让·保尔（Jean Paul, 1763—1825），德国浪漫主义作家，以幽默小说和故事闻名，本书的第六章也会讨论他。

使得在写与不写之间出现了一道分界，每天都要重新跨越。鉴于白纸的这种分界的特性，"对于白纸的恐惧"出现了。"第一页"，让·保尔写道，"不是作家的游乐场和快乐园，而是一个操练场和战场，因为他只想选择最好的主意，于是这里成了灭杀众多想法的刑场。"但如果因为白纸的分界功能而将其视为一种对创作的阻碍，这有失偏颇。因为创作障碍和写作障碍是完全不同的。在前文中引用的让·巴尔扎克在1651年对于纸张消耗的抱怨表明，创作障碍既可以是什么也没写，也可以是写了非常多。

歌德在《意大利游记》(*Italienische Reise*) 的《第二次在罗马逗留》中报告了他1788年3月重新开始写作中断了的《浮士德》：

> 这个剧本于现在或于十五年前写成，会是不一样的，我想，这不应该丢弃。特别是因为我现在认为又找到了线索。至于整体的语调，我受到了安慰。我已经写完新的一场。如果我把新写的稿纸熏黄一点，应该没人能从旧稿子里把它分辨出来。我把它闲置多年，分别已久，现在把它又带回到我的生活中来。很奇怪，我还是我，我的内心受到岁月和事件的损害多么少。我把旧手稿放在面前看，有时候它使我思考。这还是第一稿，是在主要场景中无计划地写出来的。由于时间久了，纸已发黄，(由于未装订)次序已弄乱了，纸易碎裂，纸边破损，看上去真像一部古代手抄本的断简残篇，因此，正如我当时把自己置入以前的世界遭罪受罚一样，

现在我又必定把自己放进我自己经历过的早期生活里。[1]

歌德在这里提到的"古代手抄本"是指未传世的《原浮士德》（Ur-Faust）手稿，仅存于路易斯·冯·格赫豪森（Luise von Göchhausen）的一个誊本中。为了使其与旧的文本碎片在风格上让人觉得没有差别而将那些在1788年新写的纸张熏黄的主意，源自现代作者的意识——以已完成的作品为单位，将所有碎片化的东西统一起来，可以在完成的作品中消除所有创作的障碍。但使新手稿与旧的"古代手抄本"形态一致的行为，实际上强调了它想掩盖的东西——在已经变黄的白纸这一创作空间内进行的非连续性写作。

这种非连续性与书籍印刷的压印在时间上的紧密性不同，因为书籍印刷中，第一页和最后一页在完成时间上非常接近。在手稿里，非连续性的记录不一定要以在多年前搁置的一捆书页中添加新纸这一形式进行，不同的创作阶段也可以在一张纸上像地质层一样相互叠加，尤其是在前工业化时期，纸张还不是可以随手丢弃的产品。在现代手稿的空间里，通过涂改、删除或在页边空白处补写文本，时间上的不连续性就可以与非线性的书写技术相结合，使潦草和凌乱与稳定的书写流相竞争，使一行行文字化为散乱的字符群。简而言之，一张纸可以是断断续续、跳跃进行的作品的载体，或是一份记录了孤立的行行

---

[1]　译文摘自《歌德文集》第八卷，越乾龙译，河北教育出版社1999年1版。译文有改动。

话语如何在白纸页面上分散开来的文件。它可以模仿成一本书的页面，但也可以是非线性、非统一的书页排版设计的对应物。近现代的"手稿文化"就是在穷尽用文字覆盖白纸这一选择的过程中发展起来的。这种文化产生了"脑力工作者"——他们主要使用纸页记录下在头脑中预先形成的想法，以及"纸上工作者"——为了创作一个作品而反复书写。手稿文化还产生了基于这两种类型的一整套组合，文献学和现代手稿研究在过去几十年令人印象深刻地证明了这一点。

进一步观察会发现，纸张不是一个封闭的存储载体。作为书写文字的场景内充斥着其他手稿、信函、摘录、打开的书籍和图画。这个空间不一定是书房、研究室或图书馆。它将中世纪的誊写室远远抛在身后。利希滕贝格提到的由白纸装订的书籍变得流行起来，在关于摘要的章节里，我们会再次提到它。随着"旅行文学"的兴起，户外阅读与户外写作会合在一起。在马车里写字很难，但徒步到小旅馆里则可以尽情写作。白纸可以提供丰富的选择，也深知自身的缺陷，它与装订的印刷稿有良好的关系，可以追随作者去他所去的地方——白纸成了镜子，呈现了近现代作者形象的轮廓。

"选自××的文稿"

有了印刷机后，来到这个世界上的除了印刷稿外，还有非印刷文稿。这个说法听起来非常微不足道。但它对理解造纸技术和印刷术的融合却有着不小的意义。因为非印刷文稿不仅仅指被送到印刷厂的古代著作和中世纪手稿。如果想了解 17 世纪受过教育的精英职员花了多少时间来处理装订与非装订、印刷与非印刷文稿的整体情况，可以读一下曾担任英国皇家海军部长的塞缪尔·佩皮斯（Samuel Pepys）在 1660—1669 年复辟时期所写的日记。佩皮斯有自己的文具商、纸商，还有图书商和书籍装订商。他非常注意确保他书房里的书籍都有漂亮统一的封面，但同时，他的工作以及晚上的私人流水账中也充斥着大量未装订的纸张。在他的记录中，金融、政治和新闻的世界纵横交错，他是第一代报纸读者的一员，在查理二世结束在荷兰的流亡时是国王的随从。在他出海时，纸张可以作为他导航的工具。因为虽然大幅的标准航海图是用羊皮纸制成的，但海员的工作副本经常要写在纸上。佩皮斯有一位私人音乐教师，需要乐谱纸进行创作，乐谱在很远的未来，甚至在让－雅克·卢梭（Jean-Jacques Rousseau）和弗朗兹·吉尔帕泽（Franz Grillparzer）《穷乐师》（Der arme Spielmann）之后，仍然需要手工抄写。最终，在佩皮斯去世后，人们在他的书房里发现了他的日记，装订得就像他的印刷书籍一样。精心设计的封面背后保存着手写的纸张，那是他每天日常记录的唯一誊清本。

在这一系列纸张的聚集形态里，印刷稿和非印刷文稿之间出现了同步的紧张关系。印刷机代表了现代手稿可选择的领域，但手稿的空间却并不是像漏斗一样直接注入印刷机的，它所容纳的东西始终比进入印刷机的更多。很多手稿、概念和笔记没有被流传下来，而很多流传下来的手稿却从来没有被印刷过。印刷稿和非印刷文稿之间的非对称性可以被描述为一种选择和审查的现象。将作者身份作为印刷的必要条件，导致手稿比零散的非印刷文稿得到了更多的重视，国家为保护"国家机密"，将高级官员的遗产封存，还将保存在图书馆和档案馆中的文档分为"公开报告"和"未发布报告"。但是，识字率和书面化的提升，使得传记中充斥了从信件到借据等一系列的"纸"，非印刷文稿获得了一个自相矛盾的功能。当人们尝试确定非印刷文稿在口头与书写这一古老对立中的位置时，这点体现得尤为明显。非印刷文稿只是在第一眼看上时才会毫无疑问地位于书面和抽象的一端，处于生动演说的反面。第二眼看过去就会发现，印刷稿和非印刷文稿在现代的对立在书面的一端也是固有存在的。自从有了印刷术和印刷书页，手写稿相比之下更加贴近身体，从生动演说的角度中可以看出其书面的特征，而从印刷品的角度，可以显现出它来自一只灵活的手所留下的痕迹。虽然在古代，深奥与通俗的对立最开始是与口头和书写的对立相联系的，而在现代，深奥和通俗的对立在书写过程中被展开了，集中在印刷稿和非印刷文稿的对立上。非装订和非印刷的纸具有类似于口述和深奥的象征性地位，而印刷文字成了近现代公开发表的核心。非印刷文稿同时也变成了近现代作家不间断地完成其作品的创作库，甚至在其死后也是一样。

这种看法形成的标志是在印刷书籍和期刊文章的标题中出

现了"纸"[1]一词。比如帕斯卡尔《思想录》的原书名就是"帕斯卡尔先生对宗教和其他一些问题的思考，在他去世后从他的遗稿中整理而成，由切·亚伯拉罕·沃尔夫甘克于阿姆斯特丹编纂而成，1677年"，这个书名不仅强调了这些印刷文本源于非印刷文稿，同时还讲述了一个以编辑为主角的故事。与其相对的是，在这个书名中，已经过世的作者是同样可靠的第二主角。编辑通过搜索遗留下来的文稿，从中选择一些文本进行印刷，打破了作者身份的界限。一个作者仅能在他活着的时间里写作，但是他的作者身份却不会随着他的死亡而结束。《思想录》成为帕斯卡尔留给后世的代表作。"未出版作品"（Papiers inédits）通常是由一个尚未枯竭的创作库中挑选出来的，也意味着这种根植于非印刷文稿的作者身份在原则上是开放性的。

除了一个作家的主要作品之外，政治或历史的真相也可以隐藏在这个非印刷文稿的背景世界里，印刷稿一路高歌前行，非印刷文稿也与之相伴增长。在17世纪早期，随着报纸的出现，非印刷文稿的创作库已经可以与报纸发表的新闻和期刊出版的论文相媲美了，因为它也是一种历史文献。因此，在现代参与政治审议的公众世界中，真相不单是由对立意见相互碰撞后商谈达成的，隐藏在私人空间里的"未出版作品"也跟公共对话一样，可以成为真相的一种来源。像《最不幸王子的历史，对

---

[1]　原文为"Papiers"，除通常的含义"纸张"以外，该词还有很多其他的含义，中文翻译时很难用同一个词来适用全部的语境，译文将根据具体的语境将其译为"文稿""遗稿""材料""作品""文本""文件"等。

国王爱德华二世及其不幸宠臣加维斯顿和斯宾塞的政治观察：包括该时期一些从未在其他历史学家的著作中出现的罕见史料，从（可能是）福克兰的亨利子爵写下的文稿中发现，1680 年》这样的书名，承认了相关材料作者的身份并不确定，但依然能够保证这些印刷出来的真相是经过核查的，是完整的。因为当非印刷文稿的象征性秩序被确立为真相的来源时，印刷厂倾向于认可未出版作品的权威性，而不是通过印刷赋予它们权威性。

将"未出版作品"带入印刷领域，是一种认可非印刷文稿权威性的行为，同时也消除了它们杂乱无章的聚集状态。非印刷文稿与其相对的印刷稿相融合，留下了余烬——这些"文稿"开始在书名中被提及。一个典型的例子是戈特霍尔德·埃夫莱姆·莱辛在《来自未署名者的残篇》(Fragmentenstreit)中的出版策略。第一册选择的标题"论对自然神论者的宽容：匿名者文稿残篇"建立了一个作者形象。在第二册中，莱辛作为编辑加入到了这个背景世界。"匿名者文稿中有关启示录的更多讨论"，这个标题是非常理想的工具，可以给《圣经》真实性的疑问之火上浇一把油。虽然这个作者两次登场，但姓名一直不被人知晓，使其死后也一样被保护，不受他文字的破坏力所伤。这位匿名作者呈现了公开辩论的界限。他是一个出版了作品的作者，同时仍停留在非印刷文稿的领域里。他的公开言论中存在着矛盾，因为他说了一些在印刷文字领域中不可能说出来的话。作为这个自相矛盾的言论的倡导者和出版人，莱辛最终收到了出版禁令，残篇之争也就此终结。

在"found among the papers""trouvés parmi les papiers de""aus den Papieren"[1]这样的标题套路中，介词among、parmi 和 aus 非常关键。它们包含了"待续"的承诺——或者威胁。在法国大革命热月之后，埃德姆－博纳文彻·库尔图瓦（Edme-Bonaventure Courtois）揭露了罗伯斯庇尔及其派系的真相，发表了题为《代表科学和技术促进发展委员会提交的有关罗伯斯庇尔和他的同伙之报告》的文章。不过，这一官方委员会的报告必然会引发一种反击，援引被库尔图瓦省略掉的那些文件的权威：《罗伯斯庇尔、圣茹斯特、培安等人未发表但被库尔图瓦删除或略去的文件；早于库尔图瓦向国民公会提交报告前，有大量手稿复制件和主要革命人物的手迹，巴黎的鲍杜因·弗雷斯，1828》。这个标题中明确提到的手稿复制件和手迹，是在19世纪前期因平版印刷术的普及而流行开来的，属于一种通过印刷来认可非印刷文本权威性的技术。"选自××的文稿"这个说法得益于"隐藏"真相的崛起，它既可以作为展现在印刷媒介上的那种公共生活可依赖的资源，也可以在政治地位和教派之争中被用作武器。通常情况下，为了突出其透明的效果，这种表达经常会被编织成一个暗示有秘密存在的网络，如《公使馆秘书，或德国秘密天主教徒和耶稣会士的阴谋：1825年一个奇特的王侯皈依史，其中描述安哈尔特－科滕公国的公爵和女公爵皈依天主教会的过程/出自在巴黎被毒死的秘密教会秘

---

[1]　这三句话分别为英语、法语和德语，意思相同，直译过来是"从××的纸张中发现"，是欧洲书籍中常见的书名格式，本书译为"选自××的文稿"。

书在纸上的批注》。

　　"选自××的文稿"的这个表达模式源于17世纪的历史、政治出版物。它暗示了一个隐藏起来的历史、政治或传记的真相，这样的真相从古老的"国家机密"或者现代秘密社会的阴影中走出来，同时在哲学和神学的敏感范围内游走，其中的片段以匿名的方式出版。这样，私人和公开、秘密和透明的对立就与印刷稿和非印刷文稿的对立联系在了一起。由此产生的背景世界，也就是未印刷文稿的创作库，接近于口口相传的秘密这一极，但同时又被书面形式固定下来，也有被印刷的可能性。在18世纪，"个人机密"和"国家机密"一起成为一个同样深层次的"机密"和"秘密"的领域，未印刷文稿的创作库也变得更加重要。当我们审视18世纪的书信体小说时，会看到这种形式结出了如此丰富的文学果实。"未发表"越来越多地出现在了文章标题中，也标志着这类材料更加常见。这不一定是揭露一些秘密，还可能是通过未知对已知进行补充。但著名作家文字遗稿中的碎片，也得益于它们所立足的对立者，如"伏尔泰的未印刷之作"。在19世纪，我们将会更进一步地关注作家的文字遗稿。因为那时，全能的语言学家和手稿收集者会以前所未有的热情开始研究未印刷文稿。

第 五 章
冒险家和纸

堂·吉诃德、印刷术和羽毛笔

《堂·吉诃德》开篇不久，神父和理发师一同检查堂·吉诃德的书房，挑出那些被他们怀疑导致其主人发疯的"迷人"的书。书房里收集了超过一百本精美装订的书籍，从经典的骑士小说，如《高卢的阿玛迪斯》(*Amadis von Gallien*)及其他类似的作品，一直到1591年新出版的书。这一年份证实了这部于1604—1605年出版的小说的第一句话所言不虚：这位传说中的贵族堂·吉诃德是生活在"不久之前"的人，这位现代文学中书生英雄的始祖，来自被誉为"纸国王"的腓力二世的时代。他对于骑士小说固执的、不合时宜的忠诚，在与官僚风气的滋长的对比中获得了历史的维度，而桑丘·潘沙作为"总督"的奇遇也刚好为这种官僚风气的滋长提供了证据，因为桑丘既不会读，也不会写。神父和理发师在烧掉那些"被判刑"的书籍之后，觉得仅仅处理掉骑士小说还不够，还需要驱逐文学中的恶魔，便把书房封堵了起来，而堂·吉诃德毫不犹豫地将他书房的消失归咎于自己的冤家对头——一个魔法师的"学问和技巧"。乍一看,塞万提斯似乎想要推翻对书籍中某种恶魔力量的迷信。不过,他实际上是竭尽所能持续将《堂·吉诃德》的读者与小说主人公的关系复杂化。《堂·吉诃德》第二卷在 1615 年出版,在第二卷的开头,堂·吉诃德和桑丘·潘沙见到了从萨拉曼卡学成归来的学士参孙·卡拉斯科,并从他口中得知《堂·吉诃德》的第一卷取得了巨大的成功——售出了 12 000 册。但塞万提斯在第二卷里走得更远,他描述了第一卷的读者对书中所讲述的冒险经历并不满意。正如堂·吉诃德依然像活在骑士小说里一样,这些读者也在延续《堂·吉诃德》的传说,一旦这位自称是骑士的人路过,他们就会设计出各种诡计和骗局,让堂·吉诃德卷入新的冒险中去。他们在小说中有同伙,也就是给他们提供帮助的下属。但他们最重要的同伙是作者塞万提斯。他对自己在小说中的角色复杂化的用心程度,不亚于在构建英雄与观众见面的镜厅方面所做的努力。在他的小说中,现代读者的极度神化和现代作者同样极度的自我反思相互交织在一起。

在堂·吉诃德的书房被清洗之后,接着就是著名的"风车之战"。堂·吉诃德把这些风车看成了巨人,还不忘说这些巨人是由那个"掠走我的书房和书籍"[1]的魔法师变成的。他还怀疑魔法师绑架了一个公主,并给她施了魔法,而这个"公主"实际上是一位要前往塞维利亚的巴斯克贵妇,她要到那里去跟她

---

[1]　本书有关《堂·吉诃德》的译文,皆选自张广森译本,上海译文出版社 2006 年版,部分字词略有改动。

的丈夫会合，一同前去美洲。在堂·吉诃德拔出剑来向陪伴贵妇的巴斯克仆从挥舞之时，故事突然中止，一位编者就好像从帷幕后走出来一样，登场宣布故事的作者目前只写到这儿。读者自然心生疑惑，哪个作者？答案是还有"另一个作者"，他不相信堂·吉诃德的传说会在这里结束，并成功地找到了故事的后续发展。

通过剧情的中断来提升紧张感，是骑士小说中屡见不鲜的叙事策略。塞万提斯通过这种策略所达成的效果是非常值得研究的。他首先设了一个路标，"不相信拉曼查的才子们竟会冷漠得居然没在自己的档案或抽屉里留下有关那位著名骑士的片纸只言"。然后他又将话语权交给"另一个作者"，由"另一个作者"开始接着讲述。他并没有在拉曼查才子们的书桌上和档案中搜寻线索，而是在托莱多的一条街上偶然得之：

有一天，在托莱多的阿尔卡纳市场上，我看到一个半大孩子在向一位丝绸商人兜售一大堆陈年的笔记本子和手稿。我这个人一向喜欢文字，即便是大街上的碎纸片也会捡起来浏览一番。正是出于这种天生的本性，我随便从那孩子要卖的文稿中抽出了一本，一看是用阿拉伯文写成的，我虽然能够辨别出文种，却不解其意，因之举目四望，暗冀得遇一个能识此文的摩尔人士。想找到这种翻译其实并非难事，即使是更为优雅、更为古老的文字，能解者也不乏其人。总之，我有幸找到了一位，对之讲明了所求之意并将文本递到了他的手里。那人从中间翻开读了一会儿，接着就笑了起来。我问他什么事情那么好笑，他说是一条边注。我求他讲出来听听，他笑着说道：

"如我所说，这一页的边上写着：'本故事中一再提及的托博索的杜尔西内娅，据说是整个拉曼查地区没人比得上的腌肉能手。'"

一听到这个名字，"另一个作者"就知道要立刻行动起来，他向那孩子买下了所有的手稿和笔记本子，很快在这个以翻译学校闻名的城市找到了一个译者，将所有有关堂·吉诃德的本子"在一个半月多一点儿的时间"里翻译成了西班牙语。

在这些本子——抑或是原稿？——消失之前下手，可谓是一种幸运。因为在托莱多市场上，以皈依的犹太人和摩尔人为主的丝绸商会用这些古旧的纸张来包装货物。塞万提斯并没有草率地处理发现手稿这一常见的桥段。孩子所售出的纸张里包括一份页边写了评注的手稿。它不仅包含了故事的后续，还有佚名读者们的阅读笔记。他们对于托博索的杜尔西内娅的了解，显然不是来自拉曼查的书桌和档案，而是道听途说。所以他们让读者想起堂·吉诃德在小说最初的一次冒险中遇到的来自托莱多的丝绸商。

塞万提斯很早就将小说中所有元素前后呼应的网络铺开，包括在托莱多获得的手稿的小标题里设置了一个人物，"来自拉曼查的堂·吉诃德的故事，作者为阿拉伯历史学家希德·哈梅特·贝内恩赫利"（Cide Hamete Benengli）。

主人公所阅读的骑士小说，与作为"历史"的《堂·吉诃德》形成了鲜明对比。在找到原始手稿之后，"另一个作者"明确强调对真实性的追求。因为手稿的作者是阿拉伯人，"虚虚实实正是那个民族的人的本性"，在手稿署名"阿拉伯历史学家"之中就可以感觉到这种冲突。"另一个作者"满怀热情地引用西塞罗的话（博学的读者可能会分辨出来），把对阿拉伯作者作品真实性的怀疑扼杀在萌芽之中：

> 历史学家应该也必须准确、真实、完全摆脱一己的偏见，不能因为利或害、恨或爱而违背真实的原则。历史是真实的载体、时光的对头、事件的仓库、过去的见证、今天的规范、未来的借鉴。我敢说，这部作品具备了对一部最为公允的史书所能提出的一切条件，如果尚有某些美中不足的话，我认为，也只能怪其作者那个狗杂种，而不是主人公的过错。

自从阿拉伯历史学家贝内恩赫利在小说中出现开始，就一直伴随着其他角色走到了故事的结尾。他的重要性在第二卷的最后几段有所增长，其原因超出了小说本身的范围。在1614年的夏天，在塞万提斯还未写完小说的第二卷时，在塔拉戈纳就出现了《堂·吉诃德》的续作，作者的名字是阿隆索·费尔南德斯·德·阿维亚内达（Alonso Fernandéz de Avellaneda），其真实身份到今天都没有定论。塞万提斯读了这部冒用了他笔下人物的小说之后，在自己作品的情节和语言中进行了一系列深思熟虑的操作，来应对这个挑战。在《堂·吉诃德》第二卷的第五十九章，堂·吉诃德和桑丘·潘沙借宿一家旅馆的时候，透过一堵薄墙听到隔壁房间有两名尊贵的旅客正在批评另外一个版本的《堂·吉诃德》，认为它相较于第一卷根本就是胡言乱语，读起来毫无乐趣可言。是的，他们还将这本书拿给了堂·吉诃德，堂·吉诃德简单翻阅几下，对这个山寨版进行了猛烈的抨击，并在对话中明确列出真桑丘对比假桑丘的优点所在。

堂·吉诃德的这个"分身"之所以存在，就是因为他的作者也有一个分身：冒用他笔下人物的剽窃者。拉伯雷就曾看到过一本书的成功会怎样危及作者对该书的控制。他自己的出版历险跟笔下主人公的冒险不相上下。他和里昂印刷商的关系，都可以写成一本故事情节跌宕起伏的小说了。他从《巨人传》第三卷出版时（1546年）就放弃了有深意又风趣的笔名阿尔高弗里巴斯·纳西埃，改用真名出版自己的书，这是对《巨人传》盗版的反应。作者的意识和剽窃者的意识之间的紧密纠葛在这里就变得很具体：作者和文字之间的纽带在涉及抵御剽窃时变得更加坚固。拉伯雷用推出新版本来回应对他最初两本小说未经授权的翻印，并附了一篇《告读者》，向他的读者保证"他被窃作品的最后一页与我们从作者那里得到的原始手稿不符"。在《堂·吉诃德》中，与剽窃者进行的斗争从小说的前言一直延伸到情节之中——不仅向读者声明，还向对方小说中的人物声明。

塞万提斯得知在他的剽窃者阿维亚内达的书中，主人公要

前往萨拉戈萨参加一年一度的马上长矛比武后，便让他笔下的
堂·吉诃德改变路线，前往巴塞罗那，通过这样的策略来"向
全天下戳穿新近这位作者的谎言"。塞万提斯还萌生了一个有趣
的灵感：让堂·吉诃德在巴塞罗那拜访了一个印书作坊。堂·吉
诃德在那里不仅阐述了自己的翻译理论，还对销售数字展现了
惊人的实用主义理解，以及对印刷商之间运作和交易的敏锐认
识。然后他得知印书作坊里正在校阅的书，正是《匪夷所思的
拉曼查绅士堂·吉诃德第二部》，作者是"一个托尔德西亚斯
人"——也就是阿维亚内达。简而言之，堂·吉诃德见证了这一
冒牌货的复制过程，"满脸不高兴地"离开了印书作坊。

　　在《堂·吉诃德》中，巴塞罗那（一个充斥着盗匪的城市）
的印书作坊和"另一位作者"得到贝内恩赫利手稿的托莱多
市场形成了鲜明对比。因为通过与读者的交流，堂·吉诃德和
桑丘·潘沙知道他们的"第一作者"是贝内恩赫利。当他们在
第二卷中讨论起"一个托尔德西亚斯人"所写的小说时，经常
会提起这位阿拉伯历史学家。他代表了"真正的"印刷小说及
其未印刷手稿之间的联系。塞万提斯很巧妙地将这种系统式的
视角纳入他亲著的《堂·吉诃德》的镜厅之中，这可以从他将
对手的小说写进自己文本的最后一个反转中看出来。这一反转
不仅将读者带入了游戏之中，还加入了阿维亚内达小说中的人
物——来自格拉纳达的摩尔人贵族阿尔瓦罗·塔尔菲，以此作
为对剽窃行为的报复。两人在一个旅馆相遇，堂·吉诃德要求
塔尔菲在当地村长的面前，公开声明自己"从不认识他这位拉

曼查的堂·吉诃德，他，堂·吉诃德也不是一个名字叫作什么阿维亚内达的人所著的《拉曼查的堂·吉诃德第二部》的传记里所说的那个堂·吉诃德"。这个证明是一个悖论，就像一个克里特人说"所有克里特人都说谎一样"[1]。因为它给了一个来自假《堂·吉诃德》里面的人物以权威，来证明真堂·吉诃德的真实性。

然而，这个公开声明并不是这部小说对自身的最后评价，也不是对主人公死亡的描述。全书最后的语句是贝内恩赫利对自己的羽毛笔说的，他说这支羽毛笔已经被挂在钩子上，度过了"一个又一个漫长的世纪"，就为了杜绝任何复活堂·吉诃德、让他在第三卷中踏上新冒险征程的可能性。在这篇宏大的结束语中，作者的羽毛笔取代了骑士的宝剑，同时宣称自己的权利高于巴塞罗那印书作坊的权威。因为只有作者才有使其主人公死亡的权利："堂·吉诃德为我而生，我为堂·吉诃德而活；他精于行，我长于写。我们俩合而为一，气死托尔德西亚斯的那个冒牌的作者，谁让他居然胆敢用粗劣而又胡乱修剪的鸵鸟毛翎来记述我的英勇骑士的丰功伟绩，这可不是他的肩膀所能扛得起的重负。"

米歇尔·福柯（Michel Foucault）如此评价堂·吉诃德："他就像一个符号，一个又长又瘦的图形，像一个刚刚从翻开的书页中逃离的字母。他的整个生命只是语言、文字、印刷文本、

---

[1] 这句话最早由克里特哲学家埃庇米尼得斯提出，是"说谎者悖论"的代表性命题，悖论内容为：如果某人说自己正在说谎，那么他说的话是真还是假？

已经书写的历史。"但是堂·吉诃德作为小说主人公的生命不仅来自印刷文本，同时也来自"印刷术/印刷机/书籍"和"手稿/羽毛笔/纸张"这两极之间的张力。塞万提斯如此巧妙地运用了编者撰写的虚构故事，在欧洲小说的技艺中开辟了广阔的未来。如果想让读者看到印刷文本背后丰富含义的完整收藏，就要从托莱多市场出售残旧纸张的小孩那里开始。

流浪的纸、《痴儿西木传》和剃刀

与堂·吉诃德不同，17世纪的流浪汉小说中被幸运女神眷顾的主人公会自己讲述他们的冒险故事。第一人称叙事是他们出现在公众面前时的保护服。汉斯·雅各布·克里斯托弗尔·冯·格里美尔斯豪森（Hans Jakob Christoffel von Grimmelshausen）的《痴儿西木传》（*Der Abenteuerliche Simplicissimus teutsch*）也并非例外，起码以"终"这个字结束、在1668年出版的《痴儿西木传》前五部不是例外。但是在第二年，作者又写了《续篇》。在这个《续篇》里，三十年战争结束了，但贪婪和挥霍依然存在，恶习还未结束，恶魔撒旦也担心缔结和平条约对他的地狱王国是不利且有害的。西木在他新的冒险旅程中也没有放弃第一人称叙事的形式，他和一个木匠在印度洋一同遭遇了海难，在同伴死后，他决定孤独地过上隐士的生活。但他的冒险经历是如何被记录，并且最终被印刷出来的呢？在一个寂寞的荒岛上，没有纸，也没有宗教书籍来抚慰心灵，西木便将这个岛当作一本"伟大的书"来阅读，在这本"书"中，所有的自然事物都指向了《圣经》故事。由于缺纸少墨，他最终用棕榈叶当纸，用巴西木汁加柠檬汁做墨，西木不仅用它们写下了"日常祷告词"，还写下了他的整个人生故事。西木是自己的贝内恩赫利。他不是一个口述者，而是一个书写者，在棕榈叶上写了一本传给后世的书。为了让这本书可以再版传世，《续篇》第24章开始出现了一个突兀的转折。西木的声音沉寂下来，取而代之的是"荷兰海军船长，哈勒姆的让·科尼尔森对他的朋友德国人施莱弗海姆·冯·苏尔福斯特的叙述"，在给施莱弗海姆（格里美尔豪森用这个名字发表了《续篇》）的报告中，荷兰船长推荐了这本写在棕榈叶上的书，认为这将是施莱弗海姆艺术收藏品中"最伟大的稀世珍品"，还介绍了在荒岛上找到这本书及其作者的故事，水手们最开始还以为西木是被监禁在岛上的囚犯，或者是一个"十足的疯子"。后来证明，他"不是一个疯子，而是一个非常深刻的诗人"，他在树皮光滑的树上写下了很多《圣经》格言和其他格言，其中还有关于某些水果神奇魔力的警告。西木可能是一个愚蠢和愚昧的形象，但是愚昧并没有排除掉他对笔、墨、书籍和写作的熟悉。虽然西木偏爱欲望、肉体和所有基本的快乐，但他也熟悉写作，《续篇》更让我们相信这一点。他从瑞士去往萨伏依，并从那里前往意大利，在这段旅程中，他为了向收留他的主人表达感激之情，讲述了不少怪物和自然奇迹的故事，他说那是自己的旅行经历，但其实是从菲拉尔克斯（Phylarchos）、阿波罗尼德斯（Apollonides）、赫西戈诺斯（Hesigonus）到老普林尼等"古代作家和诗人"的著作中拿出来的。

在《痴儿西木传》中有一个人物，直到《续篇》中才第一次出现。整个小说的写作风格从这时开始变得紧凑，而这个人物本身就是一个来自文学史的引用。此人的名字叫"巴尔丹德斯"（Baldander，在德语里的意思就是"迅速改变"），是格里美尔斯豪森从汉斯·萨克斯的一首诗中借用来的。巴尔丹德斯代表了不断的蜕变、根本上的不稳定、生死之间的转换。他通过汉斯·萨克斯所写的一段金币和马皮的对话，教会了西木如何与事物对话，还教他如何使用特定的秘语来创造一个书写的魔法表象。在小说第一部就学会了阅读的西木，通过学习高级的秘语，将阅读书写的经验提升到一个更高的层次，快速地学会了巴尔丹德斯的方法，将德语的句子隐藏在外语词汇之中："毫不吹嘘地说，我很擅长破解谜语，在一根绳子（甚至一根头发）上写一封无人可解的信，对我来说不算难事。"在这里，格里美尔斯豪森将他笔下的西木划分到一个职业群体中，这个群体可以从他写作的主要来源之一——托马索·噶索尼（Tommaso Garzoni）所著的百业全书《万物舞台：所有职业、手艺、生意、交易和手工等的广场》（*La piazza universale di tutti le professioni del mondo*，1641）中找到，也就是其中"第二十八篇谈话"中提到的"抄写员、写作者、造纸匠、削笔者、加密者、象形文字学者、正字法学者"。噶索尼所描述的加密墨水和加密技术是现代通信的便利工具，对西木而言，这是他与无声之物展开生动对话的原始模型；原则上来讲，所有的书写都是魔法。

巴尔丹德斯激起了西木与无声之物对话的意愿，而对格里美尔斯豪森来说，让他的英雄在欧洲找到一个印度洋荒岛上的棕榈叶的对应物，以此来实现自己的愿望，这也是一个奇思妙想。一段和纸的对话——"西木与厕纸的奇怪交谈"——从第十一章开始，一直持续到第十二章的结尾。

为了了与流浪汉小说的低级趣味相符，这场对话发生在西木解手的地方。格里美尔斯豪森使用的手法跟大师拉伯雷相比都毫不逊色——拉伯雷在《巨人传》的第十三章中有一段主人公关于擦屁股的最佳方法的论述——格里美尔斯豪森则写了关于一张污秽的纸的题外话，把厕所和办公厅、排泄和法庭交叠在一起。

我们稍后就会知道，纸张是如何讲述自己的人生故事的。在此之前需要注意的是，纸张并不是在《痴儿西木传》的最后部分才突然发言的。它从一开始就作为背景和前提，一直沉默地存在于小说中。在小说第一部的第一章，纸张就已经出现在了主人公对他出生之地的描述中，因为在那里，油纸是窗户玻璃的替代品，西木甚至提到了要用黄麻籽和亚麻籽来造这些纸张。后来，在格尔恩豪森的森林里，一位隐士教会了年幼的西木阅读和写字，那里也没有纸，只能用桦树皮来代替，这也为后来西木在棕榈树叶上写书埋下了伏笔。不久之后，纸张以一张来自中国的地图的形式出现，然后又出现在一个奴才气十足的书记官的文书室里，这位书记官向西木展示了一种写信技巧，他了解侯爵、伯爵和其他贵族所使用的所有头衔，并将他的墨水瓶称为"纸神"。面对这种趋炎附势之人，西木以自己的身体做武器，在书写室里放了一个让人难以忍受的屁，宣告了厕所和文书室的交叠，为《续篇》中与纸的对话提供了框架。在小说的第四部中，西木把纸张列为他冒充一名庸医需要装备的道具之一。不久之后，他又想从医生那里约一篇论文，宣传他的奇妙矿泉，并将其与铜版画一起交付出版。

现在回到厕所里的那张八开纸上，它抱怨自己要去擦一个乡下人而不是法国皇帝的屁股，值得注意的是，它是以"剃刀"之名讲述自己人生故事的。这个名字的由来有很多解释，最合理的解释是：这是出于流浪汉小说中颠倒的逻辑，剃刀剃掉脸上的胡须，正好与用纸擦屁股相对。身体、肮脏和低级趣味的联系，让"剃刀"与那个时代的恶棍小说和流浪汉小说的主人公产生了关联。这张厕纸所讲述的人生故事是全书的一个缩影。它讲述了自己如何被粗暴对待、被捶打、被折磨，成为这个世界罪恶的见证人。格里美尔斯豪森有可能是根据托马索·噶索尼在《万物舞台》里图解所示的纸张制造过程，讲述了一个纸张起源和冒险的故事。"剃刀"详细说明了它的旅程：从土地里的罗布麻种子开始，在粪便中生根发芽，生出茎秆，长成植物，后来被折断、捶打、碾碎，直到最终被加热，被装在桶里在市场上出售，被纺成线，在织布机上变成一块荷兰布。"剃刀"的故事很明显有"不断的蜕变"这一法则的倾向，而这一法则在小说中是由巴尔丹德斯这个人物体现的。"剃刀"看到了编织工如何偷走一些线；作为一件衬衫，见证了一个村妇同时跟一个贵族和他的秘书有染；衬衫破了后被当作这个女仆私生子的尿布，最终成为破烂的碎布被送进造纸厂。那里被加工成了一张很好的书写纸，经过折叠、入册、打包，最终被一个来自苏黎世的商人买下，"那个人把我们带回了家 / 又把我卖给一个贵族的收账人或管家 / 他把我做成了一本大账簿；在这之前 / 我已经被倒了三十六道手 / 我一直是一个流浪汉"。

在用棕榈叶写书里的故事中，格里美尔斯豪森笔下的这个英雄，其作者身份更多体现为"诗人"，他写下的作品与一种自然的书写材料相连，而这种材料与一个天堂般的荒岛（从欧洲视角来看）是相符的。在"剃刀"的这一章里，欧洲的纸从无声之物变成了流浪汉。像一个流浪汉一样，它以第一人称"我"来讲述自己的冒险故事，成为小说主人公的一个对应，并与其对话，直到主人公最后将它送进一个现世的地狱——厕所，封印了它的命运。在成为废纸、包装纸、厕纸之前，它是一张八开的优质书写纸，但并没有与诗歌产生什么联系，而是成了法律、行政和经济的仆从。

我们在乔瓦尼·多梅尼科·佩里的世界里[1]也见到过装订成册的"大账簿"，一本商人的分类账，复式记账法的核心。格里米尔豪森对时间的紧密诗意处理是不是出自记账技术呢？我们

---

[1]　见本书第二章的《热那亚商人和他无声的合伙人》一节。

不需要下这个断言，也可以将这里的纸张形态变化视为对《痴儿西木传》现代性的一个证明。在一个引人注目的段落中，小说提出了这样的见解：对于一个"经济人"来说，这样的分类账可以跟整个经典作家的文库，甚至是《圣经》相提并论：

> 这个账本（我作为一张诚实的纸，成了其中的两页）是如此深受这个收账人的喜爱／就像亚历山大大帝喜爱荷马，奥古斯都勤奋钻研维吉尔／像塞维鲁皇帝的儿子安东尼斯[1]孜孜不倦阅读奥庇安；李锡尼大帝如此珍视小普林尼；就像西普里安[2]经常拿在手里的德尔图良／就像柏拉图抱有极大好感的毕达哥拉斯学派的菲洛劳斯[3]；就像亚里士多德如此喜欢的斯珀西波斯[4]，就像给塔西佗皇帝带来极大快乐的科尔涅利乌斯·塔西佗[5]。总而言之，这本书就是他日以继夜研究的《圣经》，但这并不是为了让账目真实公正，而是因为他想隐瞒他的偷窃行为，掩盖他的不忠和奸诈，他要让一切看上去井井有条，让账目看起来井然有序。

---

[1] 塞维鲁皇帝，即塞普蒂米乌斯·塞维鲁（Septimius Severus），罗马帝国皇帝，塞维鲁王朝的开创者。安东尼斯，即卡拉卡拉（Marcus Aurelius Antoninus Caracalla），后也成为罗马皇帝。
[2] 西普里安（Cyprianus），也译为居普良，迦太基教会主教，罗马天主教教会、东正教教会架构的缔造者。
[3] 菲洛劳斯（Philolaus），希腊哲学家，毕达哥拉斯的学生，是第一个向公众宣传毕达哥拉斯观点的人。
[4] 斯珀西波斯（Speusippus），古希腊哲学家，柏拉图去世后希腊学园的继承者。
[5] 塔西佗（Claudius Tacitus），罗马皇帝，275—276年短暂在位。科尔涅利乌斯·塔西佗（Cornelius Tacitus），罗马帝国时代著名的历史学家。

提醒一下，这一串让我们意识到记账技术重要性的书单，不是由那个不诚实的收债人所记下的，而是从西木与一张纸的对话中编写而成的。要想成为巴洛克世界里的恶汉和冒险家，不仅要成为一个乡巴佬和战士，还要把自己与纸的世界关联起来。一是冒险经历必须以书写形式记录下来，二是为了不遗漏任何冒险经历。

鲁滨孙的日记、墨水和时间

人要如何在没有钟表的情况下在一个孤岛上管理时间？在格里美尔斯豪森《痴儿西木传》的高潮部分，主人公和他的同伴在印度洋上的一个岛上竖起了三个十字架，以抵御魔鬼并向上帝表示他们的忏悔。这开启了一种新的时间计算法："自那时起，我们开始更加虔诚地生活／我们也想神圣地对待并庆祝／每一天我都在棍子上划一道，在周日划个十字，以此代替日历；我们坐在一起，彼此交流神圣的事物；我必须用这种方法／因为我没有任何东西可以替代纸墨，来帮助我写下一些我们的消息。"

丹尼尔·笛福（Daniel Defoe）笔下的鲁滨孙·克鲁索，并不知道他经历船难后，要在荒岛上度过二十八年两个月零十九天。但他很快就领悟到，时间和大海有一些相似之处，时间日复一日地流逝，就像在公海上漂流一样，失去固定的参考标志。他上了岛之后很快就担心起来，因为"没有书、笔和墨水"[1]而无法记录时间。像西木一样，他开始通过刻划的方式来记录日期，并给时间分段。在他第一次登上这个岛的地方，他放了一块四面的方柱，用刀子每天在这个方柱上刻一道凹口，每七天刻一个两倍长的凹口，每一月刻一个再长一倍的凹口。这些凹口的起始处是他用大写字母书写的登岛日期："我于一六五九年九月三十日在此上岸。"鲁滨孙的日历将宗教和经济、基督教年历的时间和工作的日常时间联系在一起。计算时间的开始，也就是登岛日期，鲁滨孙将其作为每一年的纪念日。在一些解读中，人们将其理解为国庆节的萌芽。九月三十日还是鲁滨孙的生日，这也是令他深思的巧合之一，"我的罪恶生活和我的孤单生活，可以说开始于同一个日子。"笛福通过日历方柱让小说有了两条主线：一条是岛上的故事线，另一条是鲁滨孙的人生线。日历方柱所提供的书写空间并不充足，刻痕也不是一个很便利的书写方法。因此，笛福为他的主人公提供了一个理想媒介——日记，以将从日历方柱上发展出的两条主线汇合，并作为遇到船难后生活的汇总、记录和持续的计算。这种记述的前提是在岛外发生的船难。它在鲁滨孙的故事中扮演着重要的角色，因为它是一个关于储备、补给和替代品的故事。鲁滨孙从船的残骸中救出剩余补给品的行程是他在岛上的第一次冒险。这些剩余补给品中，代表着他与遥远的英格兰文明微弱连接的是纸和墨，

---

[1]　本书有关《鲁滨孙漂流记》的译文皆摘自郭建中译本，译林出版社2020年版。

鲁滨孙将其与指南针、计算仪器、望远镜、航海地图和航海书以及包括"三本很好的《圣经》"在内的许多书籍一起拿到陆地上。它们使他可以"把每天做的事都记下来",他开始记录他在岛上生存的得与失、优与劣。这样就产生了日记和小说的奇特重叠,这种重叠形成了鲁滨孙对他早期岛上生活的描述。他和西木一样,都是以第一人称"我"来讲述,但他具有双重身份,即他到岛上的前几年所记录日记的作者,以及在被营救后回顾他的日记所写的回忆报道的作者。

鲁滨孙在他登岛的整一年后,第一次开始了纪念仪式,这种仪式包括斋戒、虔诚的忏悔和祈祷,"以极端虔诚谦卑的心情"感谢上帝。这时他开始在日历方柱上为周日刻更长的刻痕。在那之前,"我很久没守安息日了。最初,我头脑里没有任何宗教观念。"他赋予九月三十日以双重意义,并将纪念船难的日期与皈依清教的叙事联系在一起,我们无法期望鲁滨孙来解释这个奇怪的巧合。我们更应该向笛福提问,为什么他如此重视记录下主人公冒险的日期?为什么他给鲁滨孙一个记录的媒介,在如此紧密的数据网络中剖析他来岛的第一年?因为笛福想通过他虚拟的编写和虚拟的日志,让读者相信这部关于鲁滨孙船难的小说的副标题:"由本人所著"。

笛福想要将"小说"和"新闻"联系起来,因为他曾是一个报人,一名记者,他知道在报纸的世界里,日期是新闻报道的一部分。日期是报纸和世界所有联系中最基本的元素。它可解读的意义远远超过报纸出版日期这一时间上的标记。它是随着报纸而来的真实性保证的一部分，可以将新闻报道确定在一个特定的地点和一个特定的时间点。在报纸开始成为日常的文化，小说的艺术形式也开始振兴之时，船难的日期就有了双重作用，它可以成为一个新闻故事，就像作为笛福故事原型的亚历山大·塞尔柯克（Alexander Selkirk）的船难故事一样，它有助于让虚构小说中的故事具有新闻故事的地位。因为"一条新闻必须有个日期"有另一层含义：有确定日期的故事都会与新闻联系在一起。因此，笛福让鲁滨孙写的日记不仅满足对某人的生活进行清教徒式记录的形式法则，也像一份报纸反映经验世界中的事件一样，反映了遥远的过去。无论鲁滨孙忏悔的段落与清教徒式的日志多么相似，在作者笛福的意图里，日记都同时是一种"报纸"，鲁滨孙成了一个来自岛上的报道员，读者相信他可以直接记录"真相"。但只有具有新闻价值的东西才能采取新闻的形式，笛福也考虑到了这一点。"十二月二十五日整日下雨"——像这样的记录内容提高了日记的可信度，但这样的内容如果出现频率太高，又会减弱读者对小说的兴趣。因为鲁滨孙缺少为17世纪法国或英格兰伟大日记作家提供材料的内容来源：凡尔赛宫或伦敦大都会的世界，比如塞缪尔·佩皮斯1660—1669年间所写的日记中描绘的世界，而这几年鲁滨孙是在荒岛上度过的。遭遇船难者缺少这样的社会资源，他能做的是密集地描述他的生存活动，每一件"小小的不起眼的东西"必须聚集起来，只为一些看起来如此简单的事情，比如做一块面包。因此日记是一个理想的媒介。它是贯穿整个小说前三分之一的一个理想诱饵，让读者习惯这种充满细节的现实主义，笛福也因此闻名。

但日记并不是一个叙述长篇故事的便捷形式，尤其是当这个故事在同一个地方持续28年，大多数的日子都很相似，极少有一些值得记录的事情发生。因此，笛福只能通过确保可以最终抛弃日记的方法，才能在小说里提高日记的可信度。对这个问题，他的解决方式是把纸和墨一起归入像食物一样的消耗性物资中，但与面包和衣物不同的是，它们不能被替代。鲁滨孙在抵达荒岛的第一个纪念日就意识到了墨水的紧缺，在第四年墨水终于见底："前面已经提到过，我的墨水早就用完了，到最后，只剩下一点点。我就不断加点水进去，直到后来淡得写在纸上看不出字迹了。但我决心只要还有点墨水，就要把每月中发生特殊事件的日子记下来。"就这样，等到日记已经将真实性的暗示成功地渗透进小说之后，笛福就让它在变淡的墨水痕迹中逐渐消失。这个消失的故事也帮助这个小说在"选自××的文稿"这一模式中确定下来，赋予了它一个体系，来自荒岛的报道与在那里竖立的日历方柱联系在一起。它不仅将纸和墨融入小说的创作库中，还将这种资源的枯竭变成了一种有重大影响的力量——由于鲁滨孙要在岛上度过几十年，这也变得更有意义。笛福排除了《痴儿西木传》中所使用的方法，即引入纸的替代品。他没有让鲁滨孙想到类似用柠檬或其他水果制成的墨水在棕榈叶上继续写日记的主意。《鲁滨孙漂流记》中的记录工具——墨水、纸张的紧缺，决定了小说在叙事上的经济性。

第 六 章

易于察觉的排版

书信体小说对信纸的模仿

自 17 世纪晚期以来，纸作为传播媒介与邮政基础设施互相结合，促进了私人通信的兴起。随着识字率的提高以及邮政系统的逐渐稳定，私人信件成为书写日常生活的重要媒介。虽然从前也有关于家庭和情感话题的通信往来，但与商业、政治外交以及学术领域的信函相比，它们只占了很小一部分。克服空间距离所需的花费越高，沟通内容就必须越精确，才能值回邮费。若要使越来越多的人更加频繁地使用信件来讨论日常生活琐事，城际邮政体系的扩建和革新是前提，如 1680 年伦敦创办的"便士邮政"。只有当价格较为经济时，人们才会选择像对话一样使用信件，通过书面媒介来克服物理上的距离。近几十年来，人们更加重视书信文化中的物质层面，这或许与电子通信的兴起有关。根据最近的书信理论，重要的是"收信人手里拿到什么，而不仅是读到什么"。信件不仅是文字的载体，同时也是一种能够传递大量语言之外信息的物质实体。官方信件需要遵守的规则在私人信件中退居幕后，德国的公文语言也在克里斯蒂安·弗尔西特格特·盖勒特（Christian Fürchtegott Gellert）的《关于书信品位的实用指导》（*Praktischer Abhandlung von dem guten Geschmacke in Briefen*，1751）之后逐渐讲求自然朴实的风格。虽然使用头衔称呼的现象逐渐式微，但人们在写信过程中仍需要遵守一定的规则，写一封信也不是从动笔开始，而是从选择信纸和装饰开始。

德国学者乌尔里希·乔斯特（Ulrich Joost）以哥廷根的作家、实验物理学家格奥尔格·克里斯托夫·利希滕贝格为例，详细描述了这一过程。利希滕贝格使用的是一种制作非常精良的荷兰纸，其水印是一个带着邮车号角的蜜蜂箱，在特殊的场合他还会选择有金边的纸。如果没有将悼词写在带黑边的纸上，他会为此而道歉。买来的纸常常是没有裁切过的，如果不将其进行裁切，那就是不礼貌的行为。将略小于公文纸的手写对开纸对折后，可以将其变成两开四页。这样就有三页可以用来填写内容，而第四页则用于填写地址。信封在18世纪还不常见，写信的人一般通过巧妙的折叠技术，使人无法在不损坏漆印的情况下偷窥信的内容。人们可以通过漆印的颜色表示信件内容是令人开心（蓝色或黄色）还是悲伤（黑色）的。寄信人的信息是不会写在信件外部的，但纹章或花押字可以被用作寄信人的标识。

私人信件是一个待拆封的密封物品，它在18世纪成为一种情感的媒介。除了用来书写的墨水，信纸还可以（或真或假）浸了泪，也可以紧紧贴在胸口。如果不是用吸墨纸而是通过吸墨粉来吸干墨迹的话，把信件贴到唇边时还能感受到颗粒感。能够代表写信人的不只有他的笔迹，还有信件这一载体，它可以眼读手摸，可以口品鼻闻，手和笔、墨和纸，乃至心脏、头脑和灵魂都为此做出贡献。

在古代，如果人们因为空间上的分离或阻隔而无法直接对话，就会把信件作为对话的延续和替代。感性的书信文化中，人们讲求自然，提倡不受约束、偏口语的风格。但这种半对话的形式掩盖了书信根本性的悖论。它是一种将对话意图以独白形式展开的交流形式。即使写信人把收信人想象成一个能与自己交谈并做出回答的人物，能预料到收信人对自己所写内容的反应，书信与对话的相似性依然会受独白这一形式的限制。即使是在写信给朋友、爱人、心软的父亲或者背叛的知己这些极端情境中，收信人不在场仍是书信无法绕过的前提。写信的人，即使有人陪伴，也是孤独的。他没有与人对话，他在一张白纸上写字，不会被看不见的收信人打断。无论是从距离本身还是连接功能中，感性的书信都获得了两极之间的强度与张力：作为一种沟通的形式和写信人自我反思的媒介。通过独白这种形式，信纸成为一个展示亲密度和内在性的舞台。但18世纪的书信除了在语言风格及自我阐释方面与古代信件的联系之外，更为重要的是邮政系统的发展为其带来的新选择。通过这些新选择，书信媒介被重新定义。在通信往来迅速增多、书信体小说取得巨大成功的过程中，这一时刻的兴奋程度可与拉伯雷的作品在印刷机时代所见证的癫狂相媲美。

信纸在中产阶级的日常生活中成了一名家庭成员。策德勒（Johann Heinrich Zedler）在 1743 年的《大百科辞典》（*Universal-Lexicon*）中于"信"这一条目里明确提到："与古代的书写载体相比，纸使人们获得了写信的舒适感。"

随着书信变得越来越受欢迎，越来越不被社会排斥，书信写作跨越了作者身份的门槛。经常会有以副本形式传播的私人信件，在不知作者是谁的情况下就被印刷了出来。但这并不能消除书信写作与印刷机之间的距离。这涉及两个方面。一方面，自然主义的风格要求写信人要着眼于当下，而非在后世、印刷或作者身份上，否则就会影响自我表达与向收信人抒怀所带来的能量，而"真实"的信件依赖的正是这股能量。另一方面，如果信件要跨越手写稿与印刷稿之间的媒介门槛，只能牺牲所有与其作为一个"物理对象"相关的交流元素，这从根本上将信件与手稿区别开来。手稿的誊清稿旨在通过排版消除个人痕迹，将其转化成普遍可以阅读的、面向公众的文本。对于誊清稿来说，手写是非本质的，可以毫不吝惜地丢弃甚至销毁。而在书信中，手写则是本质的。写信人在信上打下的漆印代表着真实性，是要让收信人收到完好无损的信件。任何非收信人拆解信上的漆印，都破坏了这封信的私密性。但对印刷出来的信件而言，其收件人是匿名的，这就消除了书信对个人的排他性。这就是为什么书信在现代文献学的领域里成了一个编辑问题的原因：现代文献学将书信描述为物质实体，这就凸显了印刷所不能带来的特性。因此，原件复制本的使用就越来越多了。

书信的手写原件和其印刷版本之间无法消除的内部逻辑张力，并不是现今文献学的发现。它是由作者发现的，这些作者在18世纪使书信体小说成为愈加频繁的私人书信往来的共鸣空间，并让书信体小说和其他的虚构书信合集——"书信写作指南"平起平坐。书信体小说的作者总是把自己描绘成他所出版的信件集的编者，也面临着与现代文献学相同的问题。他们在印刷版面这一载体中展现自己的书信合集，但又必须透过这一载体创造出一种手写原件的印象，也就是小说所依据的虚构物质实体。即使读者识破了小说是出自编者的虚构，情况也是如此。作为最彻底的"选自××的文稿"模式的文学化塑造，书信体小说需要虚拟的手写信件合集，这并不只是为了制造文献的真实性，而主要是为了发挥美学的作用。现如今，18世纪作家如何通过丰富的想象力来完成这一任务，依然令人着迷，尤其是伟大的书信体小说先驱——英国作家塞缪尔·理查逊（Samuel Richardson），他同时也是一名印刷商，能充分利用自己丰富的字体排版知识，将印刷书页变成它所代表的虚拟信件的替代品。现在让我们看看理查逊那大篇幅、多视角的书信体小说《克拉丽莎》（Clarissa）的第三版。其第一版出版于1747—1748年。1751年第三版的书名是一个很好的例子，说明了编者是如何利用大量的手写信件来创造这部小说的。他向读者许诺，将给予他们超越原版的东西，"克拉丽莎，一位年轻女士的历史：理解私人生活中最重要的问题。共八卷。每一卷都增加了一个目录。第三版。其中许多段落和一些书信都来自原始手稿，在作品中穿插了丰富的道德和情感教育的集合，具有普遍的指导性和服务性"。

　　理查逊能创作出书信体小说，是由于他对"亲密书信"语言和风格的熟悉，以及对于邮政通讯的手续、写作时所用的装饰，以及折叠书信外形特征等方面的了解。理查逊的处女作是《帕梅拉》（*Pamela, or Virtue Rewarded*, 1740），其写作灵感源于他的书信写作指南《写给好朋友的信和替好朋友写的信》（*Familiar letters on Important Occasions*, 1741）中的一位年轻女士，她给身在外省的姐妹写信，描述自己在伦敦所遇到的事情，例如她如何抗拒蓄意纠缠的仰慕者（或者说引诱者）的追逐。而在《克拉丽莎》中，作者理查逊将女主人公置于大量写信人所编织的紧密之网中，她拒绝了家里安排的婚事，并逃到了伦敦，又在那里遭遇引诱者洛弗拉斯的暴力。如果将理查逊的《克拉丽莎》与他的仰慕者卢梭的书信体小说《新爱洛伊丝》（*la Nouvelle Héloise*, 1761）进行对比，那么读者便可以对雪片般的书信有一定的感受，小说人物就诞生于其中。在卢梭的小说中，男主人公的 263 封信前后跨越了 13 年，而在理查逊的小说里，537 封信的传递却仅仅花了一年的时间。这些往来的信件——其中许多不仅注明了日期，甚至还精确到了一天中的某个小时，甚至是写作时的时间——如若没有伦敦便士邮政，这一切的书信往来就无法实现。便士邮政的投递站遍布整个城市，每天的投递量高达 12 次。

　　与此同时，《克拉丽莎》中也有大量书信，因为在这里，像在卢梭的小说以及肖德洛·德·拉克洛（Choderlos de Laclos）的《危险的关系》（*Liaisons Dangereuses*, 1782）中一样，写信不再受到空间分隔的限制。有时候通信双方的距离十分相近，甚至完全可以见面交谈。但是他们却选择写信，这不仅仅是出于外部条件局限而不能对话的原因，也是由于心灵的需求，于是双方将交流转移到不受对话者身体所牵绊的层面上。信纸之上衍生出一种空间，在这其中，人们可以写下那些难以启齿的话语。

表露爱意尤其如此。如果是当面说出，《危险的关系》中的梅尔特伊夫人便不可能不打断瓦尔蒙的表白。但是她却可以从头至尾读完他的信笺，虽然总是私下里偷偷读。哈洛宅邸——《克拉丽莎》女主人公父母的房子、整部小说的主舞台，也完全符合这种内在隔离远远高于外在隔离的规则。这是一个关着门的世界，即使有时门半开着，其间的谈话在克莱丽莎到场时也会中断。她与家人的争吵促使她与自己的亲人们通信，虽然他们都是在同一个屋檐下生活。当被禁闭在自己的房间里，钥匙也被没收时，她唯有在自己的"小房间"里写信，这既是自我的退居之地，也是发展自我的空间。那源源不断的信笺先是从"小房间"中流出去，之后又从她被洛弗拉斯囚禁的房间中流淌而出，在她周身环绕流通，几乎成了小说《克拉丽莎》中拟人化的角色。有如现代文献学家一般的理查逊不仅将书信作为文本来讲述，也将其作为物质实体来看待，他的小说因此也成为书信体小说的典范。他不仅在书信中讲述故事，而且讲述关于书信本身的故事，总是将人物所写的东西嵌入他们进行写作的情境中。在安娜·豪伊写给克拉丽莎的信末，有多少次都补了一句充满疲惫的"我写了一整夜"作为后记啊！人物角色多少次提到自己由于情感迸发而不得不搁下羽毛笔，甚至到了手握不住笔杆的程度！他们多少次在信中反思自己的迷惘、恐惧或者匆忙！多少次抄写某些书信并折叠插入另一些书信之中，以便能够在最狭小的空间中相互评论。克拉丽莎以警惕的目光在她的母亲简短的信件里找寻证据，来证明自己的猜想——母亲并不愿意对她如此严厉。她从纸上发现的泪痕中嗅到了蛛丝马迹："我收到了一张打开的纸条作为回复，但是上面有一个地方是湿的。我吻了这里一下；我确信它是浸湿了的，我几乎可以说，那是妈妈的眼泪！——这位亲爱的女士一定是很不情愿地（我希望是这样）写下了这封信。"克拉丽莎将这些以及其他的相关证据都附在写给安娜·豪伊的一封信中，证明自己与家庭的不和，而理查逊将这封信作为他最为复杂的设计，目的是令这部通过字体排印技术印刷的小说能够接近原始手稿的模样。他在这份书信合集中插入了野心勃勃的羽管键琴表演者克拉丽莎自己改编配乐的《智慧颂歌》，并将其制作成了可以打开的乐谱页。读者在其中可以看到，这首颂歌的文本是克拉丽莎手迹的复制版。这一设计极为复杂，不仅因为乐谱纸尺寸特殊而十分昂贵，也因为必须要给印刷的手写体制作特殊的活字。为了能让读者尽早目睹克拉丽莎的手迹，理查逊并不觉得破费，她字迹的魅力在小说中经常被提及，甚至在其死后也是如此。

仅仅通过排印技巧，理查逊无法达到与18世纪的错视画（trompes l'oeil）和视觉陷阱中那种虚幻现实主义相匹敌的程度，无法让打开或折叠的书信、票据、遗嘱和报纸触手可及，但理查逊竭尽所能，通过使用斜体字和破折号来打破这部小说的印刷一致性。他时常提及信纸的原貌、手写体的字迹及其在纸张上的分布，正如在克拉丽莎去世后，安娜·豪伊所写的："我看到了一份非常感人的备忘录，它写在纸的最边缘，那样一支精致的笔，握在那可爱小家伙小巧的手上，这样的信我之前从没有见到过……"

到了小说的高潮处，在女主人公被玷污之后，理查逊全力利用字体排印技术对原始手稿进行了虚拟解剖。第十份，也是最后一份"疯狂的信件"以断简残篇的形式映入读者的眼帘，这仿佛是克拉丽莎在恍惚的精神状态下所写的，她将信撕碎，当成废纸丢弃在桌子下面。读者必须转动书本，才能够阅读竖向印刷或者斜体的片段，在这些片段中，女主人公失去了自己的语言，只能引用奥特韦（Otway）的《威尼斯得免于难》（*Venice Preserved*）、德莱顿（Dryden）的《俄狄浦斯》（*Ödipus*），或者莎士比亚的《哈姆雷特》，以此来抱怨命运的不公。理查逊将字体排印技术纳入书信体小说的审美策略之中：让读者可以透过书页感知到在书名中便有提示但实际并不存在的原始手稿。不久之后，克拉丽莎便写下了遗嘱，但不是用墨水写的，而是用黑色丝线刺绣在单独的一张纸上。也因此，她为18世纪书信文化的核心主旨加入了最后的、戏剧化的转折，女性作者的形象中延伸出了一幅刺绣的墓志铭，她对羽毛笔的操控像用针一样灵活精湛。

劳伦斯·斯特恩、直线和大理石花纹纸

在劳伦斯·斯特恩（Laurence Sterne）的小说《项狄传》[1]（*Tristram Shandy*）中，叙事分为两条相互竞争的主线进行，读起来令人非常享受。作者的爱好之一就是在直线与非直线——凸起的、间断的、曲折的，等等——之间来回奔跑。作者一会儿以曲线描绘下士特灵，当他朗读一份布道手稿时，走的正好是威廉·荷加斯（William Hogarth）的美学线条[2]。一会儿作者又声称，自己从一位写作大师那里借来了尺子，用来画一条由印刷商在他的书页上设定的直线。当他引用神学教义宣称基督徒走的路应该是直线，或者引用西塞罗将直线理解为"道德正义的象征"时，并非是在自说自话。直到他在第六卷中借助木雕术绘制了锯齿形、环形、条纹的线条，"我在第一、二、三和四卷中进行的锯齿线条"，至此我们才清楚，这位作家自始至终都致力于回避直线，不论在美学、哲学、道德还是在字体排印方面。因为在第一卷中，作者已经阐明，对于历史学家而言，

---

[1]　《项狄传》的全名是《绅士特里斯舛·项狄的生平与见解》。
[2]　即蛇形线，威廉·荷加斯在《美的分析》中提出了"蛇形线赋予美最大的魅力"这一命题。

他们无法像骡夫赶骡子一样把他的历史"一直朝前赶"[1]，这从道理上说是不可能的，"因为，如果他是个胆小如鼠的人，一路走去，他会把直道偏离五十回"。特里斯舛·项狄从一开始就坚信这一准则。于是他变成了不断跑题和暂停的作者，其叙述中充满了各式各样的离题内容，拒绝以最短的路径从 A 走到 B。由于接二连三的离题，主人公迟迟未能出场，读者才渐渐开始明白为何这本关于出生和繁衍的书只能通过不断偏离直线来讲述：因为在对贺拉斯的诗句"mors ultima linea rerum"（死亡是人类的最终归宿）的独特阐释中，直线即代表死亡。

　　与塞缪尔·理查逊相同的是，劳伦斯·斯特恩也将字体排印技术加入叙述策略的运用之中。如果说理查逊认为重要的是让缺失的信纸在印刷书本中以虚拟的方式呈现出来，那么斯特恩则侧重于在印刷书本中掩盖作者的缺席。一方面，他不满足于总是插入那种写作场景——削尖羽毛笔，蘸笔，墨迹散落于房间中；另一方面，他也不满足于让项狄以浮夸的口吻与读者闲聊。此外，他一丝不苟地监督印刷过程，以确保没有过短或过长的破折号，没有斜体，没有线条，不论直线还是锯齿线。通过打破字体排印的线性与同一性，《项狄传》在美学策略和物质实体两个层面，都打破了印刷书籍的常规范畴。

　　斯特恩把自己的书定位于叙事艺术与排印技术刚开始互相交融的早期实验中，并且让项狄唤醒"我亲爱的拉伯雷与更加亲爱的塞万提斯的骨灰"。但是，在美学与非线性字体排印二者

---

[1]　本书有关《项狄传》的译文皆摘自蒲隆译本，译林出版社2006年版。

的复杂连接上，他在那个时代算是先锋。他利用了印刷技术所能提供的一切方案，这其中也包含在印刷书本中加入特殊页。那些阅读乔纳森·斯威夫特[1]、塞缪尔·理查逊或者亨利·菲尔丁[2]作品的读者会关注到印刷小说的视觉设计，而这种方法此时仍处于起步阶段。

《项狄传》中包含了一张约里克的黑色墓志铭、一张留给寡妇沃德曼肖像画的白页，以及一张著名的大理石花纹纸，[3]项狄不止一次声称，这是"我的著作的杂色标记"。这三张纸都打断了文字的连续性。第一张浸透了印刷油墨，第二张明显没有印刷痕迹，第三张十分奢侈地在双面都印上了大理石纹路。这三张纸并不是供人阅读的，而是用来观赏的。它们不仅仅是行文的中断，也是对文本的超越。"哀哉，可怜的约里克"这句话在文中出现了两次，作为"墓志铭，又是他的挽歌"刻在已故的约里克墓前朴素的大理石碑上。首先，这句话作为墓志铭被排印到一个黑框里，接下来的一页全是黑色，似乎是一封覆盖了整页的黑边讣告，这可能会让人想起墓碑，但也恰恰是因为缺少碑文而格外引人注目。斯特恩以这样的方式将约里克置于莎士比亚《哈姆雷特》的回音室中，"余下的只有沉默"。

黑色的纸页相对于普通的印刷页面需要耗费数倍的印刷油

---

[1]　乔纳森·斯威夫特（Jonathan Swift，1667—1745），爱尔兰作家、政论家，代表作为《格列佛游记》。
[2]　亨利·菲尔丁（Henry Fielding，1707—1754），18世纪杰出的英国小说家、戏剧家，与笛福、塞缪尔·理查逊并称为英国现代小说的三大奠基人。
[3]　这些页面设计在《项狄传》的中文版中也得到了保留。

墨，才能实现一张空页的效果。而在肖像画的那张白页上，斯特恩以较少的印刷耗材实现了类似的效果。他加入这张白页，目的似乎是要向读者展现寡妇沃德曼是这个世界上最具诱惑力的女人，脱庇叔叔的爱情故事围绕着她而诞生，"认为这是正确的，——需要诉诸笔墨——这里纸已经凑手。——坐下，先生，在您的脑海里把她画下来——尽可能地画得像您的情妇——只要您的良心允许，尽量不要像您的妻子——这对我全是一码事——只是要把您自己的想象画进去"。正如黑页超越了墓志铭的所有文字以及小说的文本一样，白页则超越了书的插画。斯特恩请到了杰出的图书插画与雕刻家西蒙·弗朗索瓦·拉维内特（Simon François Ravenet）根据威廉·荷加斯的一幅画刻画了这本书的卷首插画。但在向读者展现寡妇沃德曼的形象这件事上，视觉艺术是无能为力的，更不用说用文字来描述了。或许斯特恩知道，理查逊拒绝了荷加斯为他的《帕梅拉》提供的两张画作，理查逊声明：一位读者写信给他，说自己非常小心地守护着内心帕梅拉的形象，以至于害怕所有那些声称与她样貌相似的插图。他一定清楚白纸所赋予的潜力，也了解在书籍中插入空白纸页的方法。在1732年11月30日乔纳森·斯威夫特生日那天，奥勒里伯爵（Earl of Orrery）送给他一本全是白页的精装书册，并附上一首诗，以此影射约翰·洛克的著名比喻[1]，并希望斯威夫特在这一"白板"（rasa tabula）上写下讽刺这个时

---

[1] 即洛克的"白板说"，认为人出生时心灵像白纸或白板一样，人的一切观念和知识都是外界事物在白纸或白板上留下的痕迹，最终都源于外部经验和内省的经验。参见本书第四章《白纸》一节。

代的文章。但是，斯威夫特并没有应承这个创作请求，并且声明他不会在上面写东西。斯特恩也许知道，他的读者与斯威夫特一样，会拒绝递到他们手里的笔墨。他为读者提供的空白空间并非"交互"文学的先例。这个空白空间并不等待有人写上什么文字或者画上图画，而是意味着邀请读者一起发挥想象力与理解力去迎接小说带来的挑战。

白色页面与黑色页面虽然打破了连贯的行文，但却忠实于其美学原则：给出谜语。比白纸与黑纸更加清晰、更加奢侈的是那张大理石花纹纸，其本身就是一个谜语。它在小说中出现得很突然，正好是总结项狄父亲关于长鼻子的论文概述，被谁是"蒂巴儿的母马"的问题打断时。即便读者不知道"蒂巴儿"在俗语中指的是男性生殖器，也不了解斯特恩关于母马的离题讲述其实是引用了拉伯雷的《巨人传》当中的一段粗鄙文字，也能够揣测到小说在这里一定是用了双关语。那个以"蒂巴儿的母马"来开启的谜语，却仅仅是大理石花纹纸上所指向的谜语的前奏。

读读书吧，读读书吧，读读书吧，我的不学无术的读者！——读读书吧，——或者借助于大圣人帕拉雷波朦胧的知识，——我事先告诉你，你最好马上把书扔掉；如果不博览群书，这句话阁下明白我指的是学识渊博，您就不能参透下一张大理石花纹纸（我的著作的杂色标记！）上的寓意，就好比全世界运用它所有的洞察力也无法理清神秘地隐藏在那张黑纸的黑面纱后面的诸多见解、事务和真情一样。

除此之外，斯特恩在小说中再未如此向读者的智慧发出挑战。他顺带提起约里克的墓碑，也就是我们先前提到的黑色页面，他还偷偷告诉读者，那也许并非象征着由死亡造成的言语局限，也不是代表沉默的图像，而仅仅是持续不断的文字前的一块帷幕。一瞬间，他仿佛想要将大理石花纹纸诠释为与黑色页面同类型的谜语。但是，即便读者确实认为自己能够以渊博的学识理解黑色页面的内涵，在第一眼看到大理石花纹纸时也会明白，这一页明显偏离了"读读书吧，读读书吧，读读书吧，我的不学无术的读者！"这一命令。从更加根本的意义上来看，它和黑色及白色页面一样都是不可读的。就如同理查逊的《克拉丽莎》通过折叠的《智慧颂歌》乐谱页来打断叙事一样，小说通过大理石花纹纸让叙事被来自另一个世界的元素所打断。或者更佳的说法是：被一个正常而言从《项狄传》里找不到的元素所打断。因为大理石印花纸是一种装饰纸，一般用于装饰书籍封面或者用作扉页纸。而当时读者所买的书是没有装订的，需要按照他们自己的品位来装订，于是大理石印花纸便属于书籍装订者而非作者的业务范畴，是属于文本以外的世界，而非文本之中。将它从原来所在之处分离出来，其实是极为奢侈的，"为打造这一稀罕物件，必须将空白的一页纸折叠，浸入按照'土耳其式'的染池里，再晾干，之后再一次在另一页纸上印上大理石纹理，再晾干，印上页码，在从书芯中剪下的一页纸的边缘，手工缝上或者粘贴上"。

斯特恩为读者设定了双重任务，他要求将故意在小说中间插入的大理石花纹纸当作整部作品的象征来理解。因为一方面，这样一种充满脉络与斑纹的彩页如何能承担起象征作为语言集合的小说的任务，这很令人费解。另一方面，如果人们将它看作小说独特的字体排印计划的一部分，就会引出一个问题：这张引人注目的纸究竟意味着什么。第二个问题所涉及的，是这一大理石花纹纸打破了一致性与连续性。它将1763年印刷的《项狄传》第三卷第一版的4000本书全部变作独特的版本。因此，斯特恩要求将大理石花纹页看作整部作品的"杂色标记"这一要求是一种悖论。如果遵照这一要求，那么对于一本在文字和物理形式上都相同的小说来说，就必须有4000种不同的标记。那么，这种标记就仅仅在于所有的大理石花纹纸都具有大理石花纹纸的特征。这个与小说的美学原则相关联的共性，不存在于特定的颜色或斑点分布中，而是存在于制造所有大理石花纹纸的生产过程："将颜料滴在潮湿的纸基上，让颜色扩散开来，形成岛屿；然后在上面用一个梳形工具控制颜料的走向，并且最终形成合适的花纹。以这张纸为基准做出一份拓本，之后的每一个拓本都形成了有细微差别的图像。"大理石印花纸的美学原则是以牺牲线条为代价的色彩运用。1759年，第一版《项狄传》出版，正值画家亚历山大·柯岑斯（Alexander Cozens）的"泼墨法"（blots）画作首次问世。其中，抽象的颜色斑点和结构，那种"泼墨"，是创作诸如树、云与山脉风景画的新方法的起点。"偶然的创作，带一点设计"——柯岑斯关于"泼墨"的创作方法也适合大理石花纹纸。在这里也没有绘图之手来先画出轮廓线。所有古典艺术理论的核心概念——轮廓，被轻微控制的、随意的色彩流所覆盖。狄德罗（Diderot）与达朗贝尔（d'Alembert）主编的《百科全书》在词条"大理石花纹纸"中的描述也证明了这点，词条描述了在颜色的分散与梳形工具均匀运动中，如何产生了那种为大理石花纹纸赋予特殊美感的"云朵"和"波浪"。

　　以今天的视角来看，我们不可能将大理石花纹纸理解为抽象画的开端，这样一种艺术形式对斯特恩时代的读者来说也不存在。读者们大概会在大理石花纹纸那一页感受到那种扉页纸的高贵。通过色彩页面打断白纸黑字的印刷，这张色彩纸上没有印刷文字，也不讲求线性的字体排印，也因此将那种对离题讲述和抗拒直线的热衷升级成为对作者身份的否认。至少有一位读者因为这个无解之谜而对斯特恩及其主人公愤愤不已。当他读到1768年（即斯特恩逝世那年）出版的《项狄传》新版时，愤怒地在大理石花纹页的边缘写下了这句话："特里斯舛·项狄先生也许最好投身写作，而非将一张大理石花纹纸页传递给这个世界。"

印刷品的碎片化：让·保尔、利希滕贝格和摘录

小说作家极少会对书的外形进行奢侈的改装。在18世纪塞缪尔·理查逊与劳伦斯·斯特恩之间的几十年间，这种做法就达到了顶点，其目的似乎主要集中于向读者展现小说这一尚且新颖的形式所具有的可能性与多样化的魅力。但就文本本身而言，手稿与印刷之间的张力——早期已被当作一种美学资源——还在不断地被更具创造性的方式所使用。"选自××的文稿"的模式，在历史和政治领域的真实文件中得到了测试，并成为小说作品最受欢迎的书名之一。其中，弗里德里希·海因里希·雅各比（Friedrich Heinrich Jacobis）的《爱德华·奥威的文稿》（*Aus Eduard Allwills Papieren*, 1776）或者席勒的《招魂唤鬼者，源自 O** 伯爵的文稿》（*Geisterseher. Aus den Papieren des Grafen von O***, 1787—1798）似乎还在暗示作品是基于真实的遗稿完成的。让·保尔的讽刺作品《魔鬼文稿选录》（*Auswahl aus des teufels Papieren*, 1789）却并非如此。让·保尔试图展现，不仅是想象力促生了编者虚构作品的材料，文学本身真实的发展以及不断增长的识字率也对此贡献良多。未装订的纸对于日常生活的渗透越深入，就会有越多的选择——谁，以怎样的方式，出于何种目的，在何种纸上面写下了什么，要求印刷什么或者不印什么。

那条连接拉伯雷，经过塞万提斯和斯特恩，再到让·保尔的线，如果称其为直线，似乎是一种悖论。但这条线确实存在，并有一系列的分支，其中印刷文字的源头可以追溯到手稿

的世界。创作这些手稿的写作场景获得了一种空间上的深度，其细节与装饰也逐渐丰富，这些都是文学市场发展的结果。在让·保尔的《菲伯尔的一生》（*Leben Fibels, des Verfassers der Bienrodischen Fibel, 1811*）中，一个受洗的犹太人承续了《堂·吉诃德》中卖掉希德·哈梅特·贝内恩赫利手稿的摩尔小男孩的角色。托莱多的市场已经是一个庞大的交易网络，买卖手稿、空白书皮、散书页，有些人对"珍贵的大理石花纹纸卷"十分感兴趣，也有的人作为"材料挖掘者"仅仅关注"内容（纸）"。书壳被拆下，书芯被拆散，准备用来糊窗、做稻草人、当厕纸，而本书的叙述者终于找到了他要找的东西，菲伯尔印刷版传记的扉页和剩余的书页，第一卷——作为向特里斯舛·项狄的致敬——"包含了子宫内完全相同的个体的命运"。通过这一"历史源泉的废墟"，他在主人公的出生地寻找尚存的手写"传记纸片"，并且在"咖啡袋""包鱼纸""引火纸""椅套""纸风筝以及其他能飞的纸页"中有所发现。从这些"散落在纸屑中的自传"的断简残篇中，叙述者接下来并没有仅仅拼凑出菲伯尔的生平，而是同时讲述了手稿诞生与印刷的过程。在这里，就像让·保尔常常运用的方法一样，"选自××的文稿"这一模式并非指向遗留的信件和日记，而是对学者传记的戏仿。在《菲伯尔的一生》中，他将一个重要的识字媒介（Fibel，在德语中的意思是"初级课本"）转化成一个作者的形象，他的作品被用来编纂大量的书目。在《昆图斯·菲克斯莱因的一生，源自十五个纸条箱，包括必要部分及一些浓缩料》（*Leben des Quintus*

Fixlein, aus funfzehn Zettelkästen gezogen; nebst einem Mußteil und einigen Jus de tablette, 1795—1796）一书中，书名就确定无疑地展现了学者的日常实践将在其中扮演主要角色。

德语文学的古典浪漫时期因其创作天才（Originalgenie）而闻名。这是诗歌与知识融合的时期。其中所包含的内容——以让·保尔为例——是纸张时代知识大生产的文化技术的诗性清单。其中也包括纸条箱，这在《昆图斯·菲克斯莱因的一生》中不仅在副书名里出现过，而且在每一章的标题中都出现过。主人公与他的作者完全一样，将文学史"置于比世界与君王史高几寸的位置上"，将自己的生平故事分割放入纸条箱里，从母亲向他讲述的孩提时代开始："这是他童年往事的观点速写，他并没有将其写在引起我们注意的纸上。因为他将这些包含着他的童年情景、行为、游戏的纸张按照时间顺序排列，装入单独的抽屉中，他将自己的生平叙述分成不同的纸条箱，就如莫泽尔区分他发表作品所用的材料一样。"

这里提到的莫泽尔，是法律学者约翰·雅各比·莫泽尔（Johann Jacob Moser），他在自己的作品《办公厅工作人员与学者在文件索引、摘录、登记簿和未来著作在收集方面的优势》（*Vortheile vor Canzleyverwandte und Gelehrte in Absicht auf Ak-ten-Verzeichnisse, Auszüge und Register, desgleichen auf Sammlungen zu künfftigen Schriften*, 1773）中，详细阐述了他惯用的管理"纸条箱"的方法。这是一个长期书写传统的一部分，证明了"从手稿到印刷"这一范式反过来也是正确的：印刷稿与装订稿向未印刷稿与零散文稿持续不断的回溯。这一回溯可以用来描述做摘录的过程。

就像纸质书信文化的某些特征只有在电子邮件和手机短信的视角下才会变得更加明显，从数字信息处理的角度来研究复式记账法会有些便利一样，通过将摘录与它们的数字后代——下载技术进行比较，我们可以更好地了解摘录的程序和技术。但与其他情形一样，直接类比并不能有什么帮助，强调差异才会有所收获。著名的格言大师、摘录怀疑者格奥尔格·克里斯托夫·利希滕贝格（Georg Christoph Lichteubergs）的一句名言对此做了清楚的论述："他在不断地摘录，所有他读到的所有东西都穿过他的脑海，从一本书流到另一本书里。"这意味着，摘录仅仅是触发一个控制开关，将他的数据集重新格式化，信息只是经过其中，而没有留下任何痕迹。这种绕过意识、不假思索的体验，在下载过程中要比在摘录过程更容易实现，下载存储的信息也许永远不会被读取，而做摘录时则很难将意识从手、眼与头脑的集合中分离开来。这是由于在摘录过程中，即使是决定了在哪本书或杂志里进行摘录，之后还必须不断地连续做出选择。因为摘录不同于复制，它还产生了"摘选"。利希滕贝格的怀疑是针对过度博学引发的囤积冲动——导致成为"摘录储存箱"——以及反对接收程序的自动化与增殖，与想象力和理解力的有效结合相对比："对于大多数人而言，一项消解全部思考力的活动就是汇编整理，以及收集摘录。"

然而，仅仅把摘录作为一种在"精神储存箱"里填充非生产性思维的接受性记忆法，这样的描述并不充分。不仅是在约翰·雅各比·莫泽尔的作品中，即使是在策德勒《大百科辞典》中对于"摘录"的定义（完全围绕着记忆法），都可以看到摘录技术是如何逆转信息流对立的两极，并将其转化为生产能量的，"摘录是一种学术性的实践，人们从阅读的内容中进行选摘，并以最好的方式将其储存在记忆中，目的是在合适的时间再次找到并且使用它们"。因此，在这条释义之后，紧接着的就是在合适的时间进行检索的适当方法，这并非偶然，"一些人会准备一个纸册子，用来收集相关内容，熟悉这个册子的结构之后，再把从其他书中找到的相关内容记在上面"。

在过去几十年里，重要作家的摘录本受到关注和研究，摘录的催化作用就变得愈发明显。而摘录并非局限于转化成信息的知识储备。因为它可以促进作家的语言、风格和概念的创造能力。"高贵的单纯与静穆的伟大"（edle Einfalt und stille Größe）这一名言就可以追溯到约翰·约阿辛·温克尔曼（Johann Joachim Winckelmann）旁征博引的摘录本，是将从英国和法国古典主义吸纳而来的概念进行强调、区分和德语化的产物。

由于其催化作用，摘录从一开始就伴随着这样的问题：哪些方法最适合整理与保存摘录？这一问题对学者和进行复式记账的商人而言并无不同。在这两种情况下，越来越多的数据流必须存储和组织在一个可读网格上，而不必消耗过多的纸张。这两种情况都无法避免重组或复制最初记录的数据。尽管利希滕贝格对于过度摘录表现出深度的怀疑，但他还是将复式记账法作为一种管理他在草稿簿中记录的思想与观察的有效模式：
"商人有流水账。他们在里面日复一日记录着卖掉和买进的东
西，一切都杂乱无序，不成章法，而如果写进分类账中的话，
一切就变得更加有体系，最终进入总账之中，按照意大利人的
模式进行记账。在总账里，对每个人都进行结算，首先是作为
债务人，然后是作为债权人。这值得学者们效仿。我首先在一
本册子里写尽所有我看到的或想到的东西，然后这些内容又可
以被写进另一个把材料整理得更加有序整齐的册子里……"

　　摘录本或笔记本既可以按照时间顺序填写，然后附上索引，
也可以事先分好不同的部分，然后再填充摘录内容。与此同时，
自瑞士博物学者、目录学家康拉德·格斯纳（Conrad Gesner）的
《世界书目》（Katalysator, 1545—1548）问世开始，人们就一直
试图保持摘录的可移动性、可编排性，并且只是暂时将其固定，
而非永久地固定在一个稳定的组织结构内。即使这些摘录最终
会出现在另一本手写书稿中，但这些尝试的目的也是创造另一
个摘录本的替代品。他们关注的核心是纸条。在格斯纳那里，
纸条是用剪刀裁剪的，他在高质量的纸张上随意写下值得注意
的东西，然后用剪刀将其裁剪开来。在格斯纳和他的通讯员看
来，引入剪刀来做摘录，也意味着剪裁书信和书本。这些零碎
的纸条只是暂时通过图钉或者可溶性胶水固定，一旦找到组织
结构，就可以将它们永久储存和保留在其中。汉堡学者文森特
斯·普拉齐乌斯（Vincentus Placcius）写于 1689 年的论文《摘抄
的艺术》（De Arte Excerpandi. Vom gelehrten Buchhalten）中有一

张插图，上面画了一个巨大的摘录柜，纸条可以挂在其中的图钉上永久保存。书本的孤立性与纸条的自由性之间的两极差异在这里体现得很明显，在后世学者和作家的家具中也有体现。图书馆的固定书架与橱柜、书桌，特别是"文书"中的许多可移动元素形成鲜明对比。直到今天，抽屉仍然是存放散乱纸张的优选。除了学者的研究之外，在物品的领域，所有自18世纪以来进行的尝试，都是想创造一个不呈现为书册形式、最终以抽屉柜为结束的收藏目录。这里同样也是散乱纸条的实验场。

因此，在这些实验中，来自纸张世界的老熟人——纸牌，如今作为图书管理的必需品再度出现，而它在14世纪与学问没有什么关系。在1775年的法国，神父德·罗齐尔（Abbé de Rozier）受皇家科学院之托，为该学院自1666年成立起至1770年间出版的所有作品编写一个总目，他使用了纸牌未印刷的一面来记录作品标题。这并不仅因为纸牌具有标准的格式，也由于它们是由多层胶合的卡纸制成，是非常稳定的书写材料。正如1780年维也纳宫廷图书馆的目录编纂一样，这些纸牌是索引卡片的前身。

让·保尔在他的文学作品中运用了纸条箱的概念，并且在他叙述性的诗歌里，将零散纸条的可移动性和可编排性提升为美学的原则。他从学生时代就已开始收集摘录素材，最终收集了110卷带有编号的书册，他将其作为一个手写材料的图书馆。这对他而言取代了通常意义的图书馆。在1816—1817年的《备忘录》（Merkblättern）中，他曾写道："作为一个作者和一个老人，我如今阅读我的摘录比阅读新的书籍收获更丰。"这段评论的主旨并非仅仅关乎阅读，也同样关乎写作。当让·保尔谈起他的摘录图书馆时，他说就算是拿"收藏了20万卷书的图书馆"来，他也不会交换，这自然是有充分理由的。摘录图书馆对他而言不是巴洛克式的珍宝室（Wunderkammer），里面装满了干巴巴的阅读心得，而是他作品的动力源，是印刷与非印刷材料的轮换地带。这一轮换深受一种现代性的矛盾所影响。矛盾产生的原因在于，让·保尔曾经是，也想要当一个出版印刷作品的作家，但是他的创作却同时依赖于对印刷稿的那种明确性的持续反抗。他将摘录与手稿的空间作为一个可选择的领域，至少要将其中的开放性与无止境性从定稿的印刷页面中拯救出来。

摘录图书馆比印刷书籍图书馆更受重视，标志着一种作者的产生，让·保尔作为可选择领域的游击者，在印刷品的世界活动。通过编制目录索引，通过抄写摘录的行为来消除其与原始来源的联系，并产生了让·保尔反复阅读的手写书册，这是一种巨大的创作库，当他将比较的艺术与令人惊讶的类比置于他矛盾的作者身份核心之时，便可以从这个创作库中汲取养分。

让·保尔详细地引用了迈克尔·丹尼斯（Michael Denis）的《图书学入门》（*Einführung in die Bücherkun- de*, 1777），丹尼斯创作了《维也纳地区蝴蝶的索引目录》（*Systematisches Verzeichnis der Schmetterlinge der Wienergegend*, 1776），他同时还是维也纳宫廷图书馆编目时期的管理员。丹尼斯是让·保尔文学作品中有关书籍物理形态知识的无数来源之一。从他的摘录图书馆中可以整理出一小册有关纸张的摘录："书商常常以纸的名义来把禁书带入国内""600公担破布能生产出3000令纸"。1782年，当约翰·伊曼纽尔·布雷特科普夫出版了关于布浆纸起源的著作时，让·保尔记录道："纸牌是书籍印刷艺术的先行者。"

如果没有如此细致地观察纸牌，并把它们——就像《昆图斯·菲克斯莱因的一生》所体现的——作为生命的隐喻，让·保尔便不是让·保尔了："正是在早晨与夜晚，甚至是在青年与老年（生命的黎明和黄昏），一个人抬起他的头，满怀梦想和激情，对着宁静的天空长久地注目，渴望着，渴望着！与此相反，在一生和一天炎热的中间，他满是汗珠的额头对着大地，对着块茎和球根植物。就像一张纸牌的中间部分是由废纸制作的，只有最外面的两层是精品纸……"

第 三 部 分

大举扩张

第 七 章
造　纸　机

造纸过程的机械化

　　为了给狄德罗和达朗贝尔的《百科全书》撰写"造纸术"这一词条，路易斯-雅克·古斯易（Louis-Jacques Goussier）在距巴黎以南一百多公里的蒙塔日城朗格莱区内的一家造纸工坊待了六周。这只是他造访的众多机械化造纸厂之一。古斯易是插图师和雕刻师，他是《百科全书》众多插图最主要的贡献者。在绘制插图之外，他偶尔也会撰写词条，其中包含了有关机器及工作流程的详细描述，并附有大量插图作为指示说明。只有搭配插图一起看，读者才能完全理解词条的含义。这一点在词条"泵"上体现无疑，为了撰写这个词条，他曾造访过位于布列塔尼地区蓬佩昂的铅矿。1765年发表的词条"造纸术"亦是如此。两者都充分贯彻了狄德罗编制《百科全书》的理念，即将文字描述与插图紧密结合在一起。狄德罗还将这一理念写进了《百科全书》的招股书中。

　　古斯易撰写词条的工作方法近似于新闻报道，包含了图片报道的元素。虽然所学的专业是物理数学，但他并不是造纸专家，也不精通泵的机械原理，但这并不影响他成为描述它们的行家。他在词条中介绍了造纸的生产流程，从破布的收集整理到烘干、上胶及储存等各项步骤。不仅如此，古斯易还以插图的方式呈现了蒙塔日造纸厂的概览，读者仿佛身临其境，大量细节呈现在眼前，近代早期的造纸工艺跃然纸上，甚至可以在插图中看到蒙塔日妇女和儿童处理破布的场景。古斯易之所以能够将重心放在机械造纸术的详细描述上，得益于他撰写的词条中并不需要涉及造纸术的历史，包括其在中国和埃及的起源以及之后传入欧洲的过程，也不需要说明不同的纸张类型，如包装纸、大理石花纹纸等，这些内容都被归纳进词条"纸"中，由谢瓦利埃·德·若古（Chevalier de Jaucourt）撰写，他是这部《百科全书》的编辑，同时也是最重要的撰稿人之一。

通过这样的方式细化词条，不仅是由于 18 世纪关于纸的知识大量增加，也是考虑到当时人们对于这些知识进行整理和表述的趋势：关于当代纸张制作工艺的内容采用实地观察的方法，并做技术性的描述，而有关纸的发展历史则采用历史学和文献学的叙述方式呈现，两者逐渐分化。相比这本由民间发起、私人资助、新一代知识分子领衔的《百科全书》，法国政府自 17 世纪末起开始整理汇编的文献《机械艺术》（arts mécaniques）更是走在前面。在法国重要的政治活动家让·巴蒂斯特·科尔贝（Jean-Baptiste Colbert）的提议下，《机械艺术》的汇编成了 1666 年成立的法国皇家科学院最主要的任务之一。基于皇家科学院在法国各地区的调查，天文学家、科学院院士杰罗姆·拉朗德（Jerôme Lalande）于 1761 年发表了论文《造纸的艺术》，比古斯易完成《百科全书》中的"造纸术"词条早了四年。拉朗德在其论文中也详细介绍了造纸的工艺流程，也同样将蒙塔日城朗格莱区的造纸厂作为样板，而且，插图也同样是这篇论文中不可或缺的组成部分。但与古斯易选择近距离观察不同，拉朗德则后退一步，对科学知识如何渗透进纸张的生产过程进行了更全面的考察。拉朗德在论文中阐释了使用某些特定造纸方法的原因，介绍了多个造纸工厂，囊括了当时法国造纸产业的各种生产模式。更重要的是，他把这些造纸厂理解为企业，通过列举成本（原材料、工具、人工费等）和销售收入，拉朗德得出结论：只要经营得当，造纸完全是一个有利可图的产业。

很多造纸厂商对于技术的态度较为保守，重视技术保密，导致造纸业在很长一段时间内都笼罩在抵触创新的氛围之中。直到 18 世纪，这一情况才有所改善。从名字就可以知晓其起源地的荷兰打浆机，自 17 世纪起逐渐代替传统的捣捶打浆工艺，成为主流的原料处理方法。在机械造纸时代，这种机器得到了广泛讨论。拉朗德在论文中提到，造纸技术的现代化与劳动力优化相结合，是确保工厂通过提高销售而不是抬高价格来确保收益的关键前提："如果研究纸张生产过程的一整套工序，我们就会发现，一张纸在生产过程中会经历 30 多次人工操作、大约 10 次压制，且每道工序都有速度上的要求，并需要机器的帮助，这让纸成为一种普通的商品。"在工业化时期以前，纸已经实现了量产，拉朗德的论文揭示了纸在18世纪已经成为一种"普通的商品"，这种说法至少在前工业化时期大众产品的范围内是成立的。与之类似的产品还有针，关于针的制作工艺在1707—1781年之间出版的大型系列丛书《皇家科学院工艺说明》（*Descriptions des Arts et Métiers, faites ou approuvées par Messieurs de l'Académie Royale des Sciences*）之中有所提及。

皇家科学院为拉朗德的论文写了一篇引言，详细说明了公开法国制造业知识的理由，反对"为了保护国家的利益，工艺技术不应该被公开，以免被敌对势力所利用"这样的观点。蒙塔日的造纸厂之所以成为样板，也是因为造纸厂主人反对"嫉妒的恐惧"和"自私的热情"，主张把"科学的光芒和研究的精神"带进长期以来"默默无言"的机械工艺世界。这种提倡技术透明、知识共享的理念，同时也包含了对竞争对手荷兰的批评，虽然在他们出版的有关造纸工艺的文章中也附上了其先进的碎布机及制浆机的插图，但是根据这些插图却无法制造出能正常运行的机器。

法国科学院极力主张造纸技术及知识的自由流通，也是出于自身利益的考虑。法国造纸业想要通过学习、改造竞争对手荷兰的生产工艺，取代其在造纸领域的强势地位。1768年，就在拉朗德和古斯易的文章发表不久后，监察官尼古拉斯·德马雷斯特（Nicolas Desmarest）得到了商务部——监督工厂的中央政府机构——的资助，第一次前往荷兰。他不仅考察了当地先进的机器，同时也研究了整个造纸生产链。之后，他又在1777

年再次访问荷兰。两次访问的结果都被写进了皇家科学院的备忘录中。同时，这些信息也为孟格菲兄弟所用，以改造他们在阿诺奈的造纸厂。后来，热衷于发明热气球的埃蒂安·孟格菲（Étienne Montgolfier）用产自他造纸厂的纸张来制造热气球——启蒙时代的核心标志——的华丽外罩时，这些工厂也因此名声大噪。

　　启蒙运动不仅是关乎自身思想的哲学性运动，也是对机械技术的全面盘点。当时，劳动分工的概念已经逐渐形成并受到推崇。甚至在亚当·斯密将其理论化之前，就已经有人针对劳动分工写了汇编和赞美诗。以尼古拉斯·德马雷斯特（Vicdas Demarest）为首的监察官们反对法国政府对造纸行业过于死板的监管方式，提倡参照荷兰的模式，以市场需求为导向。经济自由主义很快就借助重商主义的基础占据了一席之地。除了实地访问，翻译也在全球范围内传播造纸技术的过程中起到了重要的作用。拉朗德的《造纸的艺术》一文在 1762 年就被翻译成了德语，并发表在选集《技术与手工艺的舞台——由法国科学院认证的制造工艺详解》（*Schauplatz der Künste und Handwerke, oder vollständige Beschreibung derselben, verfertiget oder gebilliget von denen Herren der Academie der Wissenschaften zu Paris*）第一卷中。除此之外，这本选集还收录了《皇家科学院工艺说明》中很多其他文章的德语译文，以供德国读者阅读。重商主义经济学家尤斯蒂（Johann Heinrich Gottlieb von Justi）承担了这部选集的编辑、翻译、修订工作。他的《舞台》（*Schauplatz*）在书名上

与噶索尼（Garzonis）的《万物舞台》或是雅各布·洛伊波尔德
（Jacob Leupold）的《机械剧场》（*Theatrum Machinarum*, 1724—
1727）有异曲同工之妙，但是他对技术的描述已经完全失去了
戏剧性的色彩。除了翻译《皇家科学院工艺说明》并加以批注
呈现给德国读者，尤斯蒂同时还在创作重商主义的代表作《国
家权力及福祉的基础或政治科学的全面剖析》（*Die Grundfeste zu
der Macht und Glückseligkeit der Staaten oder ausführliche Vorstellung
der gesamten Policey-Wissenschaft*, 1760—1761）。这两本著作都在
柏林出版，尤斯蒂的目的是获得普鲁士政府的注意，以此谋得
一官半职。从约翰·贝克曼（Johann Beckmann）所著的《技术指
南》（*Anleitung zur Technologie*, 1777）一书的书名可以窥见，由
尤斯蒂通过翻译拉朗德论文所引入的这种知识类型，在当时已
经有了确定的命名。在这部将"技术"作为一门学科（在接下
来的几十年里，这个学科的体系也一直在不断完善和增补）的
基础性著作中，造纸术已经不再像近代早期的百业全书里那样
和图书行业联系在一起，而是跟纺织、羊毛染色及啤酒酿造等
技术并列。而关于纸张的历史，只在一个简短的注释里被一带
而过。

　　在重商主义的推动下，技术文献得到了蓬勃发展，18 世纪
涌现出了一大批有关造纸术的著作。根据 1790 年在《技术期
刊》（*Technologischen Magazin*）上匿名发表的德语参考书目《按
时间排序的造纸术参考书目》（*Schriften vom Papiermachen nach
chronologischer Ordnung*），16 世纪和 17 世纪发表的文献只有 7

篇，而在 1703—1789 年发表的文献超过了 80 篇。狄德罗和达朗贝尔的《百科全书》也深受这种技术知识激增的影响。正是得益于"凹版印刷""印刷术""造纸术""纸""羽毛笔"或是"装订"这些词条及版画中所描绘的媒介和技术，这些内容才能以这样的形式呈现出来。因此，读者不仅从中汲取启蒙运动的思想，也真正了解了知识是如何"生产"出来的。

　　但是《百科全书》及其承载的科学技术知识在欧洲的传播，并不是从此书的第一个对开本版本开始的。一直到 1777—1782年间，《百科全书》发行了更小尺寸的四开本和八开本版本，这种知识传播才成为可能。罗伯特·达恩顿（Robert Darnton）借助纳沙泰尔印刷商的档案，研究了《百科全书》的出版史，道出了影响纸张采购的关键因素："印刷时不是以每次出版的书册数量，而是以出版所需的印张数量来计算所需采购的纸张数量和印刷工作量的。在纳沙泰尔印刷公司，10 000 令纸可以印刷4000 册四开本《百科全书》的一卷。而每次出版一整套 36 卷四开本《百科全书》大约要印刷 8500 册，这就需要分别在里昂、日内瓦和纳沙泰尔采购 72 000 令纸或 3600 万张特定质量的纸，相当于 13 000 公担由纺织品原料制成的纸张。"

　　出版这部宏大的《百科全书》的难度，可以说和谷登堡出版《圣经》旗鼓相当，前者是在前工业化时期造纸时代的晚期，后者则是在活字印刷时代伊始，但两者都给造纸业带来了极大的挑战。在 18 世纪，出版书籍最大的成本就是纸张，至少占了总成本的一半，甚至往往高达总成本的三分之二。无论印刷几次，排版的费用都是固定的，但印刷费和纸张费会随着印数的增加而上涨。而纸张费的涨幅还要高于印刷费，因为纸本身在不断涨价。资助出版《百科全书》的财团是由里昂书商约瑟夫·杜普兰（Joseph Duplain）主导的，罗伯特·达恩顿清晰地记录了他的代理人是如何跑遍法国和瑞士的造纸厂来寻找精良纸张，财团又是如何与造纸厂斗智斗勇的。可以确定的是，小开本《百科全书》的出版计划将前工业化时期的造纸业逼到了极限，但他们最终克服了困难。自13世纪起基本结构就不曾改变的前工业化时期纸张生产的景象，就这样被定格在《百科全书》及其后继者《方法论百科全书》（Encyclopédie Méthodique）的文本和插图上。

法国大革命之前，造纸技术的现代化进程已经开始萌芽。为了提高产量，人们一边优化传统技术，一边建造新的造纸厂。有关造纸的论文，比如拉朗德的那篇，从本质上来说都是建设及经营造纸厂的操作手册和使用指南。技术作者以及受过良好教育的出版商，比如约翰·伊曼纽尔·布雷特科普夫（Johann Immanuel Breitkopf）等人都认为，国家应对造纸厂给予资助。

通过《印刷术发明史》（Über die Geschichte der Erfindung der Buchdruk-kerkunst，1779）一文，布雷特科普夫向萨克森公国大臣弗里德里希·路德维希·冯·沃尔姆（Friedrich Ludwig von Wurmb）写了一封四页的请愿信。他在信中写道："很少有工厂能像造纸厂这般有益，麻头破布——源于各种途径，大部分是经过长期多次使用，甚至是一些被扔掉的边角残料——是制造这种产品的原材料，除了能为大量劳动力创造新的工作岗位之外，造纸厂的产品还滋养着许多其他的工厂，并承载着人类所有的智慧、知识和经验。"

无论是在德国还是法国，在大肆宣扬资助造纸业的背后，也存在着对原材料供给跟不上产能的担忧。18世纪造纸产业现代化的创新核心不是造纸的工艺本身，而是对原材料的革新。几乎所有关于造纸的文献资料都在讨论如何找到代替破布的造纸原料。法国皇家科学院院士列奥谬尔（René-Antoine de Réaumur）在1757年去世之前一直是《皇家科学院工艺说明》丛书的编辑，他于1719年就提出过用木头造纸的想法，其灵感源于可以用木头做出纸质巢穴的黄蜂。

雅各布·克里斯蒂安·谢弗（Jakob Christian Schaeffer）的《不用破布或减少添加物制作同等质量纸张的尝试及案例》（*Versuche und Muster, theils ohne Lumpen, theils mit einem geringen Zusatze derselben Papier zu machen*, 1765）已经在德国以外的国家声名远扬，尤其是他长达三卷的《植物造纸及减少造纸原材料的新尝试与新案例》（*Neuen Versuche und Muster, das Pflanzenreich zum Papiermachen und andern Sachen wirtschaftlich zu gebrauchen*, 1765—1767）。不过，用植物造纸的尝试还达不到可以替代传统造纸方法的水平。还有人提出"循环利用"的想法，即将回收的废纸作为取之不尽的造纸原料。哥廷根的法学教授尤斯图斯·克拉普罗特（Justus Claproth）在其短文《用已印刷的纸制造新纸，并能完全清除印刷油墨的发明》（*Eine Erfindung aus gedrucktem Papier wiederum neues Papier zu machen, und die Druckerfarbe völlig heraus zu waschen,* 1774）中介绍了哥廷根附近兰登村一个叫施密特的造纸商的尝试。克拉普罗特为此准备了"三本大开本的书"，"纸张质量较差，上面满是僧侣的笔迹"。克拉普罗特曾担任过工厂监督官，废纸回收利用的建议可能正是源于这段经历。但与此同时，这也是当时学术界广泛存在的美好幻想：清除多余或无价值的书籍，同时将这些资源利用起来。哥廷根书商约翰·克里斯蒂安·迪特里希（Johann Christian Dieterich）显然被克拉普罗特的计划说服了，克拉普罗特在哥廷根的同事利希滕贝格曾在随笔中写道："迪特里希正在他的花园里收集废纸。"将书籍比喻成文学世界的肥料，这是一个幽默的辩护，利希滕贝格也由此从书籍泛滥的抱怨中脱了身。

　　实际推动造纸技术改革的并不是这些创新和空想，而是造纸厂的所有者和工人之间的利益冲突，它从一开始就影响着欧洲的造纸工厂。1798 年，路易斯·尼古拉斯·罗贝尔（Louis Nicolas Robert）提出了造纸机的初步设想，可将纸张的制造过程机械化，并在 1799 年 1 月以"埃松的机械师"的身份申请了专利。罗贝尔出生于巴黎，1781 年随格勒诺布尔的一支炮兵团前往圣多明各，并参加了美国独立战争。1789 年，法国大革命刚爆发之时，他回到了法国，在皮埃尔·佛朗索瓦·迪多（Pierre François Didot）于巴黎创立的印刷厂内工作。之后，迪多又将罗贝尔派去了他儿子莱热·迪多（Léger Didot）在埃松开办的造纸厂。莱热·迪多为罗贝尔提供材料和工人，支持他实现造纸机的设想。罗贝尔和其他的造纸业改革者（以孟格菲兄弟为代表）一样，在建造生产车间时都参考了拉朗德《造纸的艺术》和《百科全书》中"造纸术"词条的插图。在这些版画插图里，蒙塔日造纸厂被描绘成了一个完美的状态，没有任何的污垢和生产障碍。纸浆桶和压榨机也无缝地融入了生产节奏。事实上，这些工人——就像季节变化导致水结冰或者干涸一样——经常就是导致生产中断的原因。不同于处理破布的妇女和儿童，舀浆工和压纸工都是高素质的流动工人，他们在法国和欧洲四处流动，非常清楚自己是多么的不可或缺而又难以取代。一开始，技术知识的传播并没有威胁到他们通过手艺获得的垄断地位。工厂主们无法从根本上阻止工人们为增加薪酬而罢工。路易斯·尼古拉斯·罗贝尔之所以发明造纸机，一方面是为了提高生产速度，但更主要的动机是给工厂主和组织严密的工人之间长期存在的冲突画上一个句号，结束工人们在实践知识上的垄断。这是莱热·迪多和孟格菲兄弟的目的，也是众多英国造纸厂厂主的想法，因为机械化就是持续生产的保障。

通过一张自动向前推进的水平筛网，机器模仿工人在纸浆桶旁舀浆和摇浆的动作，并且可以不间断地运作，这一点是工人无法做到的。在这张绕着滚轮循环的长网上，罗贝尔使用了精细、灵活的金属丝线，以确保可以制造出表面光滑、没有毛刺的仿羊皮纸。罗贝尔在机器中装配了手摇柄以及用金属丝线编织成的传送带，以取代熟练工一整套固定的手动舀浆动作。这原本可能只是一个简单的操作，现在需要一整套复杂的机械来完成，但专业的工人却不再是必需的了。

回顾历史，从罗贝尔提出理念到制造出第一批造纸机，其过程揭示出这样一个规律：即使在国家对峙的时候，技术的创新依旧可以跨越国与国的界限得以实现。约翰·甘布尔（John Gamble）于 1801 年在伦敦获得了罗贝尔的造纸机在英国的使用专利。其实他与迪多家族也有联系，是皮埃尔·佛朗索瓦·迪多的女婿。在英国军队服役期间，甘布尔利用去巴黎交换战俘的机会，将罗贝尔的造纸机运到了伦敦，还获得了在伦敦经营纸张批发生意的富德里尼耶（Fourdrinier）兄弟的资助。这项计划给项目投资人带来了持久的损失。但是，当造纸机从巴黎迁移到伦敦之时，罗贝尔（他很快就从造纸机的进化史中销声匿迹了）发明的造纸机就已经被融入英国工业革命的基础设施之中。自 18 世纪起，英国工业革命的浪潮就已触及造纸业的兄弟行业——纺织业，织布机率先被机械化。如今，法国的发明和英国成熟的机械技术被机械师唐金（Bryan Donkin）结合起来。唐金拓宽了纸张的幅面，还将手摇柄装置机械化，改进了长网摇浆和挤水辊的工艺。至于在完善造纸机的过程中几近破产的困难，以及申请和延长议会许可的烦琐手续，都不需要在此详述。不过，值得注意的是英国人在大力引进和完善造纸机的技术方面所遵循的模式。18 世纪中叶，英国快速引进了荷兰人在造纸原料方面的创新技术。19 世纪初期，英国同样快速地引入了纸张定型这一造纸的核心技术。在很长一段时间里，英国只能生产包装纸和牛皮纸，优质纸是需要进口的，而到了 18 世纪晚期，英国已经开始逐渐摆脱对进口的依赖。一方面，经历了大革命和拿破仑时期的法国，政治、军事冲突不断，导致对英国的纸张出口中断，这也给英国本地的造纸厂争取了拓展市场的时间。另一方面，英国也得益于俄裔美籍经济史专家格申克龙（Gerschenkron）提出的"后发优势"——"迟到者的优势"。对造纸业来说，英国是一个"迟到"的国家。随着前工业化时期造纸技术发展到鼎盛，手工造纸即将消亡，英国以无与伦比的速度一跃成为造纸强国。1806年，第一批造纸机在英国投入运营，从1811年起，这些造纸机开始出口到法国，随后又出口到德国。1818年，柏林的一家公司获得了唐金造纸机在德国的第一个使用专利。

从19世纪20年代起，造纸机开始迅速普及，虽然当时机械造纸的产量还远远达不到19世纪晚期的工业化造纸水平，但已经踏出了关键的第一步。19世纪迎来的重大转折与18世纪的沉寂形成了鲜明对比。究其根本，主要是因为在19世纪前30多年里，机械化的累积效应开始相互加强。由德国人弗里德里希·柯尼希（Friedrich Koenig）所发明（并在英国发展完善）的滚筒印刷机大大提高了印刷速度，铅版印刷不仅加快了制作新版本的速度，同时还节约了排版成本。在这样的背景下，造纸机的出现对提高整体印刷量、增加印刷版次、降低成品价格做出了重要贡献。造纸机的普及不仅让先进的技术得以传播，更推动了文化、知识的广泛传播。

织布机、法国大革命和信贷

如前所述，造纸机普及的背景条件之一就是 18 世纪末以来英国纺织业的机械化。其生产力增长的速度超过了人口增长的速度，使得棉麻制的衣物更加便宜。由于衣物的更换更加频繁，原材料的供给也能够跟得上造纸业发展的脚步。与此同时，从 19 世纪 80 年代开始造纸厂引入了氯漂白技术，使更多的碎布可以被加工成纸张。基于以上这些原因，虽然废旧布料的需求不断提升，但价格仍可以保持稳定。英国造纸业的生产曲线相较于国际废旧布料市场进口的曲线上升得更快，这些废旧布料主要是从德国进口，汉堡则是最大的转运中心。

1837 年，富德里尼耶委员会向一个印刷商咨询有关造纸机所能产生的作用，对方答道：造纸机使得一系列原本无法出版的廉价印刷物得以面世。这些新的印刷物包括 1832 年由实用知识传播协会出版的《便士杂志》（*Penny Magazine*），它的每周销量很快达到了 20 万份。它的成功表明，印刷与造纸技术的现代化正伴随着文学市场与出版行业的深远变革一同到来。最重要的是，从 1820 年以来，由于经济方面的吸引力，周期性报刊行业占据了市场中心。在 1812—1832 年间新发行的杂志——其中包括《黑森林杂志》（*Blackwoods Magazine*）、《伦敦杂志》（*The London Magazine*）、《科尔伯恩新月刊》（*Colburn's New Monthly Magazine*）和《弗雷泽杂志》（*Fraser's Magazine*）——开始抢占 19 世纪早期雪莱、济慈、拜伦与沃尔特·司各特的诗集所占据的市场。我们今天一提到诗歌，就习惯性地认为它们的印刷量会较低。但不同格式与版本的司各特诗作《湖上夫人》(*Lady of the Lake*, 1810) 在短时间内便销售了 20 000 册。拜伦甚至给他的出版商约翰·穆雷 (John Murray) 写了一段这样的诗句："正如大家所见 / 韵文比散文销量更可观。"

造纸机的出现使得韵文与散文的关系发生倒转。而法国大革命和反法战争的十年间的进口中断，造成纸张价格上涨，使得英国出版商对诗集小册子更感兴趣。随着纸张变得廉价，散文开始了胜利的征程，其中报刊业发挥了关键作用。贵族阶层与富有的中产阶级常常会出于声望的原因资助昂贵诗集的出版。而随着文学市场的扩张，下层阶级的读者群体愈发变得重要。

报刊行业的迅速发展导致诗集出版失势，也使得随笔和小型散文成为更受欢迎的体裁。期刊业也引发了第一场对于文学机械化与商业化的大型诊断。1829 年，苏格兰作家托马斯·卡莱尔 (Thomas Carlyle) 在杂志《爱丁堡评论》(*Edinburgh Review*) 上发表了一篇随笔《时代的标志》(*The Signs of the Times*)，从康德和德国浪漫主义自然哲学里借用了机械论和生命动力学的对立，做出了他对于当下时代的诊断：

> 如果我们需要一个称呼来形容我们所处时代的特点，应倾向于称之为机械时代，而非英雄时代、信仰时代、哲学时代、道德时代等其他名称。囊括这一词所有外在与内在的涵义；这一时代以其全部的、不可分割的力量，面向未来，

指导与实践让手段适应目标的伟大艺术。

在卡莱尔看来，"机械化"不仅是现代技术的一个方面。它已然变成了世界秩序的普遍原则，"机械是无止境的"。在卡莱尔对于机械时代的描述中，报刊业已经披上了世俗化宗教的外衣："此时真正的英国教会握在报纸编辑的手中。他们向民众每日、每周布道；劝诫国王，以唯有第一批改革家和早已作古的教皇才具备的权威进行道德谴责，给予精神鼓励、慰藉和教化；全方位孜孜不倦地'执行教会的戒律'。"

19世纪20年代，英国迅速发展的机械造纸将手工造纸远远抛于身后。在表达对于报刊业的不安时，托马斯·卡莱尔并未忽视那些堆积成山的废旧布料。这也被写入19世纪出版的最奇异的小说之一——《拼凑的裁缝——绅士托尔夫斯德吕克的生平与见解》(Sartor Resartus. The Life and Opinions of Herr Teufelsdroeckh，1834—1835)。这个书名效仿了《项狄传》，但"绅士托尔夫斯德吕克"一词并非无端地使用德语，因为这部小说既是对让·保尔的感谢，也是对劳伦斯·斯特恩的致敬。卡莱尔此前在英国以翻译和出版德国文学而颇负盛名，熟悉让·保尔、歌德和席勒，曾翻译了歌德的《威廉·麦斯特的学习时代》(Wilhelm Meister)，还创作了一部席勒的传记。《拼凑的裁缝——绅士托尔夫斯德吕克的生平与见解》一开始是在《弗雷泽杂志》上连载的，卡莱尔把自己描述成德国教授第欧根尼·托尔夫斯德吕克的翻译者、出版者和评论者。此外，他还塑造了

霍夫拉斯·霍尔石瑞克先生这一角色，作为托尔夫斯德吕克的
朋友，他不仅寄来了托尔夫斯德吕克的代表作，而且将"六个
大纸袋"的创作都公布于世："各种各样的片段，定期回忆录
的残片，大学的联系作业，项目计划，职业推荐信，牛奶账单，
残缺的便条（有时看上去是情人的笔迹），所有这些好像是被纯
粹的偶然吹到一起的，让神志正常的历史学家不知所措。"[1]这
些未经装订的碎片化的作品，以"难以辨认的花体字"写就，
充斥着晦涩的文论与不连贯的思想，一股脑涌入了第欧根尼·托
尔夫斯德吕克1831年在"维斯尼希特沃"[2]印刷的哲学代表作，
其主题则是"论衣服的起源与影响"。

　　正如让·保尔创作的昆图斯·菲克斯莱因的传记一样，托
尔夫斯德吕克的传记也是由碎片化文字构成的，像在小说《菲
伯尔的一生》里主人公被手稿和纸片环绕着一样。作为德国哲
学的代表，托尔夫斯德吕克充分利用了思辨的可能，他在卡莱
尔的小说里仅通过纸张来讲话。"大纸袋"里还包含"蒸汽机随
想"，此外他还通晓当时法国圣西门主义者的理论，这说明了托
尔夫斯德吕克是具有时代批判性的散文作家，还是英国杂志潜
在的撰稿人。他认为"记者现在是真正的国王和教士"，这听起
来就像是从卡莱尔的一篇散文中引用的一样。然而《拼凑的裁
缝——绅士托尔夫斯德吕克的生平与见解》中随笔式的当代评

---

[1]　本书有关《拼凑的裁缝——绅士托尔夫斯德吕克的生平与见解》的译文，皆摘自马
秋武、冯卉等人的译本，广西师范大学出版社2004年版。
[2]　即Weissnichtwo，字面意思就是"无名之乡"。

论却转化成了诗性的恶魔学。这部小说穿着裁剪好（或者重新裁剪好）的散文外衣，但他的哲学却受到歌德的《浮士德》中精灵的诗句的启发："在飒飒作响的时间织机上／我替神明织出了活的衣裳。"

托尔夫斯德吕克并不是一种建设性的自然力量，而是现代力量的见证者，这些现代力量邪恶地将精神拖入了废旧布料的世界。当托尔夫斯德吕克在一次伦敦之行中——"在那又黑又稠，如同斯巴达人煮的肉汤，而且花样百出的幻想的墨海中"——参观孟茅斯大街的旧衣服市场，他在这里陷入了一个别样的世界，歌德那"飒飒作响的时间织机"变成了理查德·阿克莱特的机械织机，阿克莱特是纺织生产工业化的先驱，在卡莱尔的作品中发挥了重要作用。"衣服哲学"包含了对英国纨绔主义的解读，也蕴含着托尔夫斯德吕克关于印刷术的快速发展与破布堆之间关系的反思。这一反思也以一种奇怪的方式与让·保尔的作品联系起来，保尔在他的摘录本中写道："法国的厨师经常穿着由纸或者废印刷页做成的围裙来烹饪。"这一摘录内容也被写进了《昆图斯·菲克斯莱因的一生》，表现为主人公对废纸书的热爱："正是这种对于废纸的关注，使得他对高卢厨师的围裙十分感兴趣。众所周知，这些围裙多半是由印满字的纸张制成的；他时常希望，能有一些德国人来翻译这些围裙。我愿意相信，这些纸围裙的好译本能够有助于提升我们的文学（这个美臀缪斯），并且能够服务于它，而非擦口水的抹布。"卡莱尔笔下的托尔夫斯德吕克也许读过让·保尔的作品，他以类似的口吻支持将回收的废纸归类为当代文学："我认为巴黎厨师所围的有字样的纸制围裙，是一种新的发现，虽然其类型只是小创新，因而是对现代文学的鼓舞，值得赞同。"这里的思想实验是将当代文学与废纸之间联系起来，是对文学市场指数增长的嘲讽。托尔夫斯德吕克继续说道：

> 　　如果这样有字样的纸的供应，来势那么猛，以致堵塞公路和大道，那就必须求助于新的办法。在靠工业而存在的世界里，我们勉强用火来作毁灭的因素，而不是创造的因素。但上帝是万能的，他一定会给我们找到出气口的。与此同时，每年有五亿吨的破布，从垃圾堆里挑拣出来，经过浸渍、熨烫、印字，通过销售渠道重又出现在这里；这一做法让许多人填饱肚子——看到这一点不是很棒吗？因此，垃圾场，尤其是其中的破布或衣服垃圾，是巨大的电池，也是动力的源泉，社会活动围绕着它、向着它（像透明的电）大圈小圈地循环，透过强有力、波涛起伏、焦躁不安的生活的混乱，社会生活保持着活力！

华兹华斯在他《抒情歌谣集》(*Lyrical Ballads*, 1801)的序言里不无骄傲地写到，如果分别以散文和诗歌对热情、修养或者性格进行同样精彩的描绘，那么散文只需要读一遍，而诗歌值得读一百遍。在托尔夫斯德吕克的眼中，纸张从破布中产生，成为当代社会印刷物的能量能源，并重又沉入破布王国，这也预示了报刊行业的未来：读过一次之后，报刊就成了废纸。

　　"纸张的时代"是卡莱尔后一部著作《法国大革命》(*The French Revolution : A History*, 1837) 第一卷第二章的标题。这部分内容将法国大革命爆发前的十年描述为一个看上去波澜不惊的时代，对任何事物都没有希望和幻想，夸张地掩盖混乱的国家财政，而其内部在静静地衰败：

　　　　最灿烂的静谧时光——我们可以这么说吗？所有人都这么说，所有人都这么想，是黄金新时代吗？至少可以称之为"纸张的时代"；在许多方面，纸是黄金的替代物。纸币，在没有黄金的时候，你仍然可以用它来购买商品；书籍纸张散发着理论、哲学与情感的光芒——这美丽的艺术，不仅揭示了思想，而且如此精妙地向我们隐藏了思想的匮乏！纸是用曾经存在过一次的破布制作而成，纸具有无穷无尽的优点。

　　卡莱尔的法国大革命史并非历史叙述，而是散文化的诗歌，读起来更像是弥尔顿的《失乐园》，开始讲述恐怖统治[1]和断头台的第三卷更是能与但丁《神曲》的"地狱篇"相媲美。1783 年 6 月，孟格菲兄弟在他们位于维沃雷区阿诺奈的造纸厂

---

[1]　"恐怖统治"指的是法国大革命的一段时期，雅各宾派在这一时期上台后采取了一系列激进的革命政策，如颁布《嫌疑犯法令》、严控物价、大量处决公民等。一般认为恐怖统治时期是 1793 年 9 月到 1794 年 7 月。

附近，第一次用燃烧羊毛产生的热气将纸气球升上天空，一时间轰动巴黎。但卡莱尔认为，这个热气球像是一个"纸穹顶"，无担保的纸币和不安全的思想构成的双重通货膨胀就反映在其中。在卡莱尔笔下，法国贵族在杜伊勒里宫为之欢呼的那个热气球，是一个飞越混乱、饥饿和无知的"话篓子"[1]，充斥着革命前最后十年的幻象与虚假的希望。这个热气球是由让-巴普迪斯特·雷韦永（Jean-Baptiste Réveillon）带到巴黎的。他是孟格菲兄弟的商业伙伴、巴黎最大的墙纸制造商。过不了几个章节，卡莱尔的读者们就会再次想起他，攻占巴士底狱之前的第一簇革命火花并不是孟格菲兄弟的热气球，而是一伙来自圣安东尼区的饥饿暴民所发动的一次叛乱，他们袭击了雷韦永的纸张仓库，最终被血腥镇压。

在类似《时代的标志》这样的文章中，卡莱尔将法国大革命描述为机械时代的起源和催化剂。当他讽刺自己身处的时代，说"每个小教派"都必须有自己的报刊出版机构之时，这种对时代的诊断也在发挥作用。在《法国大革命》中，"纸张的时代"这一说法超越了对法国大革命先前十年的描述，概括了大革命与新闻业的关联。"新印刷商，新期刊"——卡莱尔的行文中交织着印刷小册子及革命派和保皇派的报纸：《人民之友》（Ami-du-Peuple）与《人民之王》（Ami-du-Roi），这些都是托尔夫斯德吕克所谓的"巨大的电池"。它们将雅各宾派与吉伦特派之间的

---

[1] 原文为windbag，是一句英语俚语，字面含义是"风袋"，实际是指"夸夸其谈的人"。

斗争（卡莱尔将这场斗争描述为法国陷入恐怖统治前的戏剧化转折）从国民议会搬到了巴黎大街上："一个必然会繁荣的无套裤汉[1]分支便是新闻业。"在向英国读者介绍吉伦特派成员让-巴皮斯特·卢韦特·德库韦雷（Jean-Baptiste Louvet de Couvray）的报刊《哨兵》（La Sentinelle）——一份写在粉红色纸张上、张贴于巴黎街头的墙上的大字报时，卡莱尔表示这种被兜售、张贴和宣传的新闻只能保存一天，而若在一本书里则能保存几十年，他反复引用了路易-塞巴斯蒂安·梅西耶[2]的《新巴黎》（Nouveau Paris，1799）。

由于梅西耶有关大革命时期的巴黎和"督政府"第一年的叙述是卡莱尔《法国大革命》的主要资料来源，我们必须在这里停留片刻。因为不论在形式还是内容方面，它都是纸质媒介上出现现代时事性话题的重要见证。

梅西耶凭借多卷本的《巴黎图景》（Tableau de Paris）在欧洲范围内获得了广泛的声誉，这是一部描写城市生活的典范之作，于1781—1788年在大革命之前的法国出版。而《新巴黎》一书的书名中，"图景"的消失并非偶然。作家梅西耶变成了记者梅西耶，他想要追踪汹涌而来的事件，跟上日常革命生活中

---

[1] "无套裤汉"是法国大革命时期对城市平民的称呼，主要由小手工业者、小店主、小商人组成。"无裤党"后来被用来泛指法国大革命的极端民主派。卡莱尔《法国大革命》初版的副书名就是"无套裤主义史"。

[2] 路易-塞巴斯蒂安·梅西耶（Louis-Sébastien Mercier，1740—1814），法国剧作家、记者。法国大革命期间，他作为国民大会的成员，投票反对路易十六的死刑。恐怖统治时期曾一度被监禁，在罗伯斯庇尔倒台后被释放。

新出现的姿态和词语，耳听新造词汇，眼观"转瞬即逝、不断
变化的细微差别"，最终记录下了"关于当前的革命"。作为《爱
国与文学年鉴》（*Annales patriotique et littéraires*）和《巴黎日报》
（*Journal de Paris*）的撰稿人，梅西耶写的大量文章都被收入了
《新巴黎》之中。梅西耶将革命描述成被突然间实现的新闻自由
所释放出来的视觉与听觉的新闻爆炸，他用整整一章的篇幅叙
述报童们的"新叫卖声"，他们会大声喊出胜利与阴谋，屠杀
与反叛，将军的牺牲或大使的到来，甚至面对那些不识字的人
也是一样。梅西耶记述了吉伦特派领袖布里索（Brissot）的日报
《法兰西爱国者》（*Le Patriot Français*），他同情布里索，同时谴
责让-保罗·马拉（Jean-Paul Marat）和雅各宾派的报纸，并认为
里面的内容剽窃、歪曲和利用了伏尔泰、爱尔维修[1]、狄德罗和
卢梭在大革命前的哲学著作。为了说明"公众精神"的多变性，
梅西耶从吉伦特派报纸《今日温度》（*Le thermomètre du Jour*）
的报名中得到启发，并告诫记者不要被嘈杂的声音所迷惑，而
是去感知"公众精神"的温度。

　　早在《巴黎图景》中，梅西耶就已经记录下了法国旧制度
时期首都印刷厂的纸张消耗量，这也出现在让·保尔在1788年
的摘录中："在巴黎，每年有160 000令的纸张被用于印刷。"在
梅西耶的《新巴黎》中，伟大机器政治的加速，加上大革命中
日常生活的升温，导致了纸张消耗的增加。梅西耶用一章的篇

---

[1]　爱尔维修（Claude Adrien Helvetius，1715—1771），法国启蒙思想家，唯物主义哲
学家。

幅对此进行阐述。他的基调是控诉革命及其被赋予的合理性所带来的危害："纸张在革命不同的阶段中所造成的弊端，使得人们甚至希望它从未被发明出来。"不受限制的新闻自由导致了控诉者的诽谤，损害了公民的安全；《人权宣言》带来了如此广泛的请愿自由，导致大量请愿无法被有秩序地安排；由教士和移居国外的贵族腾出来的房子变成了办公室，请愿书的印刷消耗了无数纸张；数以百万计的蓝色、紫色、绿色或红色的告示日复一日地将城市围墙变成了公共舞台，在这一舞台之上，没有人会阻止对谋杀与抢劫的煽动；数万本印制的法律手册在巴黎乃至整个法国流传。此外，还有无数纸币在各省以及首都流通。"印刷厂和书店无限繁荣"，"文件与办公室无限增长"，由于督政府带来的官僚机构的扩张，蘸水笔十分畅销。梅西耶的《新巴黎》展现了一个被纸张淹没的城市。

这种描述并非基于数据的统计和研究。造纸业的机械化尚未开始。但在讨论日常事件的时代气息时，梅西耶描述了一项创新，随着造纸机与滚筒印刷机的发明，这项创新将从法国大革命的镜子变成19世纪中产阶级日常生活的一个元素。梅西耶也在另外一个章节中分析了法国大革命时期最引人注目的平面媒体：招贴。尽管梅西耶严厉批评了它们的副产品——奸商的提议、公开的毁谤——但他也把那些招贴视为反映巴黎作为一个主要城市的镜子、一幅革命大都市的自画像。他写到，在此之前，招贴通常就是宣布出售一处乡村房产、枢机主教的讣告或者前往印度的轮船行程这些内容。现如今，招贴成了关于道

德、政治或当代文学的基本介绍：如何支配人类艺术的教义与
人寿保险公司的黄金承诺并列在一起；艺术家、手工艺者和面
包师的作品一览无余；一段文本的简要分析使你能够对每一个
学科做出判断。在每一个角落，人们都陷入了一场关于自身健
康或财富的无声交谈。他们细致地谈论烹饪、金融、物理和外
交——话题无所不包。如果你明天想要旅行，今天便可找好车
辆，如果你要寻觅一处平静安宁的住处，可以找到一个最近去
世的人腾出来的公寓。梅西耶描绘的"会说话的墙"吸引了公
众，让路人变成了驻留在前的读者，这幅全景图充满了讽刺意
味。但梅西耶对这些很着迷，并就近现代城市空间中告示和广
告的侵袭创作出了一篇杰作。他想要把公告墙从骗子的手中夺
回来，使其成为公共教育的工具，他相信这一每日更新的"有
教益的文库"的特殊媒介地位：想要使用它，人们不需要书店，
也不需要书本，更不需要放置书本的桌台。

　　梅西耶并不熟悉的造纸机令招贴和海报的繁荣更加持久，
它不仅加速了纸张生产，而且也消除了格式的限制。连续的卷
筒纸能够让招贴告示的大小实现任意化，而这在以往只能通过
折叠实现。当梅西耶描绘"巴黎招贴"的景象——每面墙、每
根柱子和每个门角都被或大或小、或宽或窄的招贴告示覆盖
时，他预言了 19 世纪早期的发展情况。告示和海报开始对大都
会的面貌产生影响。当卡莱尔写作《法国大革命》时，伦敦到
处都是贴满厚厚招贴的墙壁和棚屋，约翰·奥兰多·帕里（John
Orlando Parry）的油画作品《伦敦街景》（*A London Street Scene,*

1835）对此进行了生动的描绘。关于同一时期的巴黎，瓦尔特·本雅明（Walter Benjamin）写道："1836年的杂志《喧闹》（*Le Charivari*）刊载了一幅画，展示了一张覆盖了半个房屋的招贴告示。窗户倒是没有被盖上，除了其中的一扇。因为一个男人正倚在那里剪掉挡住窗户的纸。"

梅西耶对大革命期间的巴黎用纸量增加的观察，还包括了从1789年12月起开始流通的纸币——指券。但他认为这一货币相较于新闻、政治和官僚主义而言仅仅扮演次要角色。但在卡莱尔"纸张的时代"的概念中，精神的高涨与通货的膨胀，将文学价值的衰落与经济价值的损失联系起来。在关于大革命之前十年的章节中，卡莱尔引入了"纸张的时代"，而国家破产的危机像乌云一般漂浮在庆典和化装舞会的上方。卡莱尔在他这本书的开头就提过这一点，攻占巴士底狱后，大革命变得愈发激进，指券隆重登场。国民议会通过了印刷纸币的决议，并且以充公的教会资产作为担保，这个想法主要是出于减少国家负债的需要。但当卡莱尔将其解释为"一系列类似的、震惊人类的金融实验的先行者"时，指券就成了"纸张的时代"里一个引人注目的形象，"所以现在，只要破布还存在，就不会缺少通货，至于是否有商品在此基础上流通，则是另一个问题"。

纸币流通和商品流通之间的关系中存在一个疑点：纸币并不能阻止破产，而是实现破产的一种形式。卡莱尔为这种怀疑找到了极其简洁的图像。早些时候，当描述那些装饰精美、用纸张覆盖的热气球升上天空时，他强调了它们无法被操控的事实。而此时，他将指券看作一场柔和的雪，飘落在革命巴黎的上空，掩盖了它的灾难本质：

　　但是，话又说回来，难道这项指券事业对现代科学而言不是意义重大吗？我们也许会说，破产的确来了，正如所有妄想的结局都必然幻灭那样。然而，在轻柔的扩散中，在温和的过程里，它是那么温柔；就好像没有任何毁灭性的雪花；就像粉末状、无法触碰的雪，一阵又一阵地落下，直到所有的一切都被掩埋，但没有什么东西被摧毁，没有什么东西被取代！现代机械已经发展到了这样的程度。我们说，破产是伟大的；但事实上，金钱本身就是永恒的奇迹。

　　对于大革命时期的法国来说，纸币缓解破产的幻象只适用于早期。由迪多印制的指券在1790年9月第二次大批量发行时，票面价值还是50—2000里弗，而自1791年5月起，法国便开始印制面值5里弗的钞票，而到了1791年12月起甚至出现了10苏的指券。[1]卡莱尔的"雪景图"便可以追溯到这一货币的滥用，指券被允许在所有阶层的人口中流通，并导致纸张消耗成倍地增加。为了保障纸币能够迅速发行，造纸商使用了更多用于快速烘干纸张的设备，更多的印刷机投入使用。到了1793年，

---

[1]　里弗（livre）又被译为"利佛尔"，是旧时法国的货币单位，20苏为1里弗。

指券就已经失去了一半的票面价值；如滚雪球一般，在1796年其价值几乎趋近于零，到了1797年2月，这种最后连乞丐都不屑一顾的纸币终于被废止了。法国的纸币在欧洲引起了公众的极大关注。指券成了批判法国大革命著作的主题。埃德蒙·柏克（Edmund Burke）在其著作《法国大革命反思录》（*Reflections on the Revolution in France*，1790）中将指券描述为"纸护身符"，他批评国民议会的发言人未经证实就宣称"金钱与指券之间并无真正的区别"。这部作品很快就被弗里德里希·根茨（Friedrich Gentz）翻译成了德文。在评论法国大革命时期发行的指券时，柏克和其他人回忆起了约翰·劳（John Law），一个赌徒和投机商，他在路易十四去世后，为避免国家破产，联合土地抵押和股份公司成功地向君主路易·菲利普一世进言发行纸币。在歌德1832年逝世后出版的《浮士德》第二卷中，梅菲斯特的纸币计划就是以约翰·劳为原型的，而拯救衰败的国家财政与人民虚幻的幸福则可以追溯到指券。卡莱尔早在1828年就翻译了《浮士德》中有关海伦的几幕，而在撰写《法国大革命》时，他大概很熟悉皇帝批准梅菲斯特纸币时所说的话："本票价值一千克朗，其可靠保证为帝国所藏之无数财宝，一俟金银富矿有所开掘，本票即可兑现不误。特此晓谕，一体知照。"

卡莱尔所说的"纸张的时代"，将他置于现实政治、诗歌和新闻对于法国指券的反应场中。但当他将纸币比作雪花，或者将孟格菲兄弟的热气球比作"话篓子"之时，是在利用纸、空气、风和信贷之间的古老隐喻。这一隐喻源于18世纪早期的金融批判作品，还包括1694年英格兰银行建立后产生的许多关于"公共信贷"的讽喻。韵文与报刊中的散文在繁荣初期还是携手并进的。约瑟夫·艾迪生（Joseph Addison）在创办于1711年的《旁观者》（*The Spectator*）中讽刺说："我看到在大厅的上端，一个美丽的处女坐在一个金色的宝座上，正如他们告诉我的，她的名字是'公共信贷'。"这个公共信贷的寓言在暴政、无政府主义、偏执和无神论的冲击下破灭了，并且显而易见的是，王座后面堆积起来的钱袋只有十分之一是装了钱的，其他的袋子则空无一物。它们"已经被空气吹得鼓鼓的，这让我想起了风口袋，也就是荷马笔下的英雄从风神埃奥洛那里收到的礼物"。在荷马的著作《奥德赛》中，风神给了奥德赛一个风口袋，里面装满了呼啸的暴风，把它打开就能吹翻船只。当艾迪生的讽喻出版时，南海公司[1]刚刚成立，英国正在经历第一次大规模的证券交易热潮。当1720年"南海泡沫"爆发时，作家们的反应十分强烈，因为其中许多人本身就尝到了投机失败的苦果，例如亚历山大·蒲柏（Alexander Pope）、乔纳森·斯威夫特（Jonathan Swift）和约翰·盖伊（John Gay）。这使得他们的话语变得异常犀利。在作品《给托马斯·斯诺先生的一封赞美

---

[1] 南海公司（South Sea Company）是成立于1711年的一家股份有限公司，表面上是专营英国与南美洲等地贸易的特许公司，实际上是一家协助政府融资的私人机构，分担英国政府因战争而欠下的债务。南海公司夸大了自己的业务前景，更通过贿赂政府，向国会推出以南海公司股票换取国债的计划，促使南海公司的股票大受追捧。市场上随即出现不少"泡沫公司"浑水摸鱼。为了规范市场，英国国会在1720年6月通过了《泡沫法案》，取缔了大量公司，社会公众清醒后，南海公司的股票也受到牵连，股价暴跌，也就是后文所称的"南海泡沫"，致使许多人血本无归，其中不乏社会上流人士。

信》（*A Panegyrical Epistle to Mr. Thomas Snow*, 1721）中，盖伊将认购者所盼望的、想象中的百万黄金与孩子的风筝联系起来。在精彩的讽刺作品《致巴瑟斯特的诗篇》（*Epistle to Bathurst*, 1732）中，古典主义作家蒲柏续写了艾迪生有关信贷与风之间的隐喻：

> 祝福纸张信贷！最后也是最好的产品！
> 借给腐败一双更轻盈的翅膀！
> 你的金子，能完成最艰难之事，
> 能买下城邦，能得到或带走国王；
> 小小一片便能吹走一支军队，
> 或者把船开到遥远的海港；
> 一张纸片，像女巫一样来回飘荡
> 我们的命运和财富，就像风一样：
> 怀揣成千上万看不见的碎纸片，
> 沉默地买下王后，或是卖掉国王。

纸币的神话并非产生于支付手段这一功能，而是诞生于作为信贷工具的功能。这就是为什么风的概念（连同泡沫以及膨胀一起）不仅影响了19世纪中期出现的"通货膨胀"一词，而且与现代货币整体捆绑在了一起的原因。1797年2月，就在法国的指券走向失败的时候，英国议会迫于首相皮特的压力，解除了英格兰银行将纸钞换成金属钱币的义务，纸币由此获得了现代性。通过对这一赎回承诺的免除，纸币最初作为工具的信用功能在某种意义上转移到了每张钞票上。《浮士德》中，梅菲斯特通过宣传纸币可以用多种方式兑换面值的方式，打消了所有对他纸币计划的怀疑：

> 想要硬通货，隔壁就是兑换所，要是没有，临时还可以挖掘一番。高脚杯和项链也可以拍卖，纸币一旦兑现，就会使胆敢嘲笑我们的怀疑派狼狈不堪。使惯了钞票，别的钱币再也没人要。从今以后，你整个的帝国将储存足够的珠宝、黄金和现钞。

自 19 世纪起，梅菲斯特的假设——总有人愿意用纸币兑换贵金属——就已经不再成立。相反，只要没有赎回的压力，纸币就可以一直顺利流通。现代纸币的功能是"信用工具和支付手段的特征与功用在同一张纸币上的统一"。

在 18 世纪的英国，伪造纸币的情况十分少见。但在 1797—1817 年的这 20 年间发生了不少于 870 起伪造纸币案，有 300 名造假者被处决。仅在英格兰银行内部就有 70 名员工专门负责追踪伪造的纸币。在这一点上，纸张依然是流通货币的理想载体，这不仅由于其轻便、紧实和可折叠性，也是因为前工业制造技术留下的遗产：水印。水印早在 18 世纪就被用于防止伪造，随着造纸机投入使用——最开始几年，造纸机生产的卷筒纸上还没有水印——水印成为纸币生产的核心技术。

卡莱尔将指券比喻成破产之雪花的描述，以"金钱本身就是永恒的奇迹"作结，字里行间暗示着，"纸张的时代"描述的并非法国大革命中的一个时期，而是他进行创作的19世纪。在经济学理论框架内针对金钱与信贷的神秘关系做出回应的首次尝试，并没有给卡莱尔的作品带来什么影响，但这些内容无疑具有独特性。因为欧洲纸币的神话基本仍未被现代的信贷和金融理论触及。对荷马那邪恶的风口袋的追忆始终都在，即便在有价证券的物质基础——纸张消失之后也是一样。时至今日，"可疑的"[1]这个形容词仍然时不时地伴随着投机行为和投机商，表明在区分实体经济与投机性金融经济的实际过程中，欧洲古老的信贷比喻依然存在。而艾迪生关于信贷的讽喻（钱袋如今变成了一摞摞纸）始终是鲜活的。产自地球、与产权和土地相关联的黄金，与不稳定的、轻盈的、始终处于过剩幻象中的纸币，此二者之间的张力影响了19世纪文学的整个领域，从戈特弗里德·凯勒（Gottfried Keller）的《马丁·萨兰德》（*Martin Salander*）一直到19世纪晚期的法国股市小说。与此同时，寻找隐藏的古老贵金属和金属钱币变成了时代的强迫症。寻宝者和淘金热能在"纸张的时代"中独领光辉，也是因为金钱之主不再是普鲁都斯[2]，而是风神埃奥洛。

[1] 德语原词"windig"，也有"多风的"之意。
[2] 希腊神话中的财神之一。

巴尔扎克《幻灭》中的新闻界和报纸阴谋

　　《浮士德》第一卷的首个法语译本出自弗雷德里克·阿尔伯特·斯塔普费尔（Frédéric-Albert Stapfer）之手，被收入《约翰·沃尔夫冈·歌德戏剧全集》（*Œuvres dramatiques de J.W. Goethe*）中，并于 1823 年出版。1828 年问世的第三版中加入了 17 幅石版画与一张欧仁·德拉克洛瓦（Eugene Délacroix）绘制的歌德肖像画。这些石版画将作品与作者带入了幻想和魔幻的领域，在德国人的"浮士德"与法国人的黑色浪漫主义之间架设了一座桥梁，促进了女巫与魔鬼形象以及魔法师与术士在法国文化中的传播。在这之前，古典主义的神话人物一直在法国文化中占据主导地位。

　　未满 30 岁的青年巴尔扎克也是《浮士德》的读者之一。那时他自己还没有以自己的名义出版过任何一部小说，在图书业的所有尝试——寄希望于售卖莫里哀与其他古典著作来赚钱的出版社，附带了一个书店的印刷厂，以及 1827 年收购的字模铸造厂——都以失败告终。1828 年，这些企业最终让他破产。背负的债务和对限制开销的不满，又重新将他拉回到作家行列，使他具备了小说作家与记者的双重身份。在 1829 年父亲去世后，巴尔扎克自作主张，在自己的姓名中加入了贵族称号，自此以后便以奥诺雷·德·巴尔扎克（Honoré de Balzac）的名字发表作品。继备受争议的《婚姻生理学》（*Physiologie du mariage*, 1829）之后，巴尔扎克在双重身份的两极张力之下创作了小说《驴皮记》(*La Peau de Chagrin*, 1831)，该作品将《浮士德》的魔鬼交易搬到了刚建立七月王朝的法国。在《驴皮记》中，也有一位学者拿自己的生命做赌注，同样有一位平民女孩爱上了他，但却不能令他放弃与魔鬼之间的协定。虽然主人公不叫浮士德，却像是出自《浮士德》里的人物。巴尔扎克笔下的学者名为拉法埃尔·德·瓦朗坦，是一位年轻的落寞贵族，奥弗涅区古老家族的后代。他住在巴黎的廉价阁楼间里，潜心研究卢梭的思想，还撰写了一部喜剧和关于意志的理论，为此他还学习了东方语、解剖学与生理学。拉法埃尔痴迷于一位美丽典雅的伯爵夫人，在文学市场上不被看好，债台高筑，加之在巴黎王宫市场赌厅输了最后一笔钱，这令他对生活愈发厌恶，以至于决定自杀。但在前往塞纳河的路上，他踏进了一家古董商店，这家古董店收藏了所有时代与文化的遗宝，在一系列杂乱无章的古董之中，他发现了那张驴皮。驴皮的背面有所罗门御印的印迹，正面是阿拉伯文写就的契约。谁获得了驴皮，也就得到了这份契约。这块驴皮会满足主人的所有愿望，但每满足一个愿望它便会缩小一点，并且提出愿望的人的寿命也会有同样程度的缩短。在小说的叙述里，巴尔扎克将拉法埃尔在古董商店中参看画作的过程与浮士德在布罗肯山上看到女巫狂欢的经历进行了比较。东方学者拉法埃尔的这块驴皮，就像是浮士德那本观看大宇宙灵符的诺斯特拉达姆斯的神秘书。古董店的老板是一个穿着黑天鹅绒便袍的老头，一个画家能够以寥寥数笔，便照他的脸孔"勾画出一位仁慈上帝的美好形象，或者是那个爱嘲笑的梅菲斯特的面具"[1]。

巴尔扎克将他的魔鬼契约写进了这部年代准确、非常本地化的小说之中，这一契约将主人公的迅速自杀转换成了慢性自杀。歌德读到这本小说时虽然震惊于某些内容的大胆，但也认同这部作品是无法掩盖的天才初作。男主人公在1830年的巴黎得到了那张驴皮，也就是在七月革命的数个月之后。他当时身处的环境里还有歌剧院、咖啡厅、图书馆、戏剧院、记者办公室、沙龙、餐馆和妓院。还没完全走出古董店的大门，拉法埃尔就遇见了来自新闻界的朋友，他们用一位在黑道发家的百万富翁的钱创办了一份报纸，并且聘请拉法埃尔作为报纸主编。这份报纸实际上是为政府服务的，目的是充当表面上的反对派，预防所有可能出现的对政府的不满。驴皮所蕴藏的古老魔法和无法更改的文字，与现代报刊业的恶魔附体形成了鲜明对比，在这样的情况下，文字并没有什么分量。与英国一样，法国的许多报纸都是在19世纪20年代创办的，正如卡莱尔在他的散文中所讲的那样，巴尔扎克在《驴皮记》里认为，报刊业取代了宗教，记者取代了神父，订阅者取代了信仰者。"新闻业，你可知道，这就是现代社会的宗教，而且有了进步。""为什么?""因为头面人物不必去相信它，民众就更不用说了……"在诸如此类的问答中，巴尔扎克把新闻业描写成了无神明的宗教。因此，他小说里的魔鬼一人分饰两角，不仅是古老魔法的

---

[1] 本书有关《驴皮记》的译文皆摘自梁均译本，人民文学出版社1982年版。

代表、古董商店的引诱者，同时也是记者，并且如此评价自己：
"我们这些梅菲斯特魔鬼的真正信徒，我们承办一切；我们制造
舆论，我们给粉墨登场者换新装。"

从《婚姻生理学》大获成功到《驴皮记》的出版，在这期
间足足一年半的时间里，巴尔扎克几乎完全在新闻领域工作，
所服务的杂志有《强盗》（*Le Voleur*）、《政治新闻杂志》（*Le
Feuilleton des Journeaux Politiques*）、《侧影》（*La Silhouette*）和
《时尚》（*La Mode*），有的作品是匿名发表的。巴尔扎克研究专
家将他在1830年革命前后的这一创作时期定义为转折期，而
他之所以在此时期致力于撰写短文，是为了能够更快地获得报
酬，相比之下，书籍市场的回馈更慢，也更不稳定。《驴皮记》
代表他回归了小说创作，重拾记者和作家的双重身份。他会继
续在两个领域里经营，但愿意在书本与报纸的创作过程中，从
社会学和经济学的角度丰富自己。从美学视角观之，他的《人
间喜剧》（*La Peau de Chagrin*）不断地利用文学与新闻之间的无
情对抗。在《驴皮记》中，魔鬼契约、自杀和新闻业之间的交
叠建立了一个基本主题，巴尔扎克在其呕心力作《幻灭》（*Les
Illusions Perdues*）三部曲中将其发挥得淋漓尽致。主人公吕西
安·德·吕邦泼雷作为诗人从外省来到巴黎，在这里进入了新闻
行业，受挫后又返回故乡，然后再次走向繁华世界，最后在《交
际花盛衰记》（*Splendeurs et Misères des Courtisanes*, 1838—1847)
里结束了自己的生命。

吕西安·德·吕邦泼雷是拉法埃尔·德·瓦朗坦的后继者。

他也与恶魔势力签订了致命的契约，巴尔扎克并未省略记者云集的巴黎与但丁的地狱之间的对比。与此同时，他将主人公的地狱之行嵌入报刊业崛起的全景中，这种经济、技术和社会学的具体性在19世纪文学中是无与伦比的。"我们这故事开场的时代，外省的小印刷所还没采用斯丹诺普印刷机和油墨滚筒，昂古莱姆虽然凭着当地的特产同巴黎的印刷业经常接触，用的始终是木机。俗语把印刷说作'叫机车叹气'，就是从木机来的，这句话现在可用不上了。"[1]在这开篇的这一段中，叙述者像是极为熟悉大城市最新技术的专家，他把目光投向了奚罗姆－尼古拉·赛夏（老赛夏）的印刷所，并描述了其印刷设备的落后：皮制的蘸墨的球，放置纸张的云石，不识字也不会写字的印刷所老板，严格意义上讲，他并不是印刷匠，而是"压榨者"。在1793年这个革命之年，印刷所的前任老板死去，老赛夏接手，并雇用了一个在恐怖统治时期躲藏起来的贵族，帮他印刷一些布告。巴尔扎克把老赛夏塑造成了一个贪婪且酗酒的畸形人物，其讽刺性的形象是在致敬在书中数度被引用的拉伯雷。这个贪财鬼的吝啬导致了他对所有技术创新的彻底否定，他认为先进的斯丹诺普印刷机是英国人狡诈的诡计，目的是保障英国钢铁工业的市场。老赛夏沿着拉伯雷笔下人物走向未来的路径开了倒车，把花在印刷机上的心血转移到葡萄压榨机上。他的儿子

---

[1] 本书有关《幻灭》的译文皆摘自傅雷译本，人民文学出版社1978年版。部分人名、地名略有改动，如"安古兰末"（Angoulême）改为"昂古莱姆"，"第多"（Didot）改为"迪多"。

大卫·赛夏不得不自己负担费用，跟着法国著名的出版世家迪多家族学习印刷。在那里，他成了一名学者，并将技术知识和思想精神带回了外省，一心想走上现代化、永恒创新之路。大卫·赛夏接手了父亲落后的印刷所，对其进行了精心的现代化改造。昂古莱姆在几个世纪里都以造纸而闻名，大卫·赛夏也成了一名造纸专家。巴尔扎克曾经开过活字铸造厂，也了解18世纪的文学，熟读百科全书和梅西耶的《新巴黎》，对他而言，"印刷"与"造纸"这两者是不可分割的。他熟悉铁制的机械印刷机，也了解19世纪20年代以来在法国不断发展的造纸机。1833年，巴尔扎克曾想以订阅的方式来大规模发行小说，他去过昂古莱姆，在当地的30多家造纸厂中，特意拜访了其中唯一一家拥有造纸机的造纸厂。

　　"两个诗人"是《幻灭》第一部的标题。在这一部分，大卫·赛夏与吕西安·德·吕邦泼雷［起初用的是平民的名字吕西安·夏同，"夏同"（Chardon）意为"蓟草"］两人通过一个精妙的交错配列串联在一起。印刷匠的儿子大卫自孩提时期起就有诗歌和哲学的天分，但出于责任感，还是忠于了自己的原生环境。吕西安则是共和政府时代一名军医的儿子，在数学与自然科学方面天赋异禀，却沉溺于自己的文学野心，而他从母亲身上遗传来的美貌也给他笼罩了一圈诗意的光环。吕西安的父亲因伤退伍后便开始在昂古莱姆当药剂师，将热情投注在化学领域，做过一系列实验，其中包括为纸张寻找植物原料。吕西安把这些告诉了他的中学同学大卫·赛夏。作为交换，大卫资

助了吕西安的文学事业。技术与诗歌、纸张与印刷、诗人与发
明家,通过这些交错的构思联结在一起。

　　这部小说明确地指出,昂古莱姆及其工业郊区乌莫的社会
风貌保留了早已空洞无物的等级制度。巴尔扎克讽刺性地描写
了外省精神空虚的贵族,以及蔑视工匠和商人的神职人员,这
与发明家大卫·赛夏的形象形成了鲜明对比,大卫个性沉静,善
于钻研,执着于自己的目标。这位发明家的文学成就是作者深
思熟虑的选择。巴尔扎克从来都不是圣西门主义运动的拥护者,
在《大名鼎鼎的戈迪萨尔》(L'illustre Gaudissart)中,他还曾嘲
笑这一运动的措辞。但通过在《政治新闻杂志》(Le Feuilleton
des journeaux Politiques)的工作,巴尔扎克熟悉了圣西门主义者
的情况。他对吕西安父亲的创新精神的归纳也许是受圣西门主
义者的启发:"将科学的成果应用到工业中。"正如圣西门的社
会观对传统等级制度的颠覆——教士和贵族的地位被贬低,而
发明家占据了最高等级,大卫·赛夏则在《幻灭》中象征着生
产力之魂。他并非目光短浅、爱钻牛角尖,而是一位有智慧的
发明家,他的计划产生于对社会发展规律的认识。大卫·赛夏
用19世纪文学中最奇怪的一段爱情表白证明了这一点。这场表
白的发生地点是造纸厂水车轮旁的一根横木上,年轻博学的印
刷匠向他未来的妻子、吕西安的妹妹夏娃解释他的发明创造的
秘密,他们婚姻的幸福将依赖于此,这段阐释就像一堂关于纸
的历史课。大卫·赛夏没有忘记提到纸牌,描述了15世纪造纸
术与印刷术的融合,印刷纸张的尺寸与云石大小之间的关联,

他对形形色色的古老纸张类型（"葡萄纸、耶稣纸、鸽笼纸、水壶纸，银洋纸，贝壳纸……"）如数家珍，仿佛想要与《伊利亚特》中的船只名录一较高下。

这堂纸张历史课聚焦在一个现实问题上，即增长的纸张需求与由于缺少高质量的废旧布料而使生产受限二者之间的矛盾。按照大卫·赛夏的观察，自帝国崩溃以后，较为便宜的棉制衣物在穷人和中产阶层中取代了更耐久但较昂贵的亚麻衣物。他认为这是现代文明发展规律的特征。根据他的预测，现代文明中的物质总体上将在重量、大小、稳固性和持续性上逐渐发生减损："我们这个时代，财产经过平均分配，数目减少，大家都穷了，需要廉价的内衣，廉价的书籍，正如屋内没有地方挂大画，我们都在物色小画。结果是衬衫和书都不经用了。样样东西都不再讲究坚固了。因此，我们所要解决的造纸问题对于文学、科学、政治，重要无比。"

大卫·赛夏结合自己在巴黎当印刷学徒时参与的一次争论，对这个问题做出了回应。这次争论围绕着一个问题：是否可能以现代技术回归到运用植物原料的中国造纸术中去。发明家回忆道，德·圣西门伯爵此时充当了一名博学的顾问，他在当时是一名校对员，就像后来的傅立叶和皮埃尔·勒鲁（Pierre Leroux）一样。

巴尔扎克把大卫·赛夏想法的来源转变成了技术与科学融合的典范逸事。学士院（法国皇家科学院的前身）的学者也加入讨论行列中来，阿尔什那图书馆的馆长提供了一本专讲造纸

技术、附有不少图解的中国书，这成为关键性的参考资料。简
而言之，大卫·赛夏的基本观点是，用当地的芦苇代替中国人
所用的竹纤维，以欧洲的原料分解和机械化造纸技术与中国的
造纸模式结合起来。巴尔扎克提及社会改革家圣西门、傅立叶
和勒鲁并非偶然。大卫·赛夏的观点给现代文明的诊断提供了
一个典范性的答案，也就是轻量化、小型化和低存续性，这为
纸张提供了一个作为储存与传播媒介的未来，并保证了其在空
间与时间之间的平衡。睿智的发明家想要生产一种现代化的"中
国纸"，来取代即将消失但耐用的麻料纸，以及日益流行但易碎
的棉料纸，这种纸要非常薄、非常轻、非常精细，但又不透明，
并且两面均可书写，与此同时还经久耐用。大卫·赛夏的愿景预
示着20世纪的轻便世界。"如果能造出一种廉价的纸，和中国
纸的品质差不多，书的重量和厚薄可以减去一半以上。用我们
的仿小牛皮纸印一部精装的伏尔泰全集，重二百五十斤，用中
国纸印重量不到五十斤。这一点不能不说是很大的成功。安放
图书的地位越来越成问题。我们这个时代，不管是人是物，都
在缩小规模，连房屋在内。巴黎的宏大的住宅早晚要拆掉，上
代留下来的建筑，我们的财产快要配合不上了。印出来的书不
能传久，真是这个时代的耻辱！"

　　身为作者，巴尔扎克为这位发明家的题外话辩护，认为"这
常识放在这儿叙述也不算越出范围，我这部作品要出版，除了
印刷也得靠纸张"。通过这种方式，巴尔扎克旨在对文学进行物
质上的自我反思，这种反思不同于自《堂·吉诃德》问世以来

一直影响欧洲小说的审美策略上的自我反思。通过这种物质反思，"文学是由什么制作而成的"这一问题，取得了和"文学是如何创作出来的"这一问题同等的地位。

发明家和诗人这两个人物都经历了一个曲折的幻灭过程。吕西安失败在写书的路上，大卫失败在追求专利权的路上。巴尔扎克以强大的艺术领悟力将这两个幻灭的过程联系在一起。他将发明家大卫·赛夏故事中的文学物质上的自我反思，与文学市场结构的细致分析结合在了一起。

《幻灭》的第二部"外省大人物在巴黎"以吕西安·德·吕邦泼雷倚仗的所有资源的价值暴跌开始，他本想依靠这些资源在首都成为全国知名的作家。但资助他的女贵族在巴黎的沙龙里黯淡无光，而他自己也沦为了一个笑柄，金钱在大都市里的流通速度迅猛提升，在外省足够生活好几年的资本，在他刚抵达巴黎不久便消弭殆尽了。最主要的是，他作品的价值也在走低。这些手稿在昂古莱姆让他拥有了当作家的光明前途，当他相信能够通过出售手稿而稳定自己的处境时，巴黎的书商却给他上了一课。他必须知道，诗人并非高人一等，而只是市场参与者，文学也是一种商品。巴尔扎克曾在七月革命后发表的一篇报纸文章中分析了图书销售与出版行业的危机，吕西安学到的这一课也是巴尔扎克基于自己的分析而得出的。吕西安遇到了只想从短期价值波动与市场动荡中获利的书贩子，还遇到了法国大革命之后出现的一种新型出版商，他们没受过多少教育，对书籍内容也不感兴趣。这时要成为出版商不再需要许可证和相关知识，而只需要资金。而大部分出版商不具备充足的资金，都是靠借贷来印书卖书的，如果想保证自己的账期和贷款，就必须尽快获取利润。知名作家的书比较受欢迎，这类书的销售风险不大，还有指南书和轻小说。这类出版商所热衷的手稿都是可以在短期内获利的。吕西安的十四行诗合集《长生菊》——巴尔扎克构思的这个书名令人联想到《浮士德》里牺牲的无辜者——由于诗歌市场供应过剩、需求低迷，几乎无人问津，而他的历史小说《查理九世的弓箭手》尽管体裁优秀，但作为新人作品也卖不了很高的价钱。巴尔扎克在小说中所描述的商业行情，源自他1830年发表的文章《出版业现状》（*De l'État actuel de la librairie*）："一令纸价值15法郎，在印刷了文字之后，根据其成功的情况，便可价值5法郎或300法郎不等。"

吕西安出版这部历史小说的过程，以及《长生菊》无法出版的遭遇，呈现出大卫·夏赛在外省就已经预言到的一个总体趋势：报刊行业的短时效性成果正在取代创作时间较长的书籍，开始决定整个文学市场的运行规律。吕西安遇到的出版商和书商，他们的行为都是为了追逐短期利益。

小说描写了一个"小团体"，是以不屈不挠的青年作家大尼埃·大丹士为核心的诗人与学者圈子，代表了摇摇欲坠的稳固性和持续性，而围聚在《小报》及其主编埃蒂安纳·罗斯多（Étienne Lousteau）身边的记者圈，则代表精神腐化堕落的一方，吕西安加入了后者。急速增长的对新闻文章的需求，推动了随笔与评论稿酬的猛涨。与此同时，报纸通过批判性文章对书籍的销售产生了巨大影响。当吕西安违背本意,在报纸上对他朋友的一本著作发表了严厉批评后,终于吸引了出版商的注意。文学和新闻的这种对立,在许多段落中都得到了体现,以至于卡尔·克劳斯[1]在他自己创办的杂志《火炬》(Fackel)中,可以直接从《幻灭》中选取文段并整合,以此作为对新闻业的抨击。

如果止步于此,巴尔扎克便不是巴尔扎克了。凭借一篇恢宏的戏剧批判以及"巴黎的过路人"系列杂文,吕西安被巴尔扎克塑造成大都市与小形式成功结合的先驱,这削弱了巴尔扎克有关诗人必然将在新闻地狱中毁灭的总体判断。正如卢梭的历史哲学一样,巴尔扎克也认为,解铃还须系铃人。在1833年发表的《总订阅公司》(Societé d'abonnement général)中,巴尔扎克希望通过期刊的订阅方式和周期性出版来改革图书贸易,造福小说家。以这种方式发行的小说不是季节性、一次性的,而是持久、高品位的文学。在逻辑结构上,这一计划与大卫·赛夏的观点相类似,也是在借鉴古老传统的同时,制造出既高度现代化又具备持久性的纸张。

但这两项计划都失败了,其中一个原因是资金不足。早在19世纪30年代初期关于图书贸易的文章中,巴尔扎克就已经从普通的信贷融资中分析出了生产过剩危机和大量破产的主要原因。在《幻灭》中,诗人与纸张发明家都身陷信贷融资和票据兑现的麻烦之中。吕西安在巴黎无休止地借钱,甚至以自己

---

[1] 卡尔·克劳斯(Karl Kraus,1874—1936),著名的奥地利作家,20世纪上半叶最杰出的德语作家和语言大师之一。

朋友的名义开出了伪造的汇票。大卫·赛夏成了金融阴谋的牺牲品，而他也看不懂这一切。《幻灭》的最后一部《发明家的苦难》，证明了雨果·冯·霍夫曼斯塔尔（Hugo von Hofmannsthal）研究发现的所谓《人间喜剧》与格奥尔格·西美尔[1]的《货币哲学》（Philosophie des Geldes）之间的相近性。巴黎纸商梅蒂维埃本是一个配角，却走入了故事情节的中心，他像许多纸商一样，也无照经营，做一些小银行家和信贷经纪人的营生，而巴尔扎克激烈地抨击这种行为。他作为纸张贩卖商和隐秘的银行家，不仅与大卫·赛夏的印刷所合作，也跟大卫·赛夏在昂古莱姆的竞争者——戈安得兄弟有交易，戈安得兄弟中奸诈的那位——鲍尼法斯·戈安得负责纸张买卖和金融交易，而粗笨的那位——约翰·戈安得负责当地的印刷所。戈安得兄弟对付大卫·赛夏的印刷所和这位发明家的阴谋，贯穿了整部小说，最后在结尾处打成了一个死结。这个死结产生于巴黎报刊行业与外省造纸实验之间的连续交织。对此，巴尔扎克以一个技术阴谋补充了戈安得兄弟的金融阴谋，这个技术阴谋并不复杂，但有高度的象征性。这一阴谋所瞄准的正是大卫·赛夏的核心想法——寻找现代化、廉价又耐久的纸张，并投入使用，以此获利。

　　鲍尼法斯·戈安得之所以能够设计出这个阴谋，是因为他本身就是造纸厂厂长，虽然他在外省进行生产，但同时与巴黎市场也保持着联系，还了解书写纸与印刷纸不同的商业应用链。

---

[1] 格奥尔格·西美尔（Georg Simmel，1858—1918），德国社会学家、哲学家。其著作《货币哲学》注重于探讨货币及其制度对于人内在生活、精神品格的影响。

他一方面受益于昂古莱姆的造纸传统——作为一个历史悠久的
造纸中心，昂古莱姆以能生产精致的书写纸而闻名。但在外省，
鲍尼法斯·戈安得也是一位现代化技术的推动者。他投资发明
家的造纸构想，是为了从中获利。当大卫·赛夏通过长时间的实
验，终于成功在传统的破布浆中加入植物原材料，生产出一种
价格较低但质量不高的纸张时，鲍尼法斯·戈安得立即意识到，
这是摆在他面前的机会。他一次次驱使发明家走入实验的死胡
同，不断要求他制造出精致的、大尺寸的书写纸——能与昂古
莱姆享有盛誉的"贝壳纸"相媲美。要达到这种效果，就必须
研究纸张的锅内上胶。实际上，鲍尼法斯·戈安得感兴趣的从
来都不是那种书写纸。他意识到，巴黎报刊业的繁荣为大规模
生产的低质量、不上胶的纸张开辟了一个有利可图的市场。作
为大卫·赛夏的合作伙伴，鲍尼法斯·戈安得获得了发明家的创
新技术，学会了如何利用植物原材料制造这种成本更低的纸张。
他在自己的工厂中安装了造纸机，背着发明家大规模生产这类
适合印刷报纸的纸，并通过与纸商梅蒂维埃的关系在巴黎进行
推销。最终，他利用与大卫·赛夏达成的合同中有利于自己的
条款，轻而易举地拿到了大卫·赛夏发明的专利，并用一笔与
他获得的利润相比不值一提的小钱打发了大卫·赛夏。发明家
的内心彻底幻灭了，他继承了父亲的遗产，回到了家乡，从此
与妻子、孩子开始新的生活，实现了让·保尔对于田园生活的
定义：有限度的幸福。

　　巴尔扎克曾经声称，他打算给《幻灭》三部曲的结尾安排

一个大团圆的结局。但这得是多么孤陋寡闻的读者，才会看不出这样的田园生活是以发明家身份的死亡为前提的，而大卫·赛夏只能像一个幽灵一样继续生活："大卫·赛夏生了两男一女，夫妇的感情始终如一。他胸怀高洁，绝口不提以前的尝试。夏娃也足够聪明，劝大卫·赛夏把发明家的可怕的志愿放弃了。所谓发明家原是摩西一流，受着何烈山上的荆棘的煎逼。大卫·赛夏拿文艺作为消遣，过着懒洋洋的快乐的地主生活，经营自己的产业。求名的念头永远放弃了，心甘情愿做一个耽于幻想和搜集标本的人；他从事昆虫学，研究虫类的奇妙的变化，现代科学在这方面还只知道变化的最后阶段。"

巴尔扎克把故事发生的时间设定在19世纪20年代初期，此时由莫里茨·弗里德里希·伊利格（Moritz Friedrich Illig）研发的桶内上胶技术已经有十年的历史了。然而，戈安得阴谋所蕴含的象征意义并未因此减弱。法国造纸业机械化的最新研究证实，当最初无法与精细书写纸竞争的机造纸问世时，报刊行业对这种纸的销售有着重要的意义。与此同时，报纸的版式与发行量也在很大程度上得益于机造纸的可用性和经济性。

大卫·赛夏想要发明的是一种通过现代技术生产的耐用书写纸和印刷纸。但是他的计划与在巴黎的朋友吕西安的结局相似。诗人和发明家的野心都受制于一种新的力量——报刊出版业。因此，《幻灭》体现了新闻纸的双重解放：它作为新闻行业的载体将自身从文学领域中解放出来，并且把新闻业的短时效性纳入其物质结构之中，从而在技术上将自身与书写纸和高质量的印刷纸剥离开来。读者在《幻灭》的最后几页发现，正是因为深谙此道，纸商戈安得才摇身一变，成为新晋的百万富翁，以及七月王朝一位德高望重的公民。

抄写员的秘密：查尔斯·狄更斯和尼姆先生

经历了19世纪一场声势浩大的双重运动后，纸成了阐释这一时代的基本主题。就像巴尔扎克的《幻灭》一样，文学反映了印刷纸张、报刊行业、招贴与广告这些领域的迅速扩张。与此同时，文学也让我们看到，非印刷、未装订的纸渗透进了私人书信和法律文书的日常往来中。因此，19世纪大城市的纸张流通成为一个主题，社会的各个领域都可以通过它联系在一起。这时的纸张不再只有中产阶级年轻女性的秘密和贵族引诱者的阴谋，它也隐藏着伦敦与巴黎自身的秘密。那些抄写员、纸商与破布收购者都是中世纪晚期和近代的产物，我们从民歌、百业全书和杂文中见到过他们。但作为大城市的人物，他们摆脱了传统身份的束缚，在连载小说的世界里找到了新的归宿，并在不可思议的世界里安定下来。

在《高老头》（*Le Pére Goriot*）中，巴尔扎克先描绘了一番伏盖夫人的膳宿公寓，以此来介绍人物与情节。在小说《夏倍上校》（*Le Colonel Chabert*）的开头，他也是先描绘了律师但维尔的事务所。故事主人公夏倍上校在埃洛战役后误被宣告死亡，他回到了复辟时期的巴黎，想要官方认证他还活着的事实，而他的妻子因他的"牺牲"获得了不菲的财产。拿破仑时代的英雄主义已经宣告终结，看一眼律师事务所的情形就知道，为了能够像那些鬼神故事里的死者一样复活，勇敢的士兵将不得不打一场他毫无准备的纸面战争："室内的装饰只有那些黄色的大招贴，无非是不动产扣押的公告，拍卖的公告，成年人与未成年人共有财产拍卖的公告，预备公断或正式公断的公告；这都算是替一般事务所增光的！首席帮办的位置后面，靠墙放着一口奇大无比的文件柜，把墙壁从上到下都占满了，每一格里塞满了卷宗，挂着无数的签条与红线，使诉讼案卷在一切案卷中另有一副面目。底下几格装着旧得发黄的蓝镶边的纸夹，标着大主顾的姓名，他们那些油水充足的案子正在烹调的过程中。"[1]

巴尔扎克的这段叙述取材自他在律师事务所当帮手时的经历，他将这段叙述嵌入对律师事务所的速写之中，而这一速写似乎可以加入题为《抄写员生理学》的报纸文章里。抄写员像录音机一样写下所有听到的东西，即使是魔鬼的诅咒也会被记录下来。抄写员的快速、一致性和无思想性，使得纸张的流通变得更加密集和迅速，最终汇入了满溢的卷宗柜里。

在卡莱尔《纸张的时代》这一表述中，虚幻、空洞和投机的事物已经与纸张联系在一起。这一"可疑的"隐喻保留到了

---

[1]　本书有关《夏倍上校》的译文皆摘自傅雷译本，出自《人间喜剧》（第五卷），人民文学出版社1994年版。

19世纪中期，但对于现代生活所进行的文学诊断，却变得愈来愈晦暗。在19世纪的文学作品中，按照工作量获得报酬的抄写员是根据稿件获取报酬的记者的补充，他们作为活的书写机器，为纸张洪流的积聚贡献力量，这一纸张洪流的源头在官僚机构和司法领域。在巴尔扎克的《夏倍上校》中，抄写员办公室"乌七八糟的玻璃窗只透进一点儿亮光"。

随着文学不断挖掘大城市的黑暗之地与社会疾苦，纸张与纸张流通的空间的晦暗色彩愈发加重。在查尔斯·狄更斯的小说《荒凉山庄》（Bleak House, 1853）中，这种晦暗达到了顶峰。狄更斯的读者都不会忘记，在小说的开头，叙述者的目光是如何穿越笼罩在浓雾、尘埃和十一月细雨之中的伦敦，最终落在圣殿关附近的大法官法庭。在这个法庭里，摆着"起诉书、反起诉书、答辩书、二次答辩书、禁令、宣誓书、争执点、给推事的审查报告、推事的报告等一大堆一大堆花费浩大的无聊东西"[1]。书记员、判决记录员、速记员、报馆记者和抄写员将整个法庭埋在了肮脏纸张形成的雪崩之下。即便是一份简短的材料摘要也有"一千八百张"，对于"贾迪斯控贾迪斯"一案，抄写员已经记录了"多少万页大法官庭的对开纸"。在小说《荒凉山庄》中，飘落在伦敦城的黑色煤烟和遍布各地的尘土，与城市中奔腾的纸张洪流相融，染黑了它们的颜色。

在这部小说中，伦敦就是这19世纪纸上幻想的黑暗中心，

[1] 本书有关《荒凉山庄》的段落皆摘自黄邦杰译本，上海译文出版社1979年版。

狄更斯为人物与情节撑起了一张细密的网，这张网穿越伦敦城，一直深入乡村。我们以一只迟来乌鸦的视角来感受这张故事网的范围，在第十章，煤气灯已经点了起来，但还没有充分发挥作用，这只乌鸦向西飞越了库克大院。斯纳斯比先生在他的法律文具店门前看到了这只乌鸦。他店铺所售卖的商品，最主要的就是法律诉讼所用的零张和整卷的书写纸，其次是白色和白里透棕的大页纸，法律诉讼程序的各式各样表格。此外，他还售卖火漆和糨糊、法例一览表、橡皮、吸墨粉、削鹅毛笔用的小刀、大头针，除了鹅毛笔之外，他还卖钢笔。

斯纳斯比先生不仅仅是因为这些花样繁多的商品而成为纸张流通中枢的。人们还可以到他的店里书写卷宗、开具公告或者抄写材料。有不少抄写员为他服务。飞过法院小街、飞向林肯法学院广场的乌鸦还经过了克鲁克的商店——位于旁边一条小街里的破旧布料收购商店。这家"碎布旧瓶收买店"的橱窗里能看到一幅红色的造纸厂的画。这里收买骨头、旧铁器、厨房用具，随着废纸数量的增加，废旧纸张也在这个破布王国里独立撑起一个门类。以中产阶级商人斯纳斯比先生的角度来看，这里是纸张流通循环的最下端。在这里，纸张重新回到了生产它们的破旧布料当中。

这一地点会出现在狄更斯的小说里并非偶然。亨利·梅休（Henry Mayhew）刚刚出版了三卷本的《伦敦劳工与伦敦贫民》（*London Labour and the London Poor*, 1851—1852），这是一部关于伦敦社会概况的文章汇编，能够与巴尔扎克笔下巴黎的现代社会"生理学"相媲美。大街上晃荡的破布收集者、流动的二手商品销售商、老牌的"破布与骨头"收购店，都被梅休生动地刻画成下层社会全景的一部分。在《荒凉山庄》里，破布收集者超脱出社会报道的范畴，蜕变为一个寓言式的人物，象征着腐朽的城市生活进入死亡的领地。克鲁克的绰号是"大法官"，邻居戏称他的商店为"大法官庭"，因为它像司法机构一样，不管什么东西一旦被吞噬进去，就绝难再出来。克鲁克是"法律界的一个……脱离了关系的亲戚"，他积存着大城市的垃圾，将源源不断的废纸储存进自己的商店。但是，狄更斯并没有把他描绘成一个离群索居的穴居人。一些法庭的文书员和抄写员是克鲁克的房客，而他自己几乎天天都去法院旁听诉讼，观察法庭上高贵且博学的大法官。克鲁克不是局外人，他是悲惨世界的大法官。

迟来的乌鸦飞越克鲁克的破布世界，朝着法院大楼不远处的林肯法学院广场飞去。这里有一所以前很有气派的大房子，如今被分割成了办公室，律师图金霍恩就住在这里，他了解所有贵族的秘密，但很少把它们写在纸上，不过纸张贩卖商斯纳斯比先生会帮他找人抄写法律文书。图金霍恩沿着乌鸦飞来的路线反向走去。他想要在斯纳斯比先生那里找到为他抄写了一份口供书的抄写员，因为他的客户德洛克夫人明显对这位抄写员的笔迹非常感兴趣。

狄更斯是否成功地将这部小说的两条主线（一条是"贾迪斯指控贾迪斯"这一诉讼的无尽蔓延以及牵涉进来的人物，另一条是揭开德洛克夫人的秘密）充分联系在一起，一直是大家争论的焦点。律师图金霍恩在纸张贩卖商那里找到的那个男人就是这两条主线联结的交会点。他曾是一名上尉，名叫霍顿，如今他已然落魄成身无分文的抄写员，租住在破布收购商克鲁克那里，称自己为"尼姆"。作为一晚上能抄写四十二张纸的抄写员，他参与了大法官庭的案卷流通之中，而身为霍顿上尉时，他曾收到过情书，他就是打开德洛克夫人秘密的钥匙。

　　尼姆先生在小说中登场时就已经死了。当律师图金霍恩找到他时，他双目圆睁，躺在破旧书桌旁边的床上。克鲁克的破布王国因尼姆而变成了死者国度，而伦敦也笼罩在大墓地的神话之中。赶到现场的医生判断尼姆的死因是过量吸食鸦片，他顺便提到，这个抄写员的尸体"就像埃及法老的木乃伊一样"。纸张贩卖商的夫人在死者生前总是固执地称呼他为"尼姆罗德"[1]，赋予他一种古巴比伦的气息。在维多利亚时代的英国和美国有这样的流言：由于缺乏废旧布料，人们大规模进口木乃伊的裹尸布，并用它来造纸。《荒凉山庄》的每一处情节转折都可以看到小说与城市报道风格的联合，每一处转折都产生了来自破布与纸张世界的死亡寓言。许多人物在小说中死去，因为他们站在两个致命循环的交会处：一个是传染病的循环，另一个是隐藏秘密又揭露秘密、成就一生又毁掉一生的纸张循环。

　　在《荒凉山庄》中，有按照文字行数获得报酬的当地记

---

[1]　尼姆罗德是一座亚述古城，在很长时间里都是亚述帝国的首都。

者，有发表关于尼姆先生调查报告的报纸。文章被从报纸上剪下，贵族们有藏书间，而中产阶级里弥漫着一种过度通信的文化，在热衷非洲活动的杰利比夫人家里，这种通信文化变异成了一种慈善的官僚主义。在克鲁克死后，他的亲戚——放贷者斯默尔维德接手了他的破布商店，并在那里签发汇票。但这些纸张都笼罩在破布和腐朽的阴影之中。在克鲁克死后，在那堆积如山的纸屑、印刷纸和书写纸中，有人找到了对那场无休止的诉讼有决定性作用的遗嘱。在《荒凉山庄》中，未装订的纸张起到了突出的作用，这也推动着纸张向垃圾堆与传染源靠拢。当纸张被封闭在一本书里、被困在图书馆时，它能被空气、潮湿和光线所影响的暴露区域是很少的；而在狄更斯笔下的伦敦，在那种阴暗的、混合着浓雾和煤灰的环境下——小说开篇便生动地捕捉到了这一点——纸张会遭遇极其多的腐蚀。未装订的纸张在这种环境里被拆散，它们变得肮脏，并且展现了自拉伯雷和格里美尔斯豪森时代以来便有的低级和令人厌恶的特性，比图书馆里最肮脏的书还要脏。

狄更斯让破布收购商克鲁克死去，也是一个被激烈争论的话题。这位声名狼藉的酗酒者死于"自动燃烧"，留下的只有壁炉前一堆焦糊的残渣。他的死亡与他的垃圾世界不可阻挡的腐朽融合在了一起。科学家们很快就否认"自动燃烧"的可能性，而狄更斯则试图让人相信那是真正可能的死亡方式，这在美学方面是必要的。狄更斯在创作《荒凉山庄》时是厌恶"廉价恐怖小说"[1]的，这类流行的恐怖故事一般印刷在低质量的纸张上面，供那些刚识字的受众阅读。造纸机的发展也促进了恐怖廉价小说的兴起，使其不必受三卷本小说的标准格式的约束。狄更斯可能会鄙视诸如 G. W. M. 雷诺（G. W. M. Reynold）这样的作家，雷诺在受到欧仁·苏[2]启发后创作了连载小说《伦敦之谜》（*The Mysteries of London*, 1844—1846），塑造了偷尸者的角色。但是，通过破布收购商克鲁克那可疑且令人毛骨悚然的死亡，狄更斯却是在恐怖廉价小说的层面上游荡。低级的、肮脏的纸张洪流穿越了《荒凉山庄》，最终诞生了 20 世纪早期的"低俗小说"。

《荒凉山庄》的第二条情节主线呈现为一个侦探故事，想必能吸引中产阶级读者的兴趣，其中报纸是线索和证据的载体。在《荒凉山庄》中，侦探布克特在律师图金霍恩被谋杀之后，承担起揭开所有秘密的责任，他十分关注剪报与文字对比，后来的大侦探福尔摩斯更是深谙此道。最后，情节的第三条主线将《荒凉山庄》变成了纸张神话的来源，将抄写员变为对现代性辛辣的讽刺。抄写员尼姆不眠不休，像机器一样受制于连续做工的规则，在小说中也像是被裹上了一层埃及木乃伊的防腐料。他是赫尔曼·梅尔维尔（Herman Melville）笔下那令人捉摸

---

[1] 即 Penny dreadful，英国维多利亚时期非常流行的一种小说形式，作品采取连载形式，每周出版一本，每本售价一便士，一般是悬疑、侦探、灵异题材，内容也较为暴力恐怖。

[2] 欧仁·苏（Eugene Sue，1804—1857），法国十九世纪著名小说家，代表作为连载小说《巴黎之谜》（*Les Mystères de Paris*）。

不透的抄写员巴特尔比的直系祖先，既体现了书写的机械连续性，又打破了这种机械连续性。

大页纸和工厂女工：赫尔曼·梅尔维尔和造纸机

当 1778 年 6 月美国大陆军[1]进入费城时，报纸上的广告便急切地呼吁居民将废旧纸张运到军队营地中去，甚至连最小的纸屑也不放过。由于这项呼吁并未取得令人满意的效果，士兵们蜂拥而出，到私人住宅和商铺中搜寻。在一栋房子的阁楼中——本杰明·富兰克林（Benjamin Franklin）不久前曾在这里安装了他的印刷机——士兵们收获颇丰，没收了 2500 份牧师吉尔伯特·坦南特（Gilbert Tennant）的有关"自卫战争"的布道词。这些纸张被制成了弹壳，用于军队接下来的战斗。

纸张的紧缺一直伴随着美国独立战争。虽然 1765 年前后的美洲殖民地有超过 50 家造纸厂，主要位于宾夕法尼亚州，但它们远远不能满足日益增长的纸张需求。当时美国的纸张主要依赖于进口，因此直接受到美洲殖民地与英国之间冲突的影响。按照 1765 年出台的《印花税法案》，英国人试图让美洲殖民地为所有印有文字的商品缴纳印花税，但在激烈的抗议之后，这项法案被撤销了。然而，1767 年的《唐森德税法》规定，对英

---

[1] 即美国独立战争中由北美 13 个殖民地联合建立的革命武装力量。

国进口的诸如茶叶、杯子和颜料等日常货物收取进口关税，这
其中也包括了纸张。美洲殖民地的居民对此发起抵制行动和"禁
止进口协议"，致使纸张储量迅速下降。当1775年独立战争打
响时，纸张已经非常短缺了，促进国内的纸张生产已经成了一
项爱国任务。因为不只军队需要弹壳，政府也需要纸张来印刷
美元、进行行政管理。由于纸张紧缺，某些报纸甚至推迟了出
刊，或者使用较小的版面。因此，掌握造纸技术的男性被敦促
去造纸厂工作，而非在军队服役，在监狱里服刑的造纸工人也
被释放。由于破布的短缺也阻碍了造纸量的提升，造纸厂在广
告里呼吁居民们将穿旧的衣服运到它们那里，并承诺"旧衣物
可以换成现金"。就像在1779年3月的《马萨诸塞侦察者报》
（Massachusetts Spy）上刊载的收购破布的广告，把妇女群体称作
"自由女神"，这一荣誉称号将她们与曾反抗《唐森德税法》的
"自由之子"并列起来。上缴破布就是对美国独立战争做出的
贡献。

　　纸张与爱国主义在修辞上的结合，与美国革命中的关键人
物和纸张的紧密关系也很匹配。当费城牧师坦南特的布道词被
制成弹壳时，印制这些布道词的人——本杰明·富兰克林正以
美国特使的身份出访巴黎。1776年12月他抵达巴黎，之后的
一年里他成功地让美国与法国签订了贸易与友好条约。富兰克
林是受过良好教育的印刷商，在他众多的实验领域中，除了电
学以外，还有造纸技术研究。早在费城时，年轻的他就已经开
始经营纸张生意了，还出版了一本题为《浅论纸币的性质和必

要性》(*A Modest Enquiry into the Nature and Necessity of a Paper Currency*, 1729)的小册子,呼吁将独立于金银、以土地为担保的纸币作为殖民地的支付手段。1731 年,他开始为宾夕法尼亚州印制纸币,不久后也为特拉华州和新泽西州印刷。1737 年,他发明了一种方法,用铜版在纸币背面印上植物叶子,用以防伪。在逗留巴黎期间,他在帕西兴建了一所印刷厂,并且在拜访迪多印刷厂时,鼓励了弗朗索瓦·安布罗瓦·迪多(François Ambroise Didot)和他的孙子菲尔曼·迪多(Firmin Didot)[1]使用英国发明的仿羊皮纸的制造方法,富兰克林是在 1757—1762 年逗留伦敦时了解到这种方法的。他参与了所有关于纸币的利弊的讨论,1782 年建立的北美银行发行的一些纸币所用的大理石花纹纸,也是富兰克林 1779 年在法国买到并在 1785 年带回美国的。1787 年,杂志《美国博物馆》(*American Museum*)发表了一首多节讽刺诗《在纸上》(*On Paper*),副标题是"献给富兰克林"。其中,不同类型的纸张跟不同类型的人对应了起来,例如那类热血、总是乐于打架的人对应的是可以迅速燃烧、常被用来制作烟花的"火硝纸"。诗的倒数第二节是对"白纸"[2]比喻的诗意表达:

---

[1] 迪多家族是法国 18—19 世纪的印刷出版世家,弗朗索瓦和菲尔曼都是其中的代表人物。巴尔扎克《幻灭》中的大卫·赛夏也是跟随迪多家族学习的印刷和造纸技术。还可参见本书第三部分第七章的第一节。

[2] 原文是 virgin paper,virgin 有"处女"之意。

> 看那少女，单纯的甜美，
>
> 她是纯白的纸张，无任何痕迹；
>
> 那命中注定的幸运儿，可以在纸上面，
>
> 写下他的名字，带她走向他的痛苦。

本杰明·富兰克林或许只会将卡莱尔的"纸张的时代"当作一个乌托邦的标题。纸张对于他而言意味着独立、思想与新闻自由、经济繁荣，以及文明进步的媒介。

1851年，赫尔曼·梅尔维尔从他去年夏天在伯克夏县买下的农场"箭头"出发，带着马和雪橇参观了该地区的一家造纸厂——卡尔森的"红磨坊"，距离皮茨菲尔德五英里。1801年，自美国革命与独立战争时代兴起的造纸厂兴建热潮席卷了伯克夏县，到19世纪中叶，这里已经建有40家造纸厂，而自19世纪20年代后期，造纸机也开始在这里投入使用。纽约就在附近，穿越哈德逊河便可轻松到达这个巨大的纸张市场，这促使伯克夏县成为美国纸张生产最重要的中心。梅尔维尔在拜访红磨坊大约两周后，在致埃弗特·杜伊金克（Evert A. Duyckink）的信中写道："对作家来说一个极好的街区，你瞧，正是皮茨菲尔德。"也许他心里想的不只是生活在附近的作家纳撒尼尔·霍桑[1]，还有造纸厂。

他将在造纸厂的所见所闻写进了小说，但并不是为繁荣发

---

[1] 纳撒尼尔·霍桑（Nathaniel Hawthorne，1804—1864），美国心理分析小说的开创者，被称为美国19世纪最伟大的浪漫主义小说家，代表作有《红字》，他就定居在伯克夏县。

展的美国现代工业唱赞歌,而是 19 世纪文学中对白纸最黑暗的
讽喻。在他的文字里,"白纸"的无辜性被全然抹去了,造纸机
变成了一种不输于利维坦的怪物,而通往现代化美国的旅程变
成了地狱之旅。《单身汉的天堂与未婚女的地狱》(*The Paradise
of Bachelors and the Tartarus of Maids*)于 1855 年 4 月发表在《哈
波斯新月刊》(*Harper's New Monthly Magazine*)上。一个月以
前,《普特南月刊》(*Putnam's Monthly Magazine*)刚发表了小说
《伊斯雷尔·波特》(*Israel Potter*)九部分里的最后一部分。其中,
在以巴黎为背景的一幕里,本杰明·富兰克林被塑造成了忙碌
不堪、完全没有诗意的"国之骄子",十分尖刻讽刺,独立战争
的所有荣耀都被褪去了。

　　1848 年,梅尔维尔在读了一本关于油画史的书之后,开始
尝试双重叙述的形式。在 1849 年的欧洲之旅中,他在伦敦国家
美术馆以及巴黎克吕尼博物馆参观了宗教双联画[1]。《单身汉的
天堂与未婚女的地狱》[2]就是一幅对比鲜明的双联画,两个部
分仅通过自述者这一人物相连起来。第一部分,自述者被邀请
参加伦敦一家单身汉俱乐部筹备的丰盛晚宴,俱乐部位于记者
与投机者云集的舰队街附近,坐落在圣殿教堂古老建筑群的一
部分——"榆树院"(Elm Court)之中,塞缪尔·约翰逊和查尔

---

[1]　双联画(Diptych)是一种艺术表现和创作形式,这种类型的艺术品均由两块相邻的
彩绘或雕刻组成。
[2]　本书有关《单身汉的天堂与未婚女的地狱》的译文皆选自陆源译本,四川文艺出版
社 2019 年版。

斯·兰姆（Charles lamb）曾先后在那里居住。这些现代单身汉
虽然接受了圣殿骑士的单身生活，但只是为了让他们享有更多
的自由去旅行与享受生活。现代的律师和法官取代了宗教战士，
他们喜欢荷兰的建筑、德国的葡萄酒或者大英博物馆的珍宝，
并彼此讲述着欢乐且暧昧的逸闻。与这个单身汉的天堂——一
个纯粹、不受约束的消费场所相对的，是双联画第二部分的"距
离沃多勒山不远"的造纸厂——"未婚女的地狱"。于是乎，旧
世界和新世界、英格兰和新英格兰、消费与生产之间的对立，
和单身汉与未婚女、城市与乡村的对立结合了起来。因为与英
国工业化进程的核心产业——纺织厂不同，美国的造纸厂并非
位于城市，而都在乡村。梅尔维尔之所以买下伯克夏县的农场，
主要是因为这里风景优美。然而，那位坐在箱式雪橇里的自述
者所穿越的风景却并不是田园风光，而是崎岖荒凉、狂风呼啸
的岩崖之地，他穿过其间的峡谷，沿着一条危险的路径朝着"但
丁所描绘的大门"而去。当地人称之为"黑槽口"，这道沟壑背
后下倾形成的谷地被称作"魔鬼地牢"。谷地像但丁的地狱一样
是漏斗形状，在火山岩之中积聚起山涧——名为"血河"，山
坡上有一座老伐木场的废墟，长满了黑苔。显而易见，这段景
色描写具有讽喻特性，映射但丁的地狱之门的碑文："凡走进此
门者，将捐弃一切希望。"

　　梅尔维尔笔下的自述者描绘了一幅风景画，它像一本书的
书页一样只有两种颜色：黑与白。那是一种深邃的黑色，就连

自述者那匹名叫"布莱克"[1]的马儿也渲染了这一颜色。白色也同样是一抹极致的白，在一月底，雪橇在嘎吱作响的雪上滑行。"冰雪覆盖，挂满寒霜，形同坟墓"，披着皑皑白雪的造纸厂从远处荒凉的背景中凸显而出，当游客抵达时会发现，虽然它的白色与但丁之黑色形成强烈的对比，但却同样是一种死亡的颜色。"我一开始并没有找到造纸厂。整个谷地白雪皑皑。只有零星的尖锥形花岗岩，迎风面还裸露在外。群峦似乎套上了寿衣——长长一列高山的尸体。造纸厂在哪儿？忽然间，我耳边响起一阵呼啦呼啦、嘤嗡嘤嗡的声音。我看到，有座刷得粉白的巨大厂房耸立在远端，好像一场受阻的雪崩。周围是一堆低矮的房屋，其中一些从它们粗制滥造的、空空荡荡的氛围，从它们非同一般的长度、密集的窗户，以及令人难受的样子来看，毫无疑问那是劳工的宿舍。一座雪中莹白如雪的小村庄。"

梅尔维尔在小说《白鲸》（*Moby Dick*）中将白色阐释为"魔鬼的颜色"，他在《白鲸的白色》一章中写道："但是，在这种颜色的最深切的意想中，却隐藏有一种无从捉摸的东西，这种东西，其令人惊恐的程度，实在远超于赛似鲜血的猩红色。正是由于这种无从捉摸的性质，使得人们一旦丢弃那些比较善良的联想，与任何一种可怖的东西联想起来的时候，便会教人一想到白色，不禁越发加深恐怖的程度。"[2]在《单身汉的天堂与未婚女的地狱》中，这个恐怖的东西便是造纸机。在这个可以与

---

[1]　原文为"Black"，也就是黑色。
[2]　本书有关《白鲸》的译文皆摘自曹庸译本，上海译文出版社1982年版。

爱伦坡[1]的恐怖故事相媲美的双重叙事中，造纸机之所以可怕，是因为它代表着有机繁育完全臣服于机械生产的规律。造纸机不仅生产白纸，还同时让那些造纸的女工脸上呈现出死尸一般的惨白。当读者陪同自述者进入造纸厂内部时，造纸机的寓意性就显现出来了，自述者经营大规模的种子生意，在故事的开端他不无骄傲地宣称，自己的业务量之大，范围之广，"以至于我的种子最终卖遍了东部和北部各州，甚至远销密苏里和卡罗来纳"。把那些种子寄到北部与南部各州需要使用信封，而且使用的数量很惊人，"每年要消耗几十万个"。为了节约采购的成本，他想在未来通过向造纸厂直接订购以满足自己的需求。小说中只用了一两句话来解释这件事，经济交易仅仅是一种手段，以便将地狱之黑与纸张之白的强烈对比延伸到造纸厂来。如果说但丁笔下通往地狱的路是螺旋形下坠，那么这里的路就是从边缘到造纸中心。这就像古斯易向着《百科全书》、拉兰德向着皇家科学院努力的路。而且梅尔维尔叙事的精确程度并不亚于自18世纪兴起的技术文献。自述者踏入造纸厂的门，发现为了在最有利的光线条件下生产，折叠与平铺纸张的工序是都在窗边进行的。与此同时，这也是迈进白色地狱深渊第一环的一步："我随即发现，自己站在一个宽敞的地方。通过长长的几排窗户，外边雪景的反光照射进来，令室内亮得刺眼。在一排排沉闷单调的工作台前坐了一排排面无表情的姑娘，她们木然的双

---

[1] 埃德加·爱伦·坡（Edgar Allan Poe，1809—1849），19世纪美国诗人、小说家和文学评论家，美国浪漫主义思潮时期的重要成员，以写作恐怖惊悚小说闻名。

手操作着白色的折叠器，正机械地折叠空白纸张。"

在这句话当中，作者运用重复的形容词[1]来形容巨大而沉重的铁制机器单调的工作频率，机器被安放在角落里，为玫瑰色信纸的一角印上玫瑰花环作为装饰。这一专门为恋爱中的少女生产理想信纸的机器恰好是由少女操控的，她苍白的脸上没有一丝血色。旁边是另一台机器，"它用长长的细绳捆绑，活像一架竖琴"，它被用来加工大页纸，出来时纸页上已经多了道道横线，就像一位年长女工额头的皱纹。大页纸是从英国引入美国的，其历史比造纸机还老，因中世纪的"愚人帽"[2]而得名。正如狄更斯在《荒凉山庄》中记述的，大页纸常用在司法过程中。在那首献给富兰克林的诗歌里，大页纸对应的是政治家的阴谋。美国读者会在霍桑、华盛顿·欧文[3]和爱伦坡的小说中见到它。而当这类大页纸在梅尔维尔的小说里被印上表格化的线条时，它成了玫瑰色情书信纸，是官僚主义的对立之物。

一位名叫"丘比特"的小伙子作为向导，带着自述者参观粉刷成一片雪白的造纸厂，他像真的小天使一样，"脸上带有酒窝、面颊通红"，这似乎是对苍白少女们的嘲讽。而丘比特在神话中作为媒人的功能，在这里自然是无处施展的。以"稚气未脱而又颇为自大"的性格，他带领自述者穿过满是碎布的女工

---

[1]　"沉闷单调的"和"面无表情的"，原文均为"blank-looking"；"木然的"和"空白的"原文均为"blank"；"机械地"原文为"blankly"。上述形容词和副词皆含有"blank"。

[2]　大页纸的英文名为foolscap，愚人帽的英文为fool's cap。

[3]　华盛顿·欧文（Washington Irving，1783—1859），19世纪美国著名作家，被誉为"美国文学之父"。

工作间，"空气中飘浮着细小而含毒的颗粒，如同阳光下的尘埃，它们从四面八方悄然侵入肺部"。

听到这些破布是从利沃纳和伦敦运过来的，自述者心想，可能其中就有从单身汉天堂收集来的旧衬衫。而梅尔维尔将他设定成一位种子商人绝非偶然，他总是一再提及在伦敦天堂的单身汉和在新英格兰地狱的未婚女之间的联系：有意或无意地拒绝生育。作为圣殿骑士现代追随者的大城市里的单身汉们，独身主义似乎不再那么严格。而美国的丘比特则是带领大家穿越完全摒弃爱神的世界。正如自述者在小说结尾处所发现的，造纸厂只雇用"未婚女"，从不雇佣用已婚的女人，目的是不让怀孕生子妨碍工作的连续性——"每天十二小时，每年三百六十五天，风雨无阻，除了星期日、感恩节和斋戒日"。

梅尔维尔将所有男性工人驱逐出了他笔下的造纸厂，仅仅将青年丘比特留下来作为向导，他是一个脸庞黝黑的单身汉，与少女们脸色的极度苍白形成对比。大家常常批评他对恶魔机器的讽喻过于夸张。但当来到白色地狱的中心时，这样的评价并不合适。在这里，在工厂主几个月前刚刚花了 12 000 美元购置的、高度现代化的造纸机面前，这样的讽喻一点也不过分。

我眼前摆放着一连串绵延不绝的铁架子，好像长长的东方手抄卷轴般铺开——数量众多，神异莫测，配以各式各样的辊子、轮子和圆筒，不住地转动，缓慢而有节奏。

"纸浆先是流到这儿。"丘比特指着机器的近端说。

"你瞧，纸浆首先流出来，在这块宽阔的斜板上漾开。然后——瞧——滑到那边第一个辊子下面，它们很薄，不停颤动。跟我来，看看纸浆怎样从底部滑向下一个圆筒。瞧，纸浆浓稠的程度稍稍降低了些。再经过一道工序，它们会变得更纯。再来一个圆筒，就会让纸浆韧性大增——尽管仍然只相当于蜻蜓翅膀——使这儿形成一座空中桥梁，好比一张蜘蛛网，悬挂在两个分开的辊轮之间。通过上一个圆筒，再次从下方流走，打那儿转个弯，短暂消失在这些混杂的、你模模糊糊看到的圆筒之间。随后，纸浆在这儿出现，看上去终于更像纸张，而不那么像纸浆了，但此时依然很容易破损、碎裂。不过——先生，劳驾再往前走几步——现在，来到这里，走了那么远，它们真有点儿纸张的模样了，似乎马上就变成你最终使用的纸张了。可是还没完，先生。还有很长一段路要走，还有很多圆筒要发挥作用。"

在这里，梅尔维尔对于造纸机的叙述被故意打断了，这是工业时代的文学作品对工厂世界的一个伟大描述，因为它描绘了实际运行中的机器。机器的功能不仅仅是生产商品，它同时也是重复运动的创造者。因为对相同运动的精确重复是机器生产的决定性特征，从这一特征之中，梅尔维尔牢牢抓住了他寓言故事的核心。打断了对造纸机的描述之后，梅尔维尔开始讲述丘比特要求自述者完成的一项试验，测试造纸机从打浆到纸张成型的全过程是否恰好用掉标准规定的9分钟。主人公在一张纸条上写下了"丘比特"，名叫"丘比特"的小伙子将这张纸条放进机器里原浆物质的表面，之后这位种子商人便手持怀表，等到一张未经折叠的大页纸生产出来，纸上还能看到变淡的字迹"丘比特"。这台机器产生了一个丘比特的替身。这是一台自给自足的单身汉机器，未婚女们只允许在它的外围活动，并且条件是她们的脸颊必须保持惨白，她们绝不能热血。即便是"血河"里猩红色的水，在流经造纸厂时都像所有自然事物一样失去了颜色，变成苍白的纸张。让·斯塔罗宾斯基[1]不无道理地指出，在梅尔维尔围绕机械与有机繁育对立的寓言之中，数字9并非是任意出现的。9分钟作为机器运作的时间，可以看作9个月怀孕期的对照。

　　这家造纸厂生产的是需求最大的纸张——大页纸。对于经济的考量，是出自小伙子丘比特而非爱神之口："有时候，但不经常，本厂生产更好的品种——米色直纹纸和皇家纸，我们自个儿起的名字。不过买家的需求以大页纸为主，所以我们也生产得最多。"因为与纽约邻近，伯克夏县的造纸厂主要经营大页纸生意，在纽约，人们大量地使用有横线的大页纸。例如梅尔维尔的小说《抄写员巴特尔比》（*Bartleby the Scrivener*）的男主人公巴特尔比，就在华尔街的一位律师手下工作。伯克夏县粉刷得雪白的造纸厂里生产出纸张，巴特尔比在上面写字，只要他愿意写。从这个造纸厂中还衍生出机械化的准则，将抄写员

---

[1]　让·斯塔罗宾斯基（Jean Starobinski，1920—2019），生于日内瓦，瑞士著名的文艺批评家和理论家、观念史学家、医学史学家、卢梭研究以及18世纪思想研究权威。

变成了抄写机器，巴特尔比通过"我不愿意"这样的句子打破了那种工作连续性，他反复重复这句话，就像是模仿生产机器的统一性特征。按照梅尔维尔悲观的论调，这种机器化的统一性早已不仅是工业领域的特征了。哲学家与诗人曾将白纸与心灵联系在一起，使其成为精神冒险的舞台，而机器的统一性则把白纸的这一形象劫持了。大页纸被用来服务于法律与行政机构，它可以像造纸机吞进那张写着"丘比特"字样的纸条一样，不可避免、不可抗拒地吸收人的全部生活，"这很奇特。望着那些白纸不停落下，落下，落下……我一个劲儿地在想，它们的数量成千上万，最终的古怪用途则各不相同。此刻还是一片空白的纸张上将写下五花八门的文字——布道词、律师的辩护状、医师的处方、情书、结婚证书、离婚证书、出生证明、死刑执行令等等等等，无穷无尽。我随即收拢心神，回到这些仍然空无一字的白纸上，不觉又想起约翰·洛克那个著名的比喻，他为了说明人并没有天赋观念，把初生婴儿的脑袋比喻成白纸一张，可供涂写，但我们无法断定它将来是什么样子"。

通过援引约翰·洛克的这一著名比喻，梅尔维尔的叙述达到了顶峰。在这里，将造纸机作为技术工具的刻画与其恶魔般庞然大物的比喻交汇在一起。洛克的比喻本质上是一种乐观的说明，也就是先天空白的人类大脑通过吸纳外来的影响变得越来越丰富，为编织越来越复杂的联想之网获取素材的过程。在梅尔维尔的改写中，空白的纸在刚刚离开造纸机时，就在种子商人的心里，与出生、结婚、离婚和死亡的证明联系起来。这里是生命根据规则实现标准化的剧场，主人公在折叠、压印和印刷线条的厂房里已经意识到了这样的规则："这群姑娘与其说是附属于通用机械的齿轮，不如说只是齿轮上的一个个轮齿。"梅尔维尔对于劳动力适应机器生产的连续性的批判在欧洲有直接的对应。卡尔·马克思在《资本论》中引用了英国调查委员会关于童工的报道："在用机器生产的造纸厂中，除了挑选破布以外，所有其他工序照例都实行夜工。有的地方借助于换班制，通常从星期日晚上起直到下星期六午夜12点止……在这种夜班制度下做工的，有13岁以下的儿童，有18岁以下的少年，还有妇女。"

　　马克思的《资本论》，与梅尔维尔笔下对造纸机的叙述和恶魔学之间的交叠有着紧密的联系。这不仅是一部政治经济学著作，同时也将最新的工业嵌入怪诞的古老神话中。在《机器和大工业》这一章，如梅尔维尔的小说一般，马克思带领读者进入了但丁式的机械地狱世界。其中有"庞大钻头""大得惊人的剪刀"和"庞大的机器"，它们将工人变成了"活机构的肢体"，剩余价值的生产像吸血鬼一样吸走了它们的生命。如果说在梅尔维尔那里，造纸厂是美国工业化的寓言，那么在马克思那里，纸张生产则被看作生产方式在不同文化、不同时代的继承："在纸张的生产上，我们可以详细而有益地研究以不同生产资料为基础的不同生产方式之间的区别，以及社会生产关系同这些生产方式之间的联系，因为德国旧造纸业为我们提供了这一部门的手工业生产的典型，17世纪荷兰和18世纪法国提供了真正工场手工业的典型，而现代英国提供了自动生产的典型，此外在中国和印度，直到现在还存在着这种工业的两种不同的古亚细亚的形式。"

在梅尔维尔于伯克夏县所建造的地狱之门上方，也可以刻上《资本论》中的一句话："现代造纸工厂可以说是生产的连续性和应用自动原理的范例。"这是政治经济学的话语。但是《资本论》不仅仅是关于剩余价值的生产，而且也关于窒息感——这是从大机器运作节奏的层面产生的概念。"通过传动机由一个中央自动机推动的工作机的有组织的体系，是机器生产的最发达的形态。在这里，代替单个机器的是一个庞大的机械怪物，它的躯体充满了整座整座的厂房，它的魔力先是由它的庞大肢体庄重而有节奏的运动掩盖着，然后在它的无数真正工作器官的疯狂的旋转中迸发出来。"

这一狄俄尼索斯式的塑造在梅尔维尔的惨白造纸厂中并没有对应的内容。但是，他的小说也依赖于现代化的机器与神话怪物之间的类比，以及参观造纸厂与坠入地狱之旅的类比。面对造纸机的无情运行，一种混合着恐惧、敬畏、惊惧和赞叹的感觉攫住了自述者，这种感觉就像《白鲸》里那只白鲸所唤起的一样："当我盯着这台坚定的铁兽，敬畏之情油然而生。如此沉重、精密的机械，仿佛一头活灵活现、气喘吁吁的庞大怪物，难免使你或多或少产生奇异的恐惧。但我所看到的这玩意儿之所以尤其骇人，是因为它金属般闪耀的必然规律，以及它不可动摇的天生宿命。尽管我没法处处紧跟这薄如面纱的纸浆，紧跟它愈发神秘乃至全然隐秘的工序，但毫无疑问，在那些我看不到的地方，纸浆依旧向前流淌，始终驯服于专横而灵巧的机器。我被一股魔力所攫住。我出神地站着，魂不附体地徘徊不已。"

这一段话描述了一只白色巨兽，可以和《白鲸》中的利维坦鲸相提并论，它不仅将造纸机恶魔化，也将自述者恶魔化了。作为种子商人，他代表着田园化的美国。但是他与造纸厂签订的合同却加重了造纸工人的负担，使得未婚女工的地狱深渊和巨兽之力永存。

第 八 章
新闻纸和大众媒体的兴起

无限的原材料基础

"纸是我们所有精神交流的物质手段，是思想交流的中间人，是思想、感觉和情感的载体，是人类研究成果的忠实载体。世界上没有任何其他材料像纸一样经历如此巨大的变化，没有任何材料能像纸一样，通过辛勤的工业者的双手，从最原始的自然状态直到完美的最终目标。在这里描述纸的生产制造是有意义的，因为我们事先就可以确信，卷筒纸制造机的奇特机制不太会让我们的读者感到不满。"这是《卷筒纸制造机》（*Die Maschine des endlosen Papiers*）的开篇语。莱比锡杂志《实用知识传播协会芬尼杂志》（*Pfennig Magazin der Gesellschaft zur Verbreitung gemeinnütziger Kenntnisse*）在 1834 年秋天，用两篇文章图文并茂地向读者们依次介绍了造纸机和切纸机。这份每周六发行的杂志，其名称取自 1832 年在伦敦出版的英国周刊《实用知识传播协会的便士杂志》（*Penny Magazin of the Society for the Diffusion of Useful Knowledge*）。《芬尼杂志》同巴黎的《名胜风景》(*Le Magasin pittoresque*)一样创刊于 1833 年,首年发行量就达到 35 000 册。一本杂志共八页,有四到六张不等的插图,售价仅为 11 芬尼——从莱比锡寄一封信到德累斯顿要花的钱几乎是它的两倍——每年订阅的话只要两塔勒。[1]如此低的价格只能依靠高发行量维持。仅仅成立几年后,《芬尼杂志》的发行量就达到 10 万册。1847 年,出版商 F. A. 布罗克豪斯(F. A. Brockhaus)收购它时,为保证这本插画周刊的按时出版,专门为杂志的高速印刷机配备了蒸汽动力。18 世纪启蒙运动讲求的娱乐和教学在这里得到了平衡。文中对造纸机和切纸机的介绍同巴尔扎克的小说一样,以一种物质自我反思性的方式,向杂志的读者们展示了他们手上所拿读物的物质构成。这两篇文章充分反驳了这样一种观点:通向现代大众媒体的道路是思想和语言退化的陡坡。文章的描绘生动形象且十分精确,19 世纪的叙事文学正是通过这样一种精确性描绘了自然现象、日常事务以及市民生活。《芬尼杂志》对造纸机的描述(不断引用文章附带的整页插图)是这场造纸厂之旅的高潮。它进一步将机器解释为通过人类思维实现的"奇迹"。

可以肯定的是,没有任何机械能像造纸机那样让参观者感到震惊。试想一下,从机器一侧的桶中流出的大量纸浆,到了另一侧则成了缠绕在滚筒上的源源不断的纸。谁会

---

[1]　芬尼、塔勒均是普鲁士德国的辅助货币单位,在不同时期、不同地区的换算不等。

不被这种奇迹般的变化触动？谁会不惊讶于人类精神的伟大？人类懂得该如何通过巧妙的安排和计算，来掌握和使用自然界的产物。浆料从桶A的水龙头里持续不断地流进大型的方形容器B。纸浆流到一张小型金属丝网上，被称为"网筛"的金属丝网伴随着樱桃核碰撞一样的声响升高或降低，图中用C表示。纸浆通过网筛后流向一面壁架，再均匀地像水流一样落下，就像是经过小堤坝的水面。经过这次轻柔的下落之后，纸浆继续向前，流过5至6英寸长的一个平面（这里称之为E），看起来就像是一块平整地铺在长桌上的桌布。当我们将注意力集中到这块平面时，我们会发现，它其实是在缓慢向前移动的，从右往左有一个持续不断的横向运动，它是用精细的铁丝织就的无尽的网。

描述的过程和造纸机一样缓慢，文章接着描述了干燥过程，直到纸张来到卷取辊上，"就像一根宽宽的无尽的带子缠绕在上面"。

造纸机可以生产出无尽的纸张，看上去又不需要人力，这种被梅尔维尔拿去跟但丁的地狱惩罚联系在一起的无尽性，表现为一种对无限生产力的承诺。在讨论英国的《便士杂志》时我们就已经意识到，现代印刷技术和造纸机的结合对于这一类型的报刊来说具有决定的意义。巴尔扎克为法国昂古莱姆印刷厂指定的斯丹诺普印刷机就已经是铁制的了，它是传统谷登堡印刷术的最后一个分支，可以通过使用较大的金属压板实现"一次性"印刷，但是它的原理还是旧式的"平面压平面"——将压板盖在印版上的方式。弗里德里希·柯尼希的高速印刷机意味着向滚筒印刷的过渡。柯尼希的灵感来自机械化织布厂的印花工艺。滚筒是在19世纪印刷技术革命中起到决定性作用的元素。

在几十年的时间里，滚筒式高速印刷机与造纸机的全新结合，取代了几个世纪以来地位稳固的手动印刷机和手工造纸。这种断断续续的技术创新在很大程度上受到了报刊出版的激励。正如巴尔扎克所理解的那样，现代新闻业已经找到了一个伙伴，可以与其结成一个划时代的联盟，就像15世纪和凸版印刷结成的联盟一样。然而，只有在效率越来越高的印刷机的产能和造纸机的产量之间取得平衡，这一联盟才能蓬勃发展。人们意识到，造纸机原材料供应的局限会影响这一平衡。我们可能还记得，大卫·赛夏的研究就是基于这一点的。那让我们来看看他是如何解决这一问题的吧。当时的大卫已经因朋友吕西安在巴黎伪造的票据而债台高筑，压得他喘不过气来。在去见律师柏蒂-格劳的路上，他心不在焉地嚼着一根在工厂用水泡过的荨麻。在和律师谈完回去的路上，他忽然觉得牙齿缝里有一颗丸子，便把它拿出来放在手上，发现"那一小块糊比以前试做的各种纸浆都强。用植物做纸浆，主要缺点是没有弹性，例如干草做的纸就特别脆，近乎金属，拈在手里发出金属声。像他那种偶然的发现只有大胆探索自然规律的人才会碰到"。"我要用机器和化学品来代替这个无意识的咀嚼作用。"他自言自语道。

当巴尔扎克写作《幻灭》最后一部的时候，纺织和装订工
人弗里德里希·哥特罗布·开勒（Friedrich Gottlob Keller）在萨
克森整理出了一本自 1841 年起开始撰写的笔记，笔记中记下了
他所有的技术创新。他希望通过这些笔记来获得一些有利可图
的发明。其中一个想法是"用研磨产生的木质纤维制造纸张"。
几十年后，开勒在自传中描述了他成功的过程，在一系列想要
通过化学方式获得木质纤维的实验失败之后，他回想起自己小
时候会将樱桃核适当打磨后制成项链，打磨时分离出的木纤维
晒干后就变成了小小的薄片。这个回忆让开勒想到，可以通过
边研磨边加水的方式，将木头分解成纤维。开勒记录了他在他
的工厂中用普通磨刀石生产出第一张木浆纸的时间：1843 年 11
月。夏天的时候，巴尔扎克《幻灭》的第三部《发明家的苦难》
以连载的形式在巴黎杂志《国家》（L'État）和《巴黎人》（Le
Parisien）上发表。

意外发现是 19 世纪发明家逸事的一个常见主题。大卫·赛
夏和弗里德里希·哥特罗布·开勒两人的发明都是从历史中找到
了灵感。两人都抓住了一条自 18 世纪下半叶以来贯穿造纸技术
文献的线索，也就是寻找以植物为基础的原材料。当时的人们
并没有忽视木头和荨麻。雅各布·克里斯蒂安·谢弗在他的《不
用破布或减少添加物制作同等质量的纸的尝试及案例》中详细
地研究了使用各种木材的可能性。到了 19 世纪，当使用植物原
料造纸变得越发紧迫的时候，从直觉的、实验性的概念到经济
可行性的转变受到了几个因素的推动。首先，这些想法是在更

接近科学和程序的反思中进行的。随意地咀嚼一根植物、童年
回忆的灵光乍现——这些听起来像是非常小概率的个体事件。
但事实上，这些灵感的背后是高速运转的技术反思机制，在德
国，《通用技术报》（*Allgemeine Polytechnische Zeitung*）、《综合
技术核心报》（*Polytechnische Centralblatt*）以及《综合技术期刊》
（*Polytechnische Journal*）就是这一机制的代表。大卫·赛夏能想
出他的方法，离不开他在巴黎学到的理论知识和迪多印刷所的
技术知识。开勒的灵感则深深植根于他对综合技术期刊的广泛
阅读。人们总是致力于给成本高昂的消费品和原材料寻找替代
品。随着机械化和工业化的不断推进，这些研究始终与实现廉
价大规模生产这一目标联系在一起。开勒工艺的基本理念——
在研磨的同时加水，进而从木质纤维中获取纸浆，而不仅仅靠
添加木屑——就是在这一背景下产生的。

　　然而，最重要的是，关于造纸原料创新的推动力更强了。
在 18 世纪，破布短缺——纸张需求增加的另一种表现——可
以通过放宽破布交易的规章制度和收购特许权来减轻。但在 19
世纪情况就不一样了。随着造纸机和印刷机的技术进步，加上
新闻业对纸张的需求也越来越大，原材料短缺的情况加剧了。

　　巴尔扎克在 1830 年前后为埃米尔·德·吉拉丹（Émile de
Girardin）的报纸撰写过文章。1836 年，吉拉丹成立《新闻报》
（*La Presse*）之后，巴尔扎克也是撰稿人之一。和同一年由阿尔
芒·杜塔克（Armand Dutacq）成立的日报《世纪报》（*Le Siècle*）
一样，《新闻报》同样也是走薄利多销的策略。当时法国报纸的

预订价格通常为每份 80 法郎，而《新闻报》和《世纪报》这两家新办报纸只要 40 法郎。他们这样做的目的是吸引新的受众，扩大销售市场，并通过销量的增加来弥补价格降低带来的损失。与此同时，他们还依靠广告业务和新的策略来确保受众忠诚度。吉拉丹的基本理念是结合新奇和叙事，也就是通过叙事的方式处理新闻，从而提高信息的价值。他将文学性、叙事性和娱乐性的形式引入了报刊这个以政治为中心的媒介，取代了传统上占主导地位的修辞性、论辩性的议论文。他最著名的创新是开创了"连载小说"。这一形式很快就引起了极大轰动，这不仅是由于第一年连载的巴尔扎克的小说《老姑娘》（*La Vieille Fille*），还有一些反映读者日常生活的短篇散文也同样重要。这两份报纸的创新在当时都是非常成功的。《新闻报》的销量很快就突破了 10 000 份，1842 年《世纪报》的发行量达到 35 000 份。这都是《幻灭》问世的时代背景。

巴尔扎克曾写道："工业和知识的所有伟大成果都以极其缓慢的速度和不可察觉的积累向前发展，就像地质运动或者其他自然过程一样。为了臻于完美，写作——语言可能也是——也必须和印刷及造纸一样进行许多测试。"在这一关于技术进步和自然发展的类比中，其实包含了这样一个认识，即发明不是一蹴而就的事情，它可能是在更长的时期内发生的。其中一个原因是工艺技术的想法只有在合同、专利、其他经济和文化因素都相对成熟的情况下才能实现。大卫·赛夏和弗里德里希·哥特罗布·开勒在这一点上是相似的，两人都希望在没有必要的资本和成熟的基础设施的情况下，将发明应用到实际生产中。结果就会变成路易斯·尼古拉斯·罗贝尔和他的造纸机那样：发明者无法掌控他的发明。以开勒为例，海登海姆的造纸商海因里希·弗尔特（Heinrich Voelter）拿走了他的专利，海因里希与当地工程师约翰·马休斯·福伊特（Johann Matthäus Voith）一起，经历了开始的几次失败后，开发出了一种工业级的木材研磨机，还有一个用于给研磨后的木材进行"精炼"的精制设备。木浆最初是破布的添加物，被当成添加剂来使用，而没有被作为通常意义的替代材料。从开勒的想法到木材研磨工艺的实现，中间大概间隔了25年。1867年巴黎的世界博览会见证了国际造纸业在木浆技术上的突破。

这是第一步，但并未彻底革新纸张的原料基础。因为仅以纯木浆为原料制成的纸张很容易变脆，在光照作用下很快会变黄。所以，在生产更精细的纸张时，还需要使用破布作为稳定剂。直到19世纪80年代，破布的这一功能才被一种同样从木材中提取的物质——纤维素所取代。纤维素是化学兴起的产物。自18世纪末以来，人们通过对破布进行氯漂白，扩大了纸张生产的原料基础，并为寻找替代材料提供了新的动力。巴尔扎克虚构的发明家大卫·赛夏的故事，也算是符合真实的历史。他是从法国大革命时期的一位化学家那里获得了关于植物实验的第一个灵感。从荨麻中偶然取得的突破，促使他不断尝试用化学方法实现他偶然用物理力量造出的东西。这反映了一个事实，即随着造纸机的引入，化学家也加入工程师和机械技术人员的行列中来。

1838 年，法国化学家安塞姆·佩恩（Anselme Payen）在木材中检测到了纤维素。此后，《综合技术期刊》（*Polytechnischen Journal*）等杂志不断地记录了生产造纸用纤维素的新实验和新工艺。自 19 世纪 80 年代以来，快速发展的化学纸浆产业使原材料进一步得到补充，大量纸浆厂成功地淘汰了作为替代原料的稻草。用破布制作的纸张仍在继续流通，但从那时起，机械纸浆和化学纸浆的结合以及蒸汽的使用（作为动力而非热源）成为纸张大规模工业生产的特点。高质量的化学纸浆取代了添加到机械纸浆中的破布，以生产出更高质量的纸张。

随着破布不再具有重要性，造纸业逐渐和它的老伙伴——织布厂以及它的后代纺织业分离开来。1867 年，也就是巴黎世界博览会举办的那一年，德国《综合技术期刊》摘选刊登了安塞姆·佩恩的论文《关于木质纤维的结构和化学组成》（*Ueber die Structur und die chemische Constitution der Holzfaser*），并在结尾描述了纤维素生产这一新兴产业："即使从林业的角度来看，这一新的产业也会引起人们的极大兴趣，因为它为针叶林种植所提供的产品开辟了新的销售渠道。"事实上，森林取代了破布交易者，成为新的造纸原料供应商。从林业经济的角度来看，造纸业填补了传统的木材购买者退出市场后所留下的空白。在 19 世纪，煤炭在冶炼工业和一般工业的燃料中取代了木材，同时在建筑业中，人们越来越多地使用钢铁来代替木材。因此，在造纸业提出需求的这一历史性时刻，森林成为造纸可以利用的原料来源，并促进了造纸业向工业生产过渡。功能越来越强大的大型机械设备可以和不断精进的化学原料提取方法结合在一起。新的生产规模使人们对能源和资本的需求成倍增加，需要完善的物流来运输原材料和成品，并在更高的层级上将盈利能力和生产规模结合起来。随着纸张生产的重新调整，地理中心的转变伴随而来。在人口密度高的地方，用破布造纸最容易找到原材料。随着机械纸浆和化学纸浆成为造纸的原材料，北美和北欧等人口稀少但林木茂密的地区变得越来越重要。法国、荷兰、德国和英国这几个在1800年造纸机刚起步时还处于领先地位的传统欧洲造纸国家，在世界范围内开始退居二线。从在中国和阿拉伯起源一直到机械化和工业化时期，造纸对水的依赖没有改变，它促进了地理中心的转变。尽管水作为动力的重要性有所下降，但是水的大量供应对于工业生产来说依然是不可或缺的。北欧和北美丰富的森林资源加上丰富的水资源，促成了这些地区在世界造纸业中的崛起。早在前工业化时期，造纸就不是田园般的美好画面：造纸厂内的破布恶臭熏天，被污染的水则流到厂外。随着工业化以及机械纸浆和化学纸浆生产的发展，水的消耗和污染增加。造纸厂的化学品残留物随着废水排放到自然环境中。

直到19世纪的最后30多年里，由于原材料基础的改变，古老的欧洲造纸业才得到了全面革新。从造纸历史的角度来看，我们生活的时代并不是从造纸机和高速印刷机开始的，只有原材料的供应不受限制以后，18世纪后期开始的机械化造纸才能够充分发挥其潜力，纸张才成为一种大规模生产、无处不在的工业产品。虽然纸张的供应还是会受到经济因素或政治因素的限制，比如战时和战后的短缺经济，三十年战争就是这种情况，但原则上讲，可再生原料的种植可以满足工业社会对纸张日益增长的需求。1800 年前后，德国的人均纸张消费只有 0.5 公斤。而到了 1873 年，这一数字增长到 2.5 公斤。但这四倍的增长也不过是一个前奏。19 世纪的最后一个季度，造纸原材料范围扩大后，纸张的人均消费量从 13 公斤跃升至 18 公斤。

卡莱尔在工业化时期初期曾批判性地提出"纸张的时代"，这一概念在 19 世纪后期造纸业的扩张中得到了令人振奋的回声。卡尔·霍夫曼（Carl Hofmann）认为人均纸张消费量是一个现代国家文明程度的衡量标准。他骄傲地提出这一说法，也是因为德国在纸张使用方面处于领先地位。这位纸张鼓呼者曾创作了后来成为权威作品的《造纸实用手册》（*Praktisches Handbuch der Papierfabrication*），并于 1876 年成立了《纸报》（*Papier Zeitung*）。

但是自托马斯·卡莱尔的时代以来，造纸是文明的关键产业这一欣喜若狂的自我解读，不仅伴随着对期刊媒体的怀疑，还有对于其物质基础——机造纸的怀疑。在 1823 年的《绅士杂志》（*Gentleman Magazine*）上，约翰·穆雷发表了一封信，在信中援引多个例证说明，棉花相比于亚麻的占比增加以及现代漂白方法是导致纸张质量下降的罪魁祸首。后来这封信被多次重印。身为化学家的穆雷在《现代纸张实用评论》（*Practical*

Remarks on Modern Paper, 1829）一书中，将他的批评嵌入自古代以来的书写材料历史之中。他对氯漂白会降低现代纸张的纤维强度这一诊断，在描述一本1816年用现代纸印刷的《圣经》的腐坏程度时达到了顶峰。穆雷用全大写字母写下了自己的评价——"破碎成灰"。对酸度和漂白残留物的化学分析最终得出了令人震惊的发现："几乎整本《创世纪》都已经腐坏了，没留下任何痕迹。"

穆雷并不是卢德分子[1]，他是想通过指出英国机造纸的缺点来提高英国造纸工业的竞争力，以抗衡法国造纸业。穆雷早期对现代纸张缺乏耐久性的怀疑，伴随着19世纪欧洲以机造纸取代手工纸的整个过程。有时，纸张销售商不太愿意为机造纸做推广，德国的一些州规定，重要的文件只能在手工纸上记录。反过来，在纸张制造商的坚持下，质量控制委员会得以设立，以消除这些限制。

根据经验来判断，19世纪，随着大规模造纸技术的发展，纸张耐久性的问题也会日益突出。这个判断也跟树脂上胶的运用有关。莫里茨·弗里德里希·伊利格用树脂代替了动物胶，这将明矾——一种硫酸盐带入纸中，穆雷也在对机造纸的化学分析中发现了这种物质。木质素也是一样，它随着木浆进入纸张，接着在分解过程中释放出酸。如果没有被碱性物质中和，这些酸会加速纸张的老化。看起来坚实耐用、白度均匀的现代纸，

---

[1]　卢德分子（德语 Maschinenstürmer，英语 Luddite），出自"卢德运动"，即以破坏机器为手段反对工厂主压迫和剥削的工人运动，这些工人运动的主体为"卢德分子"。

实际上隐藏着自我解体的趋势。关于这一观点，穆雷曾经发表过一个著名的言论："现代一些最昂贵的作品，都包含着毁灭的种子和腐坏的元素。"这个说法囊括了导致纸张纤维结构不稳定的所有元素。湿度、室外温度、紫外线，还有查尔斯·狄更斯小说中伦敦的空气污染物，这些都可能成为导致纸张老化、发黄和变脆的帮凶。20世纪下半叶以来，图书馆就一直在开展修复印刷在木浆纸上的书籍的项目。

报纸、纸价和臣仆

特奥多尔·冯塔纳（Theodor Fontane）的小说《艾菲·布里斯特》（*Effi Briest*, 1895）中，故事发生在1878年以及1886年、1887年这几个年份。小说的女主人公和丈夫自结婚起便一直生活在波美拉尼亚[1]波罗的海沿岸的小城凯辛。小说第十一章的开头，两人来到一家名叫"俾斯麦公爵"的旅店住宿。旅店坐落于通往凯辛的街道上，这条街刚好是由火车站前往伐尔青的路分岔而来。旅店的名字并非是随意取的。和虚构的波罗的海度假胜地凯辛不同，伐尔青是波美拉尼亚的一个真实存在的乡村，那里有属于俾斯麦公爵的城堡和庄园。人们在旅馆里从家长里短聊到严肃正经的话题，对话很快就转移到了伐尔青上。

---

[1]   中欧的一个历史地域名称，现位于德国和波兰北部，处于波罗的海南岸。

"'不错'，戈尔肖夫斯基说，'要是把公爵看作造纸厂老板，那就糟了！事情就是那么稀奇；他不能容忍这种粗制滥造的书写纸，至于印刷纸，更不用说了。现在他想自己投资开一个造纸厂。''你说得对，亲爱的戈尔肖夫斯基，殷士台顿说，'可是一个人一生中避免不了这类矛盾。这种麻烦连公爵和大人物也避免不了。'"作为县长，殷士台顿已经听懂了旅店主人这番小小的讽刺，他嘲讽俾斯麦一边鄙视新闻业，一边却又投资着一家造纸厂，如果不是为了支持新闻业，这家造纸厂就没有存在价值了。所以殷士台顿为公爵和他的自相矛盾辩护——俾斯麦在"埃姆斯密电事件"[1]和其他一些例子里，以极其高明的手段利用了被他轻视的新闻业。俾斯麦在1867年就买下了伐尔青的这座庄园及其所有附属财产。自1870年以来，他将一家木浆造纸工厂出租给莫里茨以及格奥尔格·贝亨得（Moritz and Georg Behrend）两兄弟。尽管工厂的经营一再陷入危机，但俾斯麦还是对工厂使用蒸汽动力生产木浆的现代化设备感到自豪。1873年，这家造纸厂参加了在维也纳举办的世界博览会。德国北部一家报社的记者于1873年6月19日从德国工业展厅发来报道《来自世界博览会的通信》（*Briefe von der Weltausstellung*）："在南区一个面朝西的展厅中，参观者可以发现一些有趣的展品，这些展品之所以有趣，一部分原因来自参展商，一部分原因来

---

[1]　1870年，为了挑起普鲁士和法国之间的战争，俾斯麦篡改了威廉一世发给自己的电文，然后将电文在报纸上公布，并通告驻国外所有普鲁士使团，从而激怒了法国，普法战争爆发。

自其制作方式。这是各种类型纸张的展览，不仅有破布制成的纸，还有木浆制成的纸。而这一领域最重要的参展商是俾斯麦公爵，他是伐尔青造纸厂的投资者。一个简单的木柜——成千上万人从它身边经过，却不知道自己在这里已经踏进了工业领域——里面陈列了相关的纸张样品，其中之一便是莫里茨·贝亨得（Moritz Behrend）在科斯林的发明，他是公爵造纸厂的主管。"

伐尔青工厂的理念是要将纸张生产和纸浆生产结合起来。因此，在1884年，承租俾斯麦工厂的贝亨得成为推动德国造纸商联合倡议的中坚力量也就不足为奇了。造纸商们要求推翻4179号帝国专利。该专利是由化学家亚历山大·米切利希（Alexander Mitscherlich）于五年前获得的。他用亚硫酸盐工艺改进了从木材中提取纤维素的化学制取方法，此后还在自己的工厂里使用这项技术。德国造纸商在帝国法庭上主张，美国的本杰明·蒂尔曼（Benjamin Tilghman）在1867年就已经为这一工艺申请过专利，并最终取得了胜利。米切利希专利的撤销，对纸浆的工业生产发展起到了决定性的促进作用。仅德国在1884—1895年间就新建了近60家纸浆厂。

《圣经》和档案在19世纪关于机造纸和木浆纸的辩论中发挥了至关重要的作用，这并非巧合。《圣经》要求已印刷的文本可以永久流传，档案也要求非印刷的文献能够持久保存。在这一标准下，机造纸必须要证明自己符合这一标准。

巴尔扎克笔下的哲学发明家赛夏的研究，以及他的对手戈安得的技术阴谋，提出了这样一种见解，即与穆雷的看法不同，现代纸张较差的抗老化性能并不会阻碍它的成功。相反，现代纸放弃长期非同步存储而选择快速大规模同步流通时，新的营销机会出现了。在和报刊媒体的跨时代联盟中，相较于《圣经》或者文献，人们允许现代纸更快地变黄或者发脆，只要它能够满足另外两个条件：供应充足、价格低廉。通过低价策略，巴尔扎克小说中的戈安得一跃成为巴黎新闻界最重要的纸张供应商。尽管他的纸不是赛夏所追求的耐用的"中国纸"，但也没什么关系。如果媒体是短暂的，那么它的载体也可以是短暂的。19世纪现代报业和纸张原材料突破限制的结合，正是基于在绝对质量和功能质量上的区分。

在用破布造纸的时代，报纸、书籍以及平常的书信共享同一种材料。现在，由于新闻用纸中选用木浆纸的比例迅速增加，报刊用纸便凭借其自身的规律从这其中独立出来。报纸历史学家曾指出，自19世纪80年代以来，大多数新闻纸由80%的机械纸浆、20%的化学纸浆制成。这也就意味着虽然破布仍偶尔被使用，但其作为造纸原材料的地位已经基本被取代。

为了大规模销售报纸，必须要有足够多的人能够并且想要阅读，而且能够掏钱购买。所以，仅仅依靠提高识字率是不够的。与此同时还要发展工作与娱乐的关系，保证人们有足够的精力和时间来阅读报刊。而且，必须要减少经济和政治因素对报纸生产和发行的限制。在19世纪上半叶，这些限制包括了国家对新闻界的干预，这不仅限于德国。一方面，国家通过政治审查限制了出版内容；另一方面，国家要求出版方缴纳押金，还根据盎格鲁－撒克逊模式的"知识税"来征收印花税。这一政策直到1874年3月德意志帝国《帝国新闻法》通过后才最终被撤销。所有这些因素都对新闻业的发展产生了影响。但是，若没有摆脱造纸原材料供应的限制，实现纸张生产的工业化，新闻业就不可能在19世纪下半叶出现一个开辟新局面的转折点。

在德国，1820年之前，大多数报纸每周出版的次数不超过四次。直到19世纪后期，真正意义上的日报才在所有地区成为行业标准，而且还发展出了一天多次的形式，由此激发了卡尔·克劳斯的表述："每一天都被分成两部分，晨报和晚报。"

伴随着发行量和出版频率的增加，报纸逐渐从奢侈品和上流媒体变成日常消费品。价格这一障碍的消除是其中一个重要的前提条件。正是在这一点上，在技术上消除纸张原材料供应的限制，成为帮助报纸去除社会媒介限制的一个因素。因为随着报纸发行量的增加，报社的人力成本以及工厂技术设备（包括昂贵的印刷机在内）等固定成本变得相对较低，但纸张成本并非如此。它在总生产成本中所占的比例会随着发行量增加而变大。因此，新闻用纸在大规模供应量上的保障，并没有帮助人们突破19世纪末的"价格－宣传门槛"。起决定作用的是在消除原材料限制以后的纸张价格下降。改用机械纸浆和化学纸浆后，100公斤新闻纸的价格从1873年的73马克降至1900年的22.5马克，不到原来的三分之一。所以新闻纸的价格发展和同一时期报纸的发行量发展正好是反向的。即使发行量迅速增加，报纸价格仍然可以保持不变甚至降低，因为增加的纸张用量可以通过纸张价格的降低来弥补。就其在德国产业工人年收入中的占比而言，19世纪下半叶报纸订阅的有效价格是下降的。消除纸张原材料的限制不仅帮助报纸消除了社会界限，也促进了它在外观设计上的独立化和差异化。19世纪的一个主要趋势就是纸张规格变得更大了。1800年前后，报纸还是四开本的大小，这使得它们在外观上非常接近图书。1840—1900年间，随着新闻纸、图书用纸以及书写用纸的生产技术开始分离，德国报纸的规格也逐渐脱离了图书的样式。报纸发行量的增加以及尺寸的变大，意味着纸张的消耗增加了。但由于新闻纸的价格低廉，这种额外的消耗并没有造成报纸价格的提高。到19世纪末，报纸的规格平均已经达到20世纪的水平。我们可以从19世纪以来报纸以及报纸读者的图表、漫画、绘画中，了解到报纸和报纸读者的形象是如何形成的，它们对读者的手臂、双手以及眼睛提出了和图书不一样的要求。20世纪的电影中，酒店大厅内的间谍、杀手以及侦探可以躲在打开的报纸后面偷偷观察，这一行为的基础是报纸规格在19世纪的变化所打下的。

亨利希·曼（Heinrich Mann）的小说《臣仆》（*Der Untertan*，1914）于1906年开始创作草稿，1911—1912年基本完成。小说手稿中原本配有副标题"威廉二世统治下的公共灵魂史"，后来被删掉了。1906年10月31日，亨利希·曼写信给编辑路德维希·艾维尔斯（Ludwig Ewers），提到了他计划写的小说："小说的主角应该是一个普通的新德国人，一个将柏林精神带到偏僻地区、彻头彻尾的谄媚之人。我打算让他拥有一个造纸厂，逐渐涉足于爱国明信片的生产，并在战争图片和神话中描绘皇帝的形象。作为纸张制造商，他和他所在地区的政府公报有密切的关系。这里我想请教一下您。这样的官方地区公报能有很高的发行量吗？这个造纸商的业务量可能会有多大？他要和哪些政府官员打交道呢？县里会有县长吗？"

在最后完成的小说中，爱国明信片的制作退居幕后，重点放在了造纸厂、当地报刊和政治阴谋之间的密切关系上。小说虚构了一个名叫奈泽西的小城，很可能位于勃兰登堡州，狄德利希·赫斯林（Diederich Heßlings）的父亲是奈泽西的一名造纸商，之前在好几家手工操作的老式工厂当过造纸匠，他在1871年德意志帝国建立之后的经济繁荣时期买了一台造纸机。工厂用的主要原料仍然是破布，工人要去掉破旧衣服上的纽扣，再用切割机将其裁成小块放进机械滚筒中进行氯漂白，然后再送到大型打浆机中。这家造纸厂和柏林一家化学纸浆制造商有业务联系。狄德利希·赫斯林也由此去了柏林学习化学，并与纸浆制造商的女儿有染，最终以不光彩的方式结束了这段恋情。他在父亲去世后接管家乡的造纸厂时，看起来像是一个忠于皇帝、完全反对社会民主的现代化主义者。尽管他的造纸厂在技术上仍未能完全脱离破布的时代，但是狄德利希·赫斯林已经开始在报纸与政治共栖的现代世界中前行了。

亨利希·曼在写作《臣仆》的时候，已经注意到了造纸业的兴起。而他作品中的主人公偶尔也会梦想着以造纸业游说人的身份进入柏林的帝国议会。但是最后，作者还是将他刻画成一名帮着君主管制地方造纸业和新闻媒体的人物。亨利希·曼1906年写作小说初稿的时候，德国有超过4000种日报，发行量估计为2550万份。和人均纸张消费量一样，德国也是欧洲报纸消费量最高的国家。当特奥多尔·冯塔纳在他的小说里暗示俾斯麦像一个驻外的报刊编辑时，他想到的是这个国家和读报的公众之间不断的交互重叠。在威廉二世时期，臣仆也是读报的。这一交互重叠就决定了小说里亨利希·曼让狄德利希·赫斯林在接管奈泽西的造纸厂时所有行为的背景。奈泽西-柏林这条线不仅仅描述了主人公的活动轨迹，还同时讽刺了身处柏林的皇帝和他在地方上的忠实臣仆。赫斯林接管造纸厂是效仿威廉二世上台的，也用了他独特的口号（"我的航线是正确的，我要领导你们过美好的日子"）以及他对臣仆的"躬亲管理"。[1]当他在比施利机器公司订购一台最新式样的"麦尔型复用荷兰打浆机"时，很好地贯彻了威廉二世对技术进步的偏爱。小说里的故事发生在19世纪90年代初，皇帝很年轻，他的臣仆也是。狄德利希·赫斯林对正蓬勃兴起的民族主义和反自由主义年轻一代毫无保留地说出了"尖锐、激烈的政治见解"，并宣布"奈泽西那些老朽的自由主义的习俗陋规也必须扫除干净"。

　　为了给1848年垂死的一代人以致命打击，这位威廉二世的

---

[1]　本书有关《臣仆》的译文皆摘自傅惟慈译本，上海译文出版社1979年版。

臣仆动用了两种媒介来宣扬爱国主义和美化统治者：纪念像这一旧媒介和日报这一新媒介，而且选择了对德国报纸行业面貌来说颇具特色的地方报纸。狄德利希·赫斯林用来宣传的皇帝纪念像是他在1897年为威廉一世100周年诞辰打造的。而《爱国主义日报》则是用来致敬威廉二世的。当这位臣仆提议让"检察厅的那位犹太先生"（他在反犹太主义方面无人可以超越）雅达松和奈泽西市长组成一个选举委员会，为一年半后的帝国议会选举做准备时，形势就变得很明朗了：

> 雅达松认为，首要的任务是同政府专员冯·武尔科夫先生建立起密切联系。"必须严守秘密！"市长挤着眼睛补充说。狄德利希·赫斯林认为，全城最大的一份报纸《奈泽西日报》也跟着自由主义者的尾巴转，是一件非常遗憾的事情。"简直是一份犹太人的报纸！"雅达松说道。相形之下，县里出的那份忠于政府的报在城里的影响却不很大。这两份报纸都是高森费尔德老克吕兴的造纸厂供应的纸张。狄德利希·赫斯林认为，既然克吕兴在《奈泽西日报》里有股份，这份报的态度就很可能受他的影响。应该吓唬吓唬他，让他知道，他可能失去县报这家主顾。"咱们奈泽西不是还有另一家造纸厂吗？"市长笑着说。

小说的双重运动就从这里发展而来：它将狄德利希·赫斯林对贵族自由主义的攻击与他成为该市主要造纸商的过程联系

起来。这位臣仆通过一个投机性的金融计划，用超低的价格从竞争对手克吕兴手上买下了位于高森费尔德的造纸厂，当时这家造纸厂已经是一个股份公司。然后赫斯林又将自己的造纸厂廉价出售，将其作为新资本投入新的法律实体中。在以工业规模运营的新工厂中，一些机器被用来印刷一种被称作"世界大国"的纸片。这种宣扬爱国主义的纸片是小说荒诞主义讽刺的元素之一。小说的作者充分理解了威廉主义（Wilhelminism）和现代媒体的紧密联系，所以他十分认真地将造纸业描绘成一个帝国关键产业。臣仆从皇帝那里得来了座右铭——"德国的技术，德意志精神"，小说并非以此意指征服世界，而是指征服公众。这是狄德利希·赫斯林为皇帝服务的战场。他利用他在新条顿社的人际关系来逃脱服兵役，也是该小说讽刺性的一面。臣仆通过报纸这一纸质媒介来巩固自己与皇帝的情感纽带。狄德利希·赫斯林1892年在柏林目睹了对失业工人示威游行的镇压，以及德皇威廉二世的潇洒亮相。同样的事情也发生在了奈泽西这座小城，而且他工厂的一名工人在示威期间被枪杀。这个时候，这一点就变得清晰起来。这位臣仆虚构了一封皇帝发给哨兵的电报，并将其印在了《奈泽西日报》上。贺电称颂开枪的士兵"面对内奸，忠诚不惧"，并晋升他为上等兵。当这个消息传到柏林新闻界的时候，没有人出来辟谣，甚至在柏林《地方新闻》上还登了一则证实的消息："皇帝陛下昨曾驰电擢升该士兵为上等兵，本报已予报道。"

海因里希·曼将县城的电报阴谋转变成他在柏林菩提树下

大街[1]示威游行中亲身经历的权力形象的翻版。看着印有他的
电报内容的报纸，这位臣仆感受到了他和皇帝之间通过现代媒
体连接起来的神秘统一："一阵令人心悸的幸福感几乎使他的心
爆裂开。这可能吗？难道他真的预感到了皇帝要说的话了吗？
他的耳朵真能听得那么远吗？他的脑子能够共同地跟 ——？这
种闻所未闻的神秘的思想共鸣使他惊骇莫名……登出来了！并
没有更正，而是进一步的证明。他把狄德利希·赫斯林说的话当
作自己的话，他按照狄德利希·赫斯林的授意采取了行动！……
狄德利希·赫斯林把报纸铺开，像一面镜子似的在里面照到了
自己，他看见自己的肩上嵌着白鼬皮。"

　　虽然没有使用"威廉主义"这个概念，但是在亨利希·曼
笔下，威廉主义被描述为一个由媒体支持的君主政体。小说的
结尾，纪念像揭幕仪式上电闪雷鸣，将死的老布克认为他在狄
德利希·赫斯林身上看到了魔鬼。在这世界末日式的结尾，我
们可以想象出这位臣仆身着报纸制作的貂皮大衣的画面。

爱弥尔·左拉、法国《小日报》和德雷福斯事件

　　1839年出版的《幻灭》第二部中，巴尔扎克虚构了一份报
纸，记者罗斯多将其称为《小报》（ *Notre Petit Journal*)，吕西

---

[１]　柏林菩提树下大街（Unter den Linden）是欧洲著名的林荫大道，在帝国时期是柏林
市中心的交通枢纽。

安·德·吕邦泼雷凭借副刊里的文章引起了极大的轰动。巴尔扎克去世后，出现了以此名字命名的报纸：《小日报》(Le Petit Journal)，它代表了法国向大众媒体时代的过渡。《小日报》创立于1863年，为了免交政治报刊税，它强调自己的"非政治性"。从名字就可以看出，《小日报》与那些"大"而精致的媒体不一样。它的"小"不仅体现在实惠的价格，也体现在减半的页面规格上。这份报纸只要5生丁，即1苏，创造了所谓的"一苏媒体"，是法国版的英国《便士报》。

　　社会杂闻 (faits divers) 在《小日报》中占据着重要地位。就像狄更斯笔下的伦敦一样，记者们也穿梭于这座大城市中，寻找意外、自杀、无法解释的死亡和犯罪。早在《驴皮记》中，巴尔扎克就将社会杂闻描述为对文学的挑战："请问在浩如烟海的文学作品中，你能否找得到一本书在才华上足以和这条小新闻媲美：'昨天下午四时，一少妇从艺术桥高处投身塞纳河自杀。'面对这种巴黎式的简洁文体，所有的悲剧、小说都要黯然失色⋯⋯"1869年9月至1879年1月中旬，对一个八口之家谋杀案的连续报道，从捕获凶手到执行处决，仅仅几个月内就使《小日报》的发行量从357 000份增加到594 000份。考虑到日报社的生产能力，只有在印刷机和纸张生产两者达到一个新的技术水平之时，这样的发行量才有可能实现。与巴尔扎克合作的埃米尔·德·吉拉丹 (Émile de Girardin)，是法国新闻界从七月革命到法兰西第二帝国，再到法兰西第三共和国时期的关键人物之一。印刷速度的提高，可以帮助他实现报纸薄利多销的理念。

他在工程师界的合作伙伴是伊波利特·奥古斯特·马里诺尼（Hippolyte Auguste Marinoni）。1848年，他为吉拉丹的《新闻报》提供了一台日产量翻四倍的印刷机。不久后，他看到了从德国移民过来的雅各布·沃尔姆斯（Jacob Worms）在巴黎印刷厂制造了第一台轮转印刷机。这台轮转印刷机也是为了《新闻报》所造的，但由于政治限制，在当时没有得到大规模使用。借鉴沃尔姆斯的建议和他终生致力研究的英国机械技术，马里诺尼为《小日报》研发出了一台法国版的轮转印刷机。最终，美国的威廉·布洛克（William Bullock）将轮转印刷机完善到了完全自动化的程度。谷登堡印刷术的原理是平面压平面，柯尼希的快速印刷术则是利用圆筒对平面，而现在，圆筒对圆筒印刷的实现意味着一个质的飞跃。纸张的柔韧性是实现这一飞跃的前提，这不仅体现在造纸机生产的卷筒纸和印刷机的配合上，也体现在印刷过程中。在轮转印刷机的普及过程中，在印刷版型方面，用纸型浇铸铅版代替了石膏浇铸。供纸以及纸张印刷完毕后的裁切设备也都集成到印刷机的对转滚筒周围。1894年《布罗克豪斯百科全书》描述了这些新机器运行的独立连续性："普通的高速印刷机工作时，每张纸都必须单独送入，所以四倍速、八倍速的高速印刷机需要耗费大量人力，这种情况维持了很长一段时间之后，人们开始想，是不是可以给机器源源不断地自动送纸，然后每一张纸在通过围绕着圆筒的弯曲印版（浇铸铅版）完成双面印刷后，通过切割设备裁切成指定的格式，再将其折叠或平铺，从而大幅度提高了产能（高达每小时20 000张）。"

和1810年柯尼希的高速印刷机一样，1856年英国《泰晤士报》也是第一个使用轮转印刷机的客户。由此可以看出期刊媒体和印刷及造纸技术创新是密切相关的。轮转印刷机完美地匹配了造纸摆脱原料限制后带来的产量提升。而两者的结合又与不断扩大的报刊产业完美契合。

根据新闻学的观点，纸和印刷机这一联盟的革新在四个方面带来了好处，而这四个方面正是构成报纸这一媒介的四大元素：周期性，即规律出版的可靠性和频率；及时性，这不仅仅取决于电报局传递信息的速度，也取决于印刷速度；普遍性，即通过边界的消解和形式的内在差异，对不同的对象进行不特定的覆盖；公开性，即面向公众的非排他性和可获得性。19世纪末到20世纪初期，日报尚未需要与广播和电视竞争，它能够崛起成为工业现代性的核心大众媒体，首先要归功于低价和高发行量。若没有由此带来的报纸消费的社会扩张，及时性、周期性以及普遍性的效果都将大打折扣。

与17世纪和18世纪的报纸相比，一种新的媒介出现了。随着纸张生产的产业化和原料限制的摆脱，报业出版也促进了未装订纸张的同步流通。这些报纸每天奔涌到社会中，随后进入不流通的领域。这有点像电报局的纸质电报，一旦编辑将它们重新编辑成报纸报道后，它们的物质形式就消失了。19世纪有一则流行的笑话：早上的报纸就是晚上的厕纸。这个笑话包含了这样一种看法：随着期刊媒体的兴起，在向大众提供的大量纸张中，没有流传下来的纸张比例呈指数增长。即使图书馆和档案馆会把报纸装订成年刊并存放，也没有减轻这种纸的大规模消失。新闻纸的不断消失是其间歇性影响的反面。

新闻纸在 19 世纪漫画中无处不在，19 世纪小说里也有许多报纸读者和记者的形象出现，警局档案里保留的告密者报告记录了报纸读者们的高谈阔论，他们对社会杂闻、政治消息以及社论发表看法。这些都反映了每天都有新闻纸被源源不断地供应到社会有机体中。

《小日报》是造纸工业、印刷技术和期刊媒体组成的"铁三角"的典范。一开始它采用的是"大"报的四页格式，但没有采用 43 厘米 × 60 厘米的标准尺寸，而是减半为 43 厘米 × 30 厘米。只不过，"小"、轻型小报新闻的概念并没有局限在小的物理格式上。1873 年，埃米尔·德·吉拉丹开始担任报社管理公司的总裁，直到 1881 年去世。1882 年，新闻界的关键技术人物——伊波利特·奥古斯特·马里诺尼（Hippdyte Aaguste Marinoni）接替了他的位置。在 1889 年的巴黎世界博览会上，马里诺尼展示了他的新型轮转印刷机。这台印刷机可以将各种规格的卷筒纸进行双面印刷、裁切，最后折叠成报纸。自 1890 年开始，得益于 1886 年纸张税的废除以及造纸原料限制的摆脱，《小日报》换用了更大的版面。1890 年，报纸的发行量突破百万份，还增加了一份八页副刊，每周出版，定价和普通版一样只要 5 生丁。凭借画报里刊登的彩色图片，《小日报》成为欧洲大众媒体的顶尖通讯社之一。它是法兰西第三共和国技术文明进步的主要传声筒之一，是电报、留声机、电话、汽车和环法自行车赛的宣传员，同时也是民族主义的扩音器。也许一开始它的出现是"非政治"的，但从19世纪末开始，它无疑已经成为一股政治力量。

报纸培育了新的新闻素材、丑闻和轰动事件。它刊登了各种各样的图片：爆炸袭击和铁路事故、殖民地的日常生活，高级将领的肖像、国事访问的照片、被狮子袭击受伤的马戏团游客。1898年1月13日，爱弥尔·左拉（Émile Zola）以《我控诉……！》（J'accuse...!）为题，在《震旦报》（L'Aurore）头版头条发表了致共和国总统菲利·福尔（Félix Faure）的公开信。这个时候，《小日报》则成了反德雷福斯的喉舌。德雷福斯事件不仅仅是个国家事件，它也是最早的现代媒体战之一。伊波利特·奥古斯特·马里诺尼和时任《震旦报》编辑的乔治·克里孟梭（Georges Clemenceau）之间的个人恩怨也被卷进了这场新闻战中。那个醒目的标题就是克里孟梭所加。因为左拉的文章，《震旦报》的发行量从通常的两三万份增加到超过30万份。但与之打擂台的《小日报》则有百万份的发行量。而法国的第二大众报纸《小巴黎人报》（Le Petit Parisien）也凭借它的百万份发行量站在反德雷福斯的一方。

《小日报》副刊上刊登了一系列关于德雷福斯事件的图片，其中最著名的就是1895年1月13日那张德雷福斯被革除军衔、折断军刀的封面图片。《小日报》的反德雷福斯运动不仅仅是包括针对德雷福斯的反犹运动，它还发起了一场针对爱弥尔·左拉的运动，称他是"反爱国主义丑闻的主角"，这场运动还波及了他的文学作品。1898 年 2 月，军队对左拉进行审判，《小日报》以《左拉事件》为题进行了报道。1898 年春天，《小日报》自己也成为事件的一部分。尤其是在 5 月 23 日，也就是爱弥尔·左拉在凡尔赛出庭那天，主编欧内斯特·朱代（Ernest Judet）发表了一篇关于左拉的父亲弗朗索瓦·左拉（François Zola）的诽谤性传记。在这篇文章里，爱弥尔·左拉的父亲被描述成小偷和寄生虫。这种企图通过丑化他私人生活中的某一元素来反击左拉的政治呼吁的行为，不仅招致了左拉对《小日报》、马里诺尼和朱代的控诉，也使得左拉后来在《震旦报》上以"弗朗索瓦·左拉"为题发表了一系列关于父亲的文章。在《黛莱丝·拉甘》（Thérése Raquin）等小说中，左拉承袭巴尔扎克的衣钵，将现实社会的世界带进小说世界中。现在，他为报纸撰稿，是为父亲的荣誉而辩护，也是向《小日报》以及它的诽谤复仇。他明确地告诉读者，自 1898 年 7 月 18 日凡尔赛审判结束离开法国后，他就再也没有读过这份报纸，今后也不会再读，"我从来不看它"。

第 九 章
被照亮的内心世界

威廉·狄尔泰、历史主义和遗稿

威廉·狄尔泰（Wilhelm Dilthey）非常清楚现代历史研究在德国是何时开始的：革命战争、旧帝国结束和拿破仑时代的动荡结束之后，越来越多之前散落各处的原始资料被从修道院、主教和王侯档案室搬进了"大型现代国家档案馆"，并向学术界开放，"从前这些堆满了纸张和秘密——国家和家族的秘密而被严密守卫的房间，终于透进了光亮和空气"。现代历史研究只有在对非印刷的文献材料进行整合和开放后才可能出现。1889年1月16日，狄尔泰在上一年成立的"德国文学史协会"第一次会议上做了一个演讲，其核心主题就是面向政治国家的档案。在这次演讲中，他呼吁建立"文学档案"。随着政治统一的实现，德意志民族面对这样一个问题："在政治分裂、军事无力的阴暗日子里，它的文学——德国精神的首要表达、统一纽带，对德国来说意味着什么。"狄尔泰的演讲发表在了公众杂志《德国评论》（*Deutsche Rundschau*, 1889）上，与此相伴的还有发表在

《哲学史档案》（*Archiv für Geschichte der Philosophie*, 1889）上的《文学档案对哲学史研究的重要性》（*Archive der Literatur in ihrer Bedeutung für das Studium der Geschichte der Philosophie*）。这与狄尔泰所依据的广义的文学概念相一致。他对文学的理解是"一个民族所有具有持久价值的生活语言表述，即诗歌、哲学、历史和科学"。

　　狄尔泰心目中的文学档案，其范围要大于国家秘密档案机构的收藏。但他悲伤地发现，在文学和思想史上，非印刷的原始文献是一片废墟。在他的演讲以及论文中，狄尔泰详细探索了这片废墟：其中有破败的庄园，被不小心遗失或烧毁的手稿，被遗忘在箱子或阁楼里的信件，被出版商废弃的知名哲学家对自己作品的旁注。他对文学档案的主张被表述为对"无助的纸山文海"的一次伟大的营救行动，呼吁人们保护、收集、系统整理并开放自人文主义时代以来德国作家们的手稿。狄尔泰采取这样戏剧性的基调，不仅仅是因为他发现文学的传播很不充分，也因为他认为手稿有极其重要的作用。他将手稿视为理解印刷文本的钥匙，他觉得非印刷文稿中隐藏着印刷作品没有揭示出来的真相，因此，这些手稿的损失才会有如此大的影响："一个人一生的创作越伟大，他的思想就越深地植根于他所处时代的经济、习俗和法律的土壤，在与周围的光线和空气更多样、更鲜活的交流中呼吸和成长。在这样细微、深刻和错综复杂的关系中，每一张看似无关紧要的纸片，都可能是了解因果的一个要素。一本已经完成的书很少会透露它在创作时的秘密。提纲、随笔、草稿、信件——在这些纸片中才能找到一个人的生命活力，正如草图总是能比成品图透露出更多的信息一样。"

这种对草图和草稿的重视，超过了对已完成作品的重视，狄尔泰对文学史的理解继承了"选自××的文稿"这一模式的遗产。因此，在莱布尼茨、康德、席勒或歌德的遗稿中发现的"看似微不足道的纸片"获得了重要性。在历史主义的视野中，这些看似可以忽略不计的纸片是相当多的。这既得益于对文学概念的宽泛理解，也得益于将二、三流作家的遗稿也纳入文学档案的规划。它们被列入其中，并不仅因为这些作家可能是重要作家信件的收件人，而且因为如果没有他们，人们就无法研究知识活动的内在脉络。印刷的作品构成了文学史的对象，但要研究这些对象，必须要研究所有的手稿，因为印刷作品是从手稿发展而来的。

19世纪的历史主义将人们对手稿的关注制度化了。随着报纸发行量的同步增长，人们对过去非印刷文稿的积极探索也随之兴起。正如在人文主义时代人们在书房里狩猎古代手稿一样，历史主义将书房内外自人文主义时代以来流传下来的所有东西都变成了它的猎物。历史主义就像是一台持续工作的造纸机。它不断地将新发现的手稿交给文献学家们整理和研究，再将它们纳入历史评注版中，这些版本在文献档案馆和图书馆的不断交流中蓬勃发展，不断地将非印刷的文稿转化为印刷文本。

"有人会说：纸，越来越多的纸。这难道不是一种新的亚历

山大主义[1]吗?"狄尔泰多次提起这种担忧,即在过去纸山文海
的压力之下,文化会变得没有生产力。他对此的反驳是,人们
可以通过了解因果关系的方法来驯服纸山文海,这些方法是由
文献中记录的知识活动来说明的。原始文献的汇编整理是获得
因果认知的前提条件。因此,"文学遗稿"在狄尔泰对文学档案
的呼吁中至关重要,是窥见其内在秩序的透视点。他根据作者
的名字收集整理材料,而不是以纸张的格式,根据写信人而非
收信人的姓名装订书信。

在一段评论威廉·荷加斯铜版画的诙谐文字中,格奥尔
格·克里斯托夫·利希滕贝格提出了"招牌上的万神殿","在
莱布尼茨家做客,会比在普鲁士国王那儿做客更糟糕吗?"这个
思想实验的目的是比较大理石和纸张的传播媒介作用,两者在
旅馆招牌上找到了一个统一点。

再总体谈谈德国万神殿。我不建议用大理石来造。可
以预见的是,它最终将成为一群无情的德国人的雕像,不会
比我们用纸做出来的好多少。是的,可能还不如纸做的。因
为我觉得,这个世界上除了纸质纪念物之外,是否还存在其
他形式的纪念物?这是一个问题。自从我们的传统将所有特
权都让给印刷机之后,自然也要求取一些相应的回报。我觉
得这世上只有纸质的纪念物。就算我们的同胞在月球岩石

---

[1] 亚历山大主义(Alexandrinism)是指以古希腊和古罗马时期在埃及亚历山大港发展起
来的文明为基础的文化系统。

和宇宙边界上，穿过新的行星和卫星，在行星和彗星的轨道
上为自己建造了永恒的纪念碑，但如果没有纸质证明，也是
毫无用处……通往名垂千古的这条道路，一个人花些金银，
尚可以走到最初几个驿站；但谁如果想要走得更远一点，就
离不开货真价实的纸币。现在我们想想，纸意味着什么？一
片亚麻地，多么美好的前景啊！物理学家会说，这儿又藏些
什么东西?！哎！不管是谁要穿过这样一片土地，无论是骑
马还是步行，他都应该摘下帽子想一想，不仅想他卷起来的
衬衫袖口，也要想想不朽。如果有人还想做点什么，那我建
议做些招牌吧，因为招牌除了具有大理石的公共性，也具有
纸张所具有的不朽性。

利希滕贝格期待他的读者既了解亚麻和纸之间基于服装而
产生的联系，也了解纸币的不良声誉。他认为现代文化的纪念
物是由纸制成的，这就给纸张对"不朽性"的保证加上了引号。
但它也标志着一个可以与文献学家对完整传播链的兴趣相匹敌
的观点：作者对身后名誉的关注。1889年，狄尔泰发表对文学
档案的呼吁之时，席勒的遗稿被并入1885年成立的歌德档案馆，
变成了歌德-席勒档案馆。1889年出版的格林兄弟《德语大辞
典》第13卷中尚未载有"Nachlass"（遗物）这一名词。但是，
文学遗稿这个概念其实早在它被法学和语言学正式认可之前就
已经出现了。歌德就是一个典型的例子。他留下来（以及没有
留下来）的东西并不仅仅是一份遗物，也是一位作家的遗产，

他知道未印刷的信件、日记和片段若在自己死后出版，可能会
消除一部作品的界限，并对作品的整体观感产生持久的影响。
歌德就拥有这种人们所谓的"遗产意识"。当他谈到自己也终
将变成历史的时候，就包含了从后人角度看他自己作品的预期。
他的短文就向人们证实了要如何处理他的遗稿。1823 年，他在
集刊《艺术和古代》（ Über Kunst und Alterthum ）上发表了《诗
人和作家的档案》（ Archiv des Dichters und Schriftstellers ）。次年
又接着发表了《保护我的文学遗稿，为我的作品保存准备一个
真实完整的版本》（ Sicherung meines literarischen Nachlasses und
Vorbereitung zu einer echten vollständigen Ausgabe meiner Werke ）。

第一篇文章首先介绍了 30 卷的莱辛著作集以及莱辛的弟弟
卡尔[1]在其中所起的作用：卡尔"也是一位文人，他不知疲倦
地收集哥哥遗留的著作、文章，甚至是一些次要的作品，以及
任何能够完整保存这位独特作家记忆的东西，然后不断地将其
整理出版"。和过去一样，歌德在这里的"遗产意识"并不是针
对死者家属这一小范围，而是放在后世的大概念里说的。当然，
他强调卡尔在他哥哥作品印刷出版中的重要性，也是以此给他
的身边人展示一个细心管理遗产的例子。但是，在自己终将成
为"历史"的假设下，他把自己想象成了遗产管理人，然后不
断地去思考那些未印刷的文稿和已经印刷的作品之间的关系。
在一篇关于作家档案的笔记中，他以"着手出版我的作品"为

---

[1] 即卡尔·戈特赫尔夫·莱辛（Karl Gotthelf Lessing，1740—1812），喜剧作家。

题，写道："这位作家会把余生的精力转向存留文稿的编辑、清洁和保护上。"致力于作品和致力于遗稿，这两者同等的重要性在这里被表述得异常清晰。

　　歌德并不是等到耄耋之年才开始保护和整理他的作品的。恩斯特·库尔提乌斯（Ernst Robert Curtius）在他的文章《歌德的文件管理》（*Goethes Aktenführung*）中描述了歌德的档案管理技术，这些技术主要跟他从事行政工作有关，但也从一开始就伴随着他所有的文学作品。比如他在1979年8月第三次瑞士之行中写信给席勒，说他为了应对所有旅行者会遇到的危险——过于仓促地下判断，而"准备了一个空白的本子，把所有可能用到的公开文件，比如报纸（日报或周报）、布道词、摘录、法令、剧本价目表都装订起来"。当阅读歌德1823年关于整理他自己文稿的文章时，记住这些种类繁多的文稿分类是很有帮助的。他在一篇关于《诗人和作家的档案》一文的笔记中写道："被成堆的文件包围着，这些文件被整理得井井有条，但是除了我自己之外，没人需要它们。"但有关文学遗稿方面的工作必须扭转这种观点，要从后人的角度出发。正是为了后代，歌德努力地"对所有文件进行清晰有序的整理，特别是那些与我的作家生活有关的纸片，没有任何一张应该被忽视或随意对待"。

　　听起来，好像歌德已经按照狄尔泰的文学档案所依据的遗产理念整理了他的文件。但是歌德在回顾他印刷和未印刷的著作时，并没有站在未来文献学家的立场上，他收集的作品源自他作为作者看待自己作品的角度，并希望作品对公众具有亲和力。文学遗稿方面的工作是为了证明已出版作品的统一性。这种证明是必要的，因为乍一看，这些工作可能会招致"对分散和碎片化活动的谴责"，而只有作者知道没有执行重要想法的原因是什么："有一些事情我没有执行，因为我希望通过更多的学习来取得更好的效果；我没有使用我收集起来的一些东西，因为我想要它能够更完整；我没有根据现有的情况下结论，因为我害怕做出草率的判断。"

歌德在演讲"对于维兰德兄弟般的纪念"（Zu brüderlichem Andenken Wielands）中暗示了他管理自己文学遗稿的标准。当"对创作的不耐烦缓和下来，为这个社会带来完美作品的愿望变得更加明确和更加活跃时"，维兰德就开始"仔细地处理他的作品"了。创作完美的东西对歌德来说意味着通过引导人们对作品的感知，来呈现完整的、有凝聚力的作品。所以他管理自己文学遗稿的工作不仅包括整理、分类和传播，还包括封存和销毁。恩斯特·库尔提乌斯曾经指出，歌德用来存放文件的大信封既被称为"包"，也被叫作"袋"。在1798年1月10日写给席勒的一封信中，歌德这样描述了他的保存方法："我从一开始就做了很多记录，有关我所采取的错误选择和正确选择，尤其是所有的尝试、经验和想法。现在我将这大堆的文稿分开，准备好文稿袋，按特定的规则分类，并将所有的文稿都塞进去。"

这些分好类的文稿袋指向了歌德关于文学遗稿的最惊人的

决定：封存《浮士德》第二部的手稿，并将《浮士德》第一部中"瓦尔普吉斯之夜"的第二节移回到他的"瓦尔普吉斯之袋"中。这两个决定都意味着拒绝出版一部作品的重要部分。歌德意识到了这会产生定时炸弹般的效果。他已经意识到，"如果在我死后，人们打开我的瓦尔普吉斯之袋，所有迄今为止封闭的东西，折磨着我的那些可怕的痛苦，也将变成对其他人的折磨"，德国人并不会那么快就原谅他。

通过管理自己的文学遗稿，作者可以把对作品的掌控延长到自己去世之后。一个作者不希望发表某些作品，但这些文稿在作者死后依然流传给了后世，这就在一定程度上减弱了作者对作品的掌控。确保某些东西永远不被发表的唯一办法，就是将它们彻底销毁，不留存任何副本。如果遵循狄尔泰的规则，歌德也必须留存其他作家写给他的信，以便确保其他人文学遗稿的完整性。但是，在1797年歌德焚烧了大量信件，并将约翰·海因利希·默克[1]写给他的信件尽数烧毁。尽管——正如一位同时代人所述——他因为其中的"思想内容"犹豫了两天，但最后这些内容并没有阻止他销毁这些信件。通过焚烧信件这一行为，歌德断绝了后代一窥默克和歌德之间完整通信的可能性，而他在世时，却鼓励和推动了自己与席勒之间往来信件的出版。当歌德承诺说在整理他的文稿时，没有任何东西"被忽视或随意对待"，便为狄尔泰的"文学档案"打下了基础。但歌

---

[1]　约翰·海因利希·默克（Johann Heinrich Merck，1741—1791），德国作家、评论家。很多人认为歌德就是以他为原型塑造了《浮士德》里的梅菲斯特。

德通过一句不显眼的关系从句，限制了文献学对未经过滤的流传作品的兴趣，明确了最值得收集整理的是那些"与我的作家生活有关的纸片"。通过流传和销毁的结合，他定义了作者身份的内涵。默克的信件很可能与歌德的"作家生活"有关，但他的文学遗稿中并没有包含这些信件，而只留下了毁灭这些信件的行为。虽然狄尔泰非常尊重歌德，但必然反对歌德的这一做法，他对文学档案的呼吁，就是想要抑制对"无助的纸山文海"的破坏。

亨利·詹姆斯、伊迪丝·华顿和寻找名家手稿

1873年，一位年轻女士希望托马斯·卡莱尔（Thomas Carlyle）在她的纪念册上写点东西。卡莱尔答应了这一请求，但只是用铅笔在这位女士的纪念册上潦草地（可能跟他当时的年龄没有太大关系）写下一句忠告："停止收集'手稿'吧，亲爱的女士；这是一个弱小的追求，这不会有什么大的收获！"19世纪出现了大量仅仅为收藏而存在的手稿，而且不仅出现在维多利亚时代的英格兰。卡莱尔知道，不论他写的是什么，都会变成他的"手稿"，所以他想用写在这位女士纪念册上的话，表达对手稿收集行为的鄙视，并特地给"手稿"两个字加上了引号。

1836年，也就是埃米尔·德·吉拉丹在巴黎创办《新闻报》那一年，皮埃尔-朱尔斯·方丹（Pierre-Jules Fontaine）的《名

家手稿手册》(*Manuel de l'amateur d'autographes*)出版，这是第
一本针对名家手稿爱好者的手册。它列出的订阅人清单，在拍
卖会上出售的过去及当代名家手稿的清单（包括最后成交的价
格），以及包含名人手稿复制品的目录，所有的这些都表明，这
本书只是认可了一项早已开始的运动。书的最后是一篇即将成
立的"名家手稿协会"章程草案。随着大众印刷报纸的市场在
19世纪的增长，手写的未印刷文稿的市场也在增长。

法国自16世纪以来就已经有名家手稿的收藏，这些收藏
包括文件、回忆录、大使馆报告、证明信以及著名历史人物的
信件。但手稿交易是更晚近的事情，第一次藏品拍卖是在1800
年前后进行的，1822年巴黎出版了第一部名家手稿目录，在接
下来的十年中，这类拍卖的数量剧增。1830年6月，歌德（他
自己也收集名家手稿）在给他的孙子沃尔夫冈·马克西米利安
(Wolfgang Maximilian)的信中写道："请把随附的几页纸送给善
良的朋友，这些是我自己写的，也不是我自己写的；这是个谜
语，一个像你这么聪明的男孩一定会解开的谜语。"不久后他又
在致玛丽安娜·冯·维勒美尔(Marianne von Willemer)和她丈夫
的信中写道："经常有人找我索要一张手写的东西，而我越来越
写不出任何一句人人或无人铭记于心的警句。所以就求助于平
版印刷术这个万能的帮手。毕竟，这是个一劳永逸的办法，还
可以根据情况送给合适的人。我随信附上了几张，如果你还想
多要点儿，我也很乐意再寄一些。"

这些现代手稿收藏家的前辈们已经徘徊于手稿收藏的中心。

正如迪尔坦蒂协会[1]的古董收藏家早于公共博物馆以及艺术史等学科出现一样，在狄尔泰为文学史研究而呼吁建立文学档案之前，手稿爱好者就已经开始打造他们的收藏了。私人收藏和私人图书馆跟国家档案馆截然不同，它们更接近于同样是私人性质的室内装饰。在这个领域里，手稿与藏书、版画、肖像画、雕像、珠宝首饰并没有什么不同。

狄尔泰在文章中描述了一个学者的遗稿在 17 世纪流传下来的机会是如何取决于他与学院和图书馆接近的程度，以及文学作家的遗稿在 18 世纪仍然是那么零散。他看到，"无助的纸山文海"与私人领域的联系越紧密，它们流传下来的机会就越小。他认为家庭是导致这些遗稿无法流传下来的潜在黑洞，关于手稿的交易他只是一笔带过。他区分了两种类型的分散：在第一种类型中，遗稿被分成几批，散落在不同的地点；在第二种类型中，完整的遗稿不断地碎裂成单个的组成部分。这也是引导个人手稿走向手稿收藏的路径。通常，人们并不是旨在收藏完整的遗稿，而是收集许多作者的许多手稿，有些作者可能收集了几部不同作品，或者是收藏了完整作品集。约翰·君特（Johann Günther）和奥托·奥古斯特·舒尔茨（Otto August Schulz）撰写的《手稿收藏家手册》（*Handbuch für Autographensammler*, 1856）将自己致力的"爱好"归类为"最高尚和最巧妙"的，"因为它承担着崇高的任务：收集、整理可

————————

[1]　迪尔坦蒂协会（Society of Dilettanti），成立于 1734 年，是一个由贵族和学者组成的英国协会，资助古希腊和古罗马艺术的研究。

见的思想遗存、思想的流露、名人最具表现力的银版照片，以他们的亲笔手迹——其中的一行字往往比一本广博的传记更能准确地描述他们的特征——作为他们自我参照的纪念"。

在《手稿收藏家手册》中，我们可以清楚地看到，由笔迹和书写载体构成的组合，已经是一个独立于整体作品的文献学走向的存在。"手稿"一词要比"文稿"更加强调与创作者之间的联系。重要的人物触摸过纸张，注视过纸张，并亲手在上面写字这一事实，已经成为一种独立的收藏动机，这也是在这些手稿中建立一种迷人的联系。狄尔泰写道："生命中温暖的关系源于个人、生命和世代的基本观念，这种关系在任何地方都需要亲密的表达。"狄尔泰在这里明确使用了"亲密"一词，这与雅各布·格林（Jacob Grimm）语言学中的"对微不足道事物的奉献"有关。

文献学把遗稿客观化，并广泛收集资料。文献学家并不拥有他在档案馆里研究的资料。正如《手稿收藏家手册》所说，名家手稿收藏家收集文物，他拥有这些东西。他是"业余爱好者"，但也必须将自己的爱好客观化，并赋予它学术的特性，以此来建立起自己的收藏。方丹在他的《名家手稿手册》的第一页写道："手稿学是一门新学科。"并将这本手册视为对这门尚处于起步阶段的学科的介绍。正如在19世纪对水印的研究一样，手稿收藏家的世界是一个积累纸张知识的领域。面向手迹收藏家的手册详细阐述了席勒使用的纸张种类（包括羊皮纸），纸张格式、折法、折痕，以及不同墨水与不同纸张的组合，还有很多有关纸张组织系统和储存技术的章节，可以为完善的藏品服务。君特和舒尔茨在他们于1856年撰写的手册中，从专家意见中摘录了很长一段，介绍了建筑师维克多·冯·格斯滕伯格（Victor von Gerstenbergk）散布伪造的席勒手稿的案件，这个案件于同年开庭审理。手稿收藏家必须是研究笔迹和纸张的专家，以免收到赝品。在物质层面上，手稿收藏家是档案工作者和文献学家的朋友，但也是他们在公共档案上的竞争对手。

在19世纪，历史小说经常声称它们的内容是以旧手稿和编年史为基础的，会引用一些有别于当时措辞风格的话，以证明这些内容的真实性，就像亚历山德罗·曼佐尼（Alessandro Manzoni）在其小说《约婚夫妇》（*Die Brautleute*）开篇所做的那样。[1] 这些家庭的遗物或一个地区的历史，所反映出的是国家的命运，它们与19世纪的文学作品连接在了一起，而连接的桥梁就是手稿这一奇异的混合体。就像历史小说一样，手稿也见证了过去和消逝的现在。在印刷出版的历史小说中，读者通过自己的想象回到了过去。对于手稿而言，过去则通过独特的样本直接展现在收藏家的眼前。随着复制技术开始渗透到书写、图像和三维艺术品的世界中，体现在这些独特样本中的原创性也变得更加重要。特别是那些尚未在任何地方印刷过的未见手稿，更是吸引了人们对于未知真相的热情，作品进入公共视野后，这种热情也逐渐增强。

---

[1]　在《约婚夫妇》的引言中，曼佐尼假托这部小说是他偶然发现的一位17世纪佚名作者的手稿，经他加以整理而发表，并且在开篇引用了手稿的一部分"原文"。

亨利·詹姆斯（Henry James）在他的长篇小说《阿斯本文稿》（*The Aspern Papers*, 1888）中描绘了一个手稿猎人的内心世界。在威尼斯，这位手稿猎人希望能哄骗一位年迈的妇人交出一些信，这些信是老妇人年轻时，著名的浪漫主义诗人杰弗里·阿斯本写给她的。詹姆斯讲述的这个故事可以追溯到1879年在佛罗伦萨发生的一个真实事件。那时，浪漫主义诗人珀西·比希·雪莱（Percy Bysshe Shelley）的一个仰慕者曾经与一位名叫克莱尔蒙特（Clairmont）的老妇人住在一起。克莱尔蒙特曾是拜伦勋爵的情人，也是雪莱妻子同父异母的姊妹，这位仰慕者猜测老妇人手中会有一些拜伦所写的手稿。詹姆斯基于这个事件创作了这部小说，并给全书笼罩了一种晦涩的气息，因为故事里弥漫着无法解决的模糊性。这种模糊性一方面来自自述者内心的自我欺骗，即使在他不择手段地尝试进入老妇人和她侄女居住的宅第之时，也声称自己之所以这么做，完全是因为这些手稿对于理解杰弗里·阿斯本（Jeffrey Asperns）有着不可估量的意义。另一方面，这种暧昧也来自亨利·詹姆斯在自述者背后建立的一个轻描淡写但不可否认的类比：浪漫的"阿斯本文稿"是一种欲望的对象，这种欲望类似于性欲，它会不惜一切代价去实现自己的目标。受佛罗伦萨那个真实事件的启发，詹姆斯设计了这样的情节，如果手稿猎人接受那位不怎么迷人的侄女毫不掩饰的暗示，并承诺与其结婚，他便可以得到这些手稿。就像在古老童话中的龙一样，也就是说，手稿猎人自己成了猎物。这个故事的目的并不是要揭开手稿的秘密，而是要让这些手稿变得不可触碰。对詹姆斯来说，对未印刷作品进行重估的传统，伴随着"选自××的文稿"的模式达到了一个高峰和一个转折，作者的虚构化取代了作者的虚构。到最后，我们也不清楚这些手稿是否真实存在，围绕它们的叙事就像一个再也无法打开的贝壳一样。

《阿斯本文稿》中的手稿与档案、文献学无关，而是与19世纪后期的报纸、杂志以及文学沙龙关系密切。在这些地方，每一次重大的手稿发现都会引发热烈的讨论。亨利·詹姆斯很熟悉英国评论家马修·阿诺德[1]发起的有关"新新闻主义"的辩论。这些辩论的主题有政治报道的个性化，采访和曝光的流行，以及调查研究从政治领域和大型商业企业转移到私人领域。《阿斯本文稿》中的手稿猎人找到了阿斯本在佛罗伦萨[2]生活时唯一未被利用的信息来源，这显示出他跟调查记者很相似，但是他自己应该不愿意承认这一点。他寻找阿斯本的信件，不是为了把它们加入自己的收藏，而是为了能把他希望在其中找到的爱情故事写进他偶像的传记中去。因为新闻和轰动的事件不仅仅来自当前的现实，也还可以来自对于过去事件的更新。一位著名作家以前不为人所知的手稿是一种理想的材料，可以给"隐私"与"公开"之间的高压线通上电。

在《阿斯本文稿》出版的两年后，塞缪尔·D.沃伦（Samuel

---

[1] 马修·阿诺德（Matthew Arnold，1822—1888），英国诗人、文学评论家。他于1887年首次提出了新新闻主义（New Journalism）的概念。
[2] 小说中是在威尼斯。

D. Warren）和路易斯·D. 布兰代斯（Louis D. Brandeis）在《哈佛法律评论》（*Harvard Law Review*）上发表了《隐私权》（*The Right of Privacy*），出于对美国报纸出版的不安，这篇文章试图援引个人的"人格"权利而非财产权，来阻止对作者不愿发表的"个人作品"的出版。这些文字没有被看作有形财产，而是被视为人格的一部分。与这种结构相呼应，在亨利·詹姆斯的小说中，手稿成了一种欲望的对象，它们不仅是"文本库"，而且是一种对于早已去世的作者在身体和精神层面上仍旧"活着"的表达。就像沃伦和布兰代斯一样，亨利·詹姆斯主张在"隐私"与"公开"之间设立防线，并在他的文学批判著作中反对日益增多的"文学遗稿"的出版，以及对文学遗稿价值的高估。但他同时也知道，他所捍卫的这种"隐私"首先是"公开"的对应物。他甚至没有让读者看一眼阿斯本的手稿，但他的叙述不仅仅是对主角猎取手稿的批评。相反，他的含沙射影也助长了读者"不可克服的求知欲"，他保护了浪漫作家的秘密，　但也承认将其传播出去是不可避免的。

亨利·詹姆斯的朋友——美国作家伊迪丝·华顿（Edith Wharton）在她的中篇小说《点金石》（*The Touchstone*，1900）中进一步描述了《阿斯本文稿》中所包含的手稿的"隐私"与"公开"之间的冲突。故事以报纸上刊登的一则广告为起点，广告中说，一位文学教授正在为已故作家玛格丽特·奥宾写一部传记，因此要寻找奥宾的信件。这位教授保证，"所有转给他的文件资料都会尽快归还"。一位年轻律师斯蒂芬·格伦纳德在纽约第五大道的一家俱乐部中看到这则广告，他手中有很多奥登写给他的情书：多年来，这位女作家一直在苦苦追求他。现在，他急需筹一笔钱来娶妻。这家俱乐部的后室不是书房，年轻的斯蒂芬·格伦纳德既不是学者，也没有受过文献学的训练，但这篇以他为主人公的小说遵循了魔鬼契约的古老题材。读到那篇广告之后，格伦纳德有了一个想法：他可以利用这些信来赚钱，但并不是将它们交给教授并使其成为文学档案，而是将其卖给图书市场。格伦纳德的一位朋友弗拉梅尔扮演了诱惑者的角色，他拥有一间精美的书房，所藏的书都有着不亚于书籍内容的华丽装帧，他也收藏了一些手稿。这位纨绔子弟展示了"一个小小的藏品"，这是伊迪丝·华顿向亨利·詹姆斯的《阿斯本文稿》致敬的桥段："'雪莱写给哈里叶·威斯布鲁克[1]的六封信，搞到这东西可不容易，很多收藏家都出了高价呢。'格伦纳德接过这一沓信，用厌恶的目光看着那些发黄、有着潦草字迹的纸张。'她是投水自杀的，对吗？'弗拉梅尔点点头说：'我想那个小插曲可以使这些信件的价格上涨一半。'"伊迪丝·华顿让主人公订立的魔鬼契约，是与市场达成的契约，"他坐了很长时间，盯着桌子上散落的书页；当他突然意识到自己眼前的一切时，觉得自己就像一个炼金术士，能把眼前的纸变成金子"。

他很快就把这些信卖给了一个感兴趣的出版商，但从信中

---

[1] 哈里叶·威斯布鲁克（Harriet Westbrook），雪莱的第一任妻子，16岁时与雪莱私奔，后被雪莱抛弃，投水自杀。

隐掉了自己的名字。这些书信被结集成两卷本出版，由于奥登一直坚持隐匿自己的私生活，书信集很快成了畅销书，并在文学沙龙里引起了轩然大波。这是一本揭秘之书，也引起了关于这些信件的所有者出版它们（其文学价值是确定无疑的）是否合法的讨论。每个与魔鬼签订契约的人都要付出代价，而这个代价就是签约人的生命。年轻律师通过出售信件为他的婚姻奠定了经济基础，通过泄露死去朋友的秘密，他让自己也成为公众的秘密。将信变成金子的代价就是，他既是信的收件人又是匿名的卖家，就像一个神秘的、飘荡在他的房子和婚姻之中的二重身。像亨利·詹姆斯一样，伊迪丝·华顿没有引用这些信件中的一个字，尽管这部中篇小说是围绕着这些信的出版而展开。她和詹姆斯一样，站在"隐私权"的一边，也像贝壳一样把"个人书写"无形地隐藏在她的叙事中。

　　通过将它们封闭在这个贝壳中，公众最感兴趣的"文学遗稿"和"个人书写"被象征性地从公众视野里移开，同时也将其用作了文学主题。贝壳中无疑充满了丑闻和轰动的事件，也充斥着印刷机将手稿变成金子的回声。斯蒂芬·格伦纳德本可以将手稿交给教授，但教授并不想出钱买它们，而仅仅只是想为他所写的传记做参考。如果这些信件进入狄尔泰的"文学档案"之中，就可以帮到这位教授。因此，伊迪丝·华顿的小说强调了手稿交易与公共档案之间的紧张关系，这两者会相互竞争手稿，即使手稿中没有什么个人隐私而只有文本创作的秘密。现代的文献学家关注书写载体的物质性，并借此成了纸张学家——不是为了窥探作者的灵魂，而是研究文本的起源以及其赖以存在的生产技术。一位文献学家通常会研究档案中那些早已通过印刷出版的手稿。他们出版文学遗稿中的信件或零散片段，是对以前出版的印刷作品的补充。因此，手稿的市场价值通常不是因为它们包含了未知的文本或隐藏的秘密，而是像卡夫卡的小说和日记一样，其最基本的特征是：独特的原创。这种独特性使得手稿无法被真正复制，尽管现在的复印、仿制技术越来越发达。手稿的本真性是其无法复制的部分。这就是为什么手稿的交易越来越接近于艺术品交易的原因，二者之间的关系从一开始就很近。虽然如果不想公开拍卖，完全可以将文学遗稿直接转移到公共档案馆或图书馆。但是，纸张时代的遗产逐渐开始扮演"昂贵的手稿"的角色——在狄尔泰的时代，这一角色主要是由中世纪的羊皮纸手稿充当的——私人收藏家和公共档案馆之间的竞争，也由于他们对共同目标的欲望而变得越来越激烈。

有些作家很少留下手稿，弗里德里希·席勒就是一个很好的例子，他在作品排印后就会销毁誊清稿和草稿。2011年10月，一份席勒所写的、之前不为人所知的《欢乐颂》最后五个合唱节的誊清稿突然出现，由拍卖行对其进行拍卖，一位私人收藏家以50万瑞士法郎的价格拍下了它。尽管魏玛古典文学基金会为了买下它而专门发起了募捐活动，但最终还是失败了。

幻灯 —— 纸和室内装饰

在阿达尔贝特·施蒂弗特（Adalbert Stifter）的中篇小说《曾祖父的记事册》（*Dichtung des Plunders*, 1847）中，有这样的记载：在父母的谷仓和阁楼中，主人公在重重叠叠的"无用的书本"，无数由"纸张、手稿、包裹、卷轴"以及"杂七杂八的工具、装订机"构成的杂物中，找到了一本由羊皮纸制成的古老"皮书"，书里有他所要讲述的故事。在这堆混乱的家族遗物中，纸张扮演着重要的角色："旁边的雕像闪烁着微弱的金光，头顶的雨声淅淅沥沥，我开始了搜寻。一小时之后，我已经坐在了高度及膝的纸堆中。这是多么稀奇特别的东西呀！这些纸张有的未着点墨，有的写着寥寥数语，有的除了文字外还有配图，有的画着火焰，有的中间剪了个心形。我找到了自己的书法练习簿，一把纸质的手持镜，镜子的玻璃片刚刚脱落。此外，还有一些账单、收据、一份泛黄的牧场文件，以及难以计数的乐谱和情书，只是物是人非，乐谱上写着一些早已褪色的歌曲，情书中的爱情也随风而逝，只有当时精心绘制的牧羊人还清晰可见，孤独地立在信件的边缘……剩下的还有些衣服图样，这些款式现在已经没人穿了，还有成卷的包装纸，也没有人再用它们来包东西了。我们小时候用的课本也保存在这里，封面上写着我们所有兄弟姐妹的名字，因为这些课本都是由年长的孩子传给年幼的孩子，每个孩子都确信自己将是这些书的最后一位使用者，都会认认真真地将上一任主人的名字划掉，再用童稚的字体把自己的名字写在下面，名字的旁边则是用黄色和黑色墨水交替标注的年份。"

纸张从教育机构、商品流通、个人和官方通信中流入千家万户，此后或消失不见，或保存在抽屉、柜子、阁楼中。日益普及的义务教育、不断扩张的行政机构、庞大的公务员大军以及大大小小的工商业组织，不仅是贪婪的纸张消费者，消耗了绝大部分的书写用纸，同时也是有效的纸张分发机，将他们印刷或者未印刷的纸张不断地注入社会有机体中，如同不断膨胀的报刊业每天都在输出新闻一样。

施蒂弗特小说中所描述的乱纸堆可以追溯到19世纪早期，"早已褪色的歌曲"应该是被写在手工制作的纸上。然而，在施蒂弗特写作的时代，造纸机早已被广泛使用，而机械化的纸张加工工艺也正在蓬勃发展，我们之前提过，纸张加工有一项最古老的产品——由多层纸张黏合制成的纸牌。早在18世纪，就已经有一些工厂生产这种纸牌，纸牌的背面也开始印上了图案。19世纪时，木版雕刻开始向铜版和钢版雕刻过渡，并最终实现现代化的平版印刷术。最先在英国使用的裁切机以及随后出现的高速印刷机，使得印刷速度成倍提升。纸张加工业的一个重要分支为书籍装订工业。书写材料和文具之间的联系，在信封或"封皮"的兴起之中可见一斑。在信件被折叠密封的18世纪，信封是可有可无的。而从19世纪早期开始，信封被大规模生产，19世纪40年代出现的信封制作机曾在1851年的伦敦世界博览会上名噪一时。

与此同时，纸制品的种类远远超越了书籍、报纸、信件、表格、文档、证书和书法练习簿的范畴，数量大大提升，后起之秀层出不穷，如卷烟纸，于1830年首次在法国实现机械化生产，19世纪60年代出现了专门生产卷烟纸的工厂。而用作包装材料的纸箱和纸袋，虽然像纸牌一样属于欧洲造纸行业的早期产品，但现在开始作为一次性用品被大批量生产。从19世纪中叶开始，曾经被看作奢侈品的纸张开始走下神坛，机械化生产的纸花、花冠、贺卡、圣徒画像、收藏卡等，数量庞大、种类繁多，不仅是上流社会和富裕阶层的家中常备，更有部分开始进入小市民和无产阶级家庭之中。

纸张加工行业带来的产品，无论质量好坏、寿命长短，无论用于收藏还是日常使用，都承载着19世纪特有的隐喻和象征，绘就了19世纪的精神底色，对这个世纪的历史产生了难以估量的影响。例如，著名诗人海因里希·海涅（Heinrich Heine）既担心自己心中神圣的艺术和诗歌世界遭到暴力摧毁，又无法摆脱革命者那难以抗拒的魔力。在这种矛盾的心情下，诗人发出了19世纪最为著名的叹息："至于夜莺，这种于事无补的歌手将被赶走，呜呼！我的《诗歌集》将被小贩做成纸袋，为将来的老妪装进咖啡或者鼻烟。"这里所提到的包装纸和书写纸互换的传统由来已久，这种将诗歌集用作包装纸的现象，让人回想起纸张尚未成为大众商品的时代，小商贩们不得不用废弃的档案、图书、废页或用过的练习簿来包装商品，这些包装鲱鱼和咖啡的纸袋是让·保尔的小说《菲伯尔的一生》中的重要对象。到

19世纪晚期，也就是狄尔泰哀叹康德的亲笔手稿消失在这样的小商贩渠道的前不久，卫生监管部门出台了规定，禁止将这种已经书写过的纸张再次用作食品包装袋。

在1873年的维也纳世界博览会上，装饰用纸曾大放异彩，本次世博会的官方报道是这样描述的："纸张超越了纯粹的商业和实用的范畴，突破了日常生活的束缚，开始以纸花、信纸、卡片、糖纸和礼盒的形象，进入装饰品的华丽国度，它们是闪闪发光的标签和勋章，是漂亮的灯罩、收纳盒和鲜花包装，是精致的餐盘和餐巾……如今，在所有的文明国家，成千上万的人都在忙着制作美丽的纸花，这些纸花有的点缀着蕾丝和流苏，有的饰以银色或金色的镶边，有的包裹着闪亮的漆纸，无论形状还是色彩都完胜自然生长的鲜花。简言之，借助纸张，无数普通物品化身为装饰品，让人赏心悦目。"

装饰用纸的制造过程将原纸彩印、浮雕或模切后，用不同的材料加以装饰，再通过折叠、粘贴、起鼓等方法使之具有三维造型，或者将湿润的卷筒纸压制成皱纹纸。尽管纸张自1860年左右就开始与奢侈品这一概念紧密相连，但却与颓废、奢靡、享乐无关，它的核心内涵在于通过装饰物和喜庆的装饰元素为普通市民的平凡生活增添一抹亮色。这种生活方式的缔造者是18世纪著名的时事评论员、商人、宣传家弗里德里希·贾斯汀·贝尔图赫（Friedrich Justin Bertuch），他曾于1786年在魏玛创办了《奢侈品时尚杂志》（*Journal des Luxus und der Moden*），并于1791年成立了他的兰德斯工业商行。在此之前，他就已经将一座旧磨坊改建成造纸厂和印染厂，他的妻子经营着他的"花卉工厂"，生产由丝绸及其他精致的材料制作的人造花，并获得了巨大的成功。当他提到"豪华印刷"时，指的是印刷在精良纸张的特殊版本书籍，如歌德的《罗马狂欢节》（*Das römische Karneval*）。在英式花园和脱离日常琐碎生活的古典主义之间，贝尔图赫用他的实际行动帮助人们提升审美。著名古典主义学者卡尔·奥古斯特·伯蒂格（Karl August Böttiger）的文章从 1797 年开始在《奢侈品时尚杂志》上发表，并持续多年，他的作品在探索古希腊罗马时期的日常装饰与当时的古典主义审美之间架起了一座沟通的桥梁。他曾在《萨比娜，一位富有罗马女人更衣室中的清晨》（*Sabina oder Morgenszenen im Putzzimmer einer reichen Römerin*, 1803）中详细描述了罗马人用纸莎草韧皮制成的花环和假花，并认为这是人造花的原始雏形。这种人造假花在 18 世纪需要手工制作完成，到了 19 世纪则是机械化纸张加工工业的产物，它们已经融入了中产阶级的日常生活，其风格在新艺术运动时代及以后发生了变化，这意味着它们可以很容易地适应时代的口味。

正如报纸在 19 世纪从奢侈品演变为普通商品一样，装饰用纸作为一种消费品也迎来了巅峰，其中，造纸机的改进和木浆纸的发明功不可没，一时间，大大小小的宴会厅里都摆满了彩纸制作的花环。装饰用纸的黄金时代是在 1860—1930 年之间。这些装饰用纸大多产自中小型作坊，也有一些来自大型装饰用纸公司，如位于柏林的哈格尔伯格公司，在 1900 年有一千多名员工，是当时世界上最大的装饰用纸生产公司。然而，与巨大的机器车间相比，家庭才是装饰用纸大显身手的场所，它们可以是墙壁上的挂历，可以是绘有精美插图的写字本，可以是圣像、地图和房门上的祝词。在家庭中，人们不仅是装饰用纸的消费者，也是它们的生产者和管理者，因为从18世纪晚期开始，人们便借助胶水、墨水笔、剪刀和缝衣针，制作以纸张为基础的文字和图像媒体。弗里德里希·贾斯汀·贝尔图赫出版的《给孩子们的画图册》(*Bilderbuch für Kinder*, 1790)，不仅能让孩子们用眼睛观看，也允许他们动手制作："孩子们必须像对待一件玩具那样对待这本册子，必须亲手画图；甚至在老师允许的情况下将图片剪下来，再粘贴到纸板上。一位父亲不应该像爱惜自己的私人藏书那样对待画图册，不能只偶尔拿出来赏读，画图册必须完全交予孩子之手。"

这种眼、手、纸的协同配合，不光是在古典主义和浪漫主义时期魏玛的社交生活中红极一时。这种协同配合不仅涉及书籍和手稿的翻阅、信件的折叠与拆封，还包括围绕着文本的图片的制作。在18世纪晚期到19世纪早期的书信、杂志和小说中，广泛流行着剪影和剪纸，这种时尚尤其受到注重轮廓外形的古典主义者的青睐。关于绘画起源的古典主义论著，经常会引用从普林尼那里流传开的一则趣事：相传一名陶匠的女儿与爱人分离后，将爱人的身形轮廓画在墙上，以寄相思之情。约翰·克里斯多夫·拉瓦特尔(Johann Christoph Lavater)的面相学则认为，一个人的内在品质不仅可以通过面部特征来了解，还可以通过头部的形状来揭示，赋予这种所谓的"阴影纸"及由之剪出的"阴影轮廓"另一种神秘的吸引力。如果将裁剪头部轮廓时留下的负片当模板，就可以多次复制。这种可复制性，加上可以给剪影轮廓甚至全身肖像自由设计服饰和形态，使得这种艺术形式大受欢迎。人们甚至还发明了一种剪影椅，人们坐上这种椅子，就可以很方便地剪出影子轮廓，就像坐着当模特一样。能够自由、灵活地使用剪刀的剪纸艺术大师，经常会在周围人注意不到的情况下，快速地剪出某个人的肖像。如果人们请求某位游历至此的著名艺术家赠予其亲笔真迹，很可能同时会得到这位艺术家的一幅剪影。在崇尚交友和书信文化的社交圈中，不管是熟人还是陌生人，在相机尚未出现的年代，剪影与手迹一样，都是独一无二的身份象征，可以像信件那样进行赠予和交换。此外，剪纸的主题不仅局限于人物肖像。像露易丝·杜滕赫费尔（Luise Duttenhofer）这种在施瓦本古典主义文化圈和斯图加特受过良好教育的市民阶层中都享有盛誉的剪纸大师，无论是木偶戏、舞蹈和嘉年华，还是古代神话中的人物和场景，或是基督教的传奇故事，都可以成为其创作的素材。

阿达尔贝特·施蒂弗特在小说中曾写到，主人公在阁楼的乱纸堆中发现了剪有心形、画着火焰或牧羊人的纸张，在19世纪，这些绘有图案的纸张可以被收藏在专门的画册中，如同书籍被收藏在图书馆、肖像画被收藏在画册中那样。这种画册本身就是装饰用纸的产物，可以追溯到装订工坊，而且其种类十分广泛，说明它曾经作为记录日常生活的媒介发挥过重要作用。此外，这种画册之所以受到广泛欢迎，还在于它不仅能够很好地实现保存和收藏的功能，而且不需要像档案那样必须遵循特定的整理和归类模式。19世纪早期风靡英国的剪贴簿，可以用来粘贴包括剪纸、纸片、纸条等在内的任何可能的东西，至于是按照时间顺序还是其他规则排列，甚至是随机组合，则完全由使用者自己决定。在19世纪三四十年代，来自英国《便士杂志》、法国《风景报》和德国《芬尼杂志》中的木刻画插图是这些剪贴画册中的常见内容。这些从各处搜集来的插图最初可能有装饰、教育或其他实用性的功能。一旦被粘贴成册，它们就焕发了第二次生命，或用于观赏，或为了纪念。一首杂志上剪下来的小诗、一场话剧的门票、一次旅行的车票、一张门票、一幅促销宣传册中剪下来的插图，都可以成为一本亲手制作的图册的素材。当安徒生这样的童话大王对剪纸艺术痴迷不已之时，可能会创造出一个由光亮的纸、纸花和剪报组成的形象世界，比如某个童话故事中的锡兵，他乘着报纸做的小船穿过水沟顺流而下，并且爱上一个纸做的舞蹈姑娘。[1]

在处理这些印刷过、带图或者空白的纸张时，眼和手的协同作用常常会营造出特别的戏剧效果。17世纪早期曾出现过一些低俗的传单，上面的内容被纸页盖住，宣传者在向观众展示时，可以把纸页掀起来展示一些色情的画面，他可以通过选择

---

[1]　出自安徒生的童话《坚定的锡兵》。

掀开纸页的时机来制造悬念。1830 年前后在巴黎出现的一种"门窗图像",也是借助可移动的门或窗来向偷窥者展示门窗后的香艳场景,在现代绘画媒介中也有同样的原理。尽管如此,纸做的舞蹈姑娘仍然是这种三维艺术最喜爱的素材。通过裁剪、折叠、粘贴,各种微缩版的三维形象便跃然纸上。尽管历史画家们更倾向于在大型画布上(后来则是搬上大荧幕)画下《伊利亚特》和《奥德赛》中的著名场景,然而在寻常百姓家,它们更多的还是以书籍插图、绘有人物形象的纸牌或者简笔画的方式展现出来。卡尔·菲利普·莫里茨(Karl Philipp Moritz)在小说《安东·莱泽尔》(Anton Reiser)的第一卷中,详细地描述了主人公如何将费奈隆(Fénelon)所著的《忒勒玛科斯历险记》(Abenteuer des Telemach)的铜版画插图用三维形象重新演绎出来:"从 P 地重新回到家之后,他用纸剪出了《忒勒玛科斯历险记》中所有的人物形象,并参考铜版画给他们一一画上头盔和铠甲,之后将他们按照战斗队形排列好。几天之后,直到他终于决定让他们迎接命运的审判,才'狂怒地'开始他的'屠杀','凶残'地劈掉这个人的头盔,砸开那个人的头骨,最终留下满地尸骸。"

如果安东·莱泽尔是 19 世纪一个中产阶级家庭的孩子,他在生日时就可能收到一座纸制的小剧场作为礼物,借助可以描图的透明纸、精心制作的风景(带有整个星空)、印刷好的剧本,孩子心中对戏剧的向往和对表演的热爱定能得到充分的滋养。从第一次反法同盟成立和拿破仑战争爆发以来,纸做的士

兵成为这种"迷你剧场"上除古希腊英雄之外的另一种主流形
象，这些纸兵演绎着19世纪的欧洲战争史，它们从纸中"跳出
来"，还会穿上专门的制服，就像纸做的牵线木偶穿上小丑的衣
服那样。画家威廉·封·屈格尔根（Wilhelm von Kügelgen）在《一
位老人的少年记忆》（*Jugenderinnerungen eines alten Mannes*）中，
用很长一段文字描述了自己在家庭教师辛夫的鼓励下对纸艺的
沉迷："通过不同的色彩和折法上的微小变化，我们制作了包括
骑兵在内的所有兵种，辛夫发现，可以通过一种巧妙的操纵法，
让那些士兵像真人一样成功地完成任务，我们只需要让士兵骑
在马上，其他什么也不需要。最后，我们还用鹅毛笔和鲸骨碎
片做成大炮的炮弹，整个房间都是'炮火连天'的场景。我想
不到还有什么能比给这些纸做的士兵'装备武器'并'投入战
斗'更能给我带来快乐了！渐渐地，我们每个人手下的士兵数
量达到了八百到一千，这是多么惊人的数量！'两军对阵'时，
我们会用粉笔在地板上画出分界线和阵地。十次'冲锋'之后，
死亡人数较多的一方将失去阵地。房间里的'阵地'就像真实
世界的战争那样，每个小时都在发生变化。"

　　就像收藏冲动和纪念品狂热促使装饰纸张和各种剪纸被收
入画册一样。纸张作为一种辅助性媒介在制作二维和三维微缩
模型时展现出的良好适用性，不仅深受孩子们的欢迎，更对整
个19世纪的文化产生了深远的影响。由于纸张被广泛应用于对
日常用品、艺术作品和工业产品进行再现的技术中，早在摄影
技术出现之前，各种质疑之声也随之而来，尤其是这种再现经

常会被认为是毫无创意的模仿、没有自我风格的大杂烩。建筑师戈特弗里德·森佩尔（Gottfried Semper）在其论文《古代彩饰建筑与雕塑之初探》（*Vorläufige Bemerkungen über die bemalte Architektur und Plastik bei den Alten*, 1834）的前言中，曾对法国建筑师让-尼古拉-路易·迪朗（Jean-Nicolas-Louis Durand）进行了猛烈抨击。迪朗曾在巴黎综合理工学院建筑系任教，他编写的《建筑学简明教程》（*Précis des leçons d'architecture*, 1802）是19世纪最具影响力的建筑学著作。在古典主义和平面、直角等基本形式的基础上，迪朗开创了标准化设计的组合学，其去装饰化的功能主义理念为1851年伦敦世界博览会的水晶宫提供了设计灵感。他的设计不包括任何透视效果，故被森佩尔批判为与法国大革命时期发行的指券无异，是重视图纸胜过建筑结构的表现：

　　这些快破产的建筑师，一半是出于愧疚，一半是为了应对债主的催逼，开始用这些图纸进行自救。为了能够一劳永逸，他们将两种类型的纸引入流通。第一种就是迪朗这位缺乏灵感、像画棋盘一样画图纸的建筑师设计的"指券"一般的图纸，这些白色的图纸像刺绣和棋盘那样被分成许多方块，建筑物的接缝在上面非常机械地排列……有了这些图纸，就可以将很多古人弃若敝屣的东西不加思考地胡乱组合在一起；有了这些图纸，巴黎综合理工学院的新生在不到六个月的学习之后，就可以宣称自己是建筑大师；有了这些图纸，将竞技场、浴场、剧院、舞厅、音乐厅等许多建筑物像正方形那样拼接在一起的做法，也能够获得学术界的称赞；有了这些图纸，像曼海姆和卡尔斯鲁尔这样的整座城市，也可以严格遵循这种原则建造起来……谁还会怀疑这种图纸的巨大价值呢？

森佩尔在批判这种以图纸为基础的标准化设计风格的同时，也批判了透明油纸的使用，因为这种纸作为描摹的媒介，会诱导建筑师将过去所有的建筑风格收集起来为己所用，而不是设计出符合当下需求的作品。描图纸、油纸，特别是复写纸，是19世纪巴黎综合理工学院学报不断讨论的话题。森佩尔早期的反对意见认为，纸作为一种信息载体，同时也传达着建筑师的美学思考，因此很容易引起风格的模仿：

> 借助这种魔法，我们成为超越古今的杰出大师。年轻的艺术家游历这个世界，用各种粘贴好的描图填满他的标本册，心满意足地回到家中，欣喜地期待着很快就能接到委托，建造瓦尔哈拉神殿、蒙雷阿莱大教堂、庞贝闺房、皮蒂宫、拜占庭大教堂甚至是土耳其风情集市。纸的发明带来了何等的奇迹啊！它让我们的大都市蓬勃发展，吸收古今国内外最伟大建筑之精华，以至于我们最终在愉快的妄想中，忘记今夕是何夕、此身在何处了。

森佩尔的警告中包含了一种洞察力。19世纪，纸张作为良好的媒介，无论是对于制作二维图纸还是三维模型都具有举足轻重的作用，而不是仅仅局限于对古代建筑风格的复制粘贴。纸张对于真实世界的再现，更多是与现代建筑、机械化和大型工业的成就相关。建筑图纸不仅可以具有历史美感，更可以借助各种模型服务于不断变化的现代世界，用艺术史学家阿比·瓦尔堡（Aby Warburg）的话来说就是"进入工业时代灵魂的媒介"。在 19 世纪早期，海因里希·罗克斯托（Heinrich Rockstroh）就出版了《纸质建筑模型制作指南——儿童益智游戏》（*Anweisung zum Modellieren aus Papier. Ein nützlicher Zeitvertreib für Kinder*，1802），受到了弗里德里希·贾斯汀·贝尔图赫的高度赞扬，自此，纸质建筑模型就在 19 世纪的记忆文化中留下了浓墨重彩的一笔。画家屈格尔根就对家庭教师辛夫在 1809 年圣诞节上的绝妙表演做了如下描述：

　　辛夫用纸做成宫殿、清真寺及各式各样的房屋，在地板上搭建了一座君士坦丁堡。他以细密的白色沙子作为土地，蓝色沙子作为海洋，海洋上还点缀着点点风帆，没有什么能够比这座纸做的城市更干净、更纯粹了！辛夫在对君士坦丁堡的历史进行简要的介绍之后突然提到，这座城市经常发生火灾，于是，他在城北佩拉地区的第一座房子下面放了一块火棉。不久，火焰便燃起来了，从一座建筑到另一座建筑，接着是整条街，在酒精的助力下，整座城市都湮没在熊熊烈火中了。最后被点燃的是苏丹的宫殿，他的塔楼像一座座微型炮台一样喷射着烟花。我们的家庭教师总是用这种方式向我们展示新的事物，我们的好奇心被充分调动起来，模仿他做一切事情，从坚果做成的小灯，到纸做成的小船和房子。而我们为"战争游戏"制作的城市和防御工事，如今已经挤满了整个房间。这种寓教于乐的教育方式让我们受益终身。

1860 年开始出现的纸质建筑模型在法国被称为"Le Petit Architect"，在德国则被称为"Der kleine Baumeister"，意为"小小建筑师"。这些建筑模型不仅可以重建遥远地区和城市的建筑，还能够对当代的名胜古迹和工业发明进行还原——1867 年巴黎世界博览会上展示的宫殿、火车和蒸汽机，纽约的自由女神像以及刚刚落成的埃菲尔铁塔，等等。用纸做成的各种物品、人物形象和建筑模型，作为 19 世纪室内装饰的重要素材，对 20 世纪早期的文学也产生了一定的影响。瓦尔特·本雅明在《驼背小人》（*Berliner Kindheit um Neunzehnhundert*）一书中曾对胜利纪念碑作出了如下描述："有时候碑楼上站立着一些参观者，在天空的背景前，他们看起来就像我贴画本上带黑框的纸人。画片完成以后，我不正是拿着剪刀和胶水把那些类似的小人贴到大门、壁龛和窗沿上的吗？"[1]在《追忆似水年华》（*Auf der Suche nach der verlorenen Zeit*）一书中，普鲁斯特与其说是在回

---

[1] 摘自徐小青译本，上海文艺出版社 2003 年版。

忆过去发生的事情，不如说是在回忆这些事情带给他的种种感受，除了令人回味无穷的玛德琳蛋糕，日本折纸游戏也给普鲁斯特留下了深刻的印象："这就像日本人玩的游戏，他们把小纸片放进盛满水的瓷碗里，这些小纸片在放进去前并无区别，但浸入水中之后立刻伸展开来，呈现不同的形状和色彩，变成花朵、房屋和人物，实实在在，形状可辨；同时，现在出现了我们花园里的所有花朵和斯万先生花园里的花朵，还有维冯纳河里的睡莲、善良的村民及其小屋，以及教堂和整个贡布雷及其周围地区，这一切逼真地展现出来，城市和花园，都出自我的那杯茶。"[1]

---

[1]　摘自徐和瑾译本，译林出版社 2010 年版。

第 十 章
现代性的商品

打字纸、手工纸和白色空间

　　用于大型机械、机车和铁路网的钢铁，构成了工业化的坚硬骨架，而包裹这一骨架的则是在大街小巷、家庭、学校、政府机关、公司和百货大楼里流通着的各类纸张。纸是技术文明现代化的灵活媒介。第一次世界大战时期，纸张仍然十分匮乏，但这场战争同时也是大规模造纸的催化剂。《凡尔赛和约》虽然是在羊皮纸上签署的，但也被打造为一种意识形态武器，印刷在成吨的宣传册和报纸上。像法国大革命时期的指券一样，1923 年的通货膨胀也对德国的纸张生产构成了挑战。为此，莱比锡的捷德印刷公司专门发明了一种超薄的钞票纸，源源不断地供给 12 台同时运转的印刷机使用。

　　德国造纸协会的数据显示，德国 1928 年的纸张使用情况如下：32% 为包装用纸，26% 用于报纸印刷，20% 用于杂志、书籍、图片及其他印刷品，14% 为书写和绘画用纸，8% 用于卫生纸等其他用途。这一份额占比是在 19 世纪末逐渐形成的，包装用纸的高占比显示出商品流通和消费的紧密关系，而报纸的份额之大则表明日报在大众传媒中的重要地位。

19 世纪，蒸汽机的广泛使用推动了纸张生产的工业化进程；20 世纪纸张消费量的增长则是电气化与自动化相结合的产物。纸幅的宽度不断增加，送纸速度也不断加快，用于机械干压的辊轴、用于热排水的蒸汽加热缸及用于纸张平整阶段的压延机都得以改进。与机械化一样，电气化也是一种普适的原则，不仅影响着生产行业，更渗透进人们日常生活的方方面面，电灯、电话、收音机及其他新发明的家用电器开始走进千家万户。从 19 世纪晚期开始，不断发展的电气化进程借助纸质媒体和日常习惯，开始大规模渗透到社会机构中，并在文字、图像和数据的存储及流通方面为人们提供了更为广泛的选择。替代、竞争、共生、平行，是对 20 世纪电气化进程和纸张扩张之间彼此叠加、相互渗透的状态做出的最理想的描述。

在 19 世纪，电讯技术成了造纸机与轮转印刷机的盟友，许多报纸都会在名字中加入"电讯"一词，以彰显其时效性，如 1855 年于伦敦创立的《每日电讯报》（*Daily Telegraph*），就如同有些报纸会以"信报""邮报"来命名，以表达对邮政业这位老搭档的敬意一样。19 世纪晚期，科学实验证明了电磁波的存在，这不仅使得电报能够"无线"发送和接收，更为无线广播的诞生铺平了道路。无线电报从报纸行业中分离出来，从长远来看，一种纸质媒体成为这一分离最大的牺牲品——特刊。特刊一开始是报纸的定量副刊，在拿破仑时代主要用于发布战况，并获

得了时效性方面的优势。如同电讯之于个人远程交流，特刊是
服务于突发性新闻事件的。然而，特刊成为大众媒体是在造纸
机和轮转印刷机协同合作的背景下才实现的。在1914年的七月
危机[1]和第一次世界大战爆发时，特刊是了解时事的关键性媒
体。卡尔·克劳斯在其戏剧作品《人类的末日》（Die letzten Tage
der Menschheit）第一幕中写道："卖报人：号外号外！皇储遇刺！
罪犯被捕！"然而，到了第二次世界大战，广播已经成为传播时
事新闻的关键性媒体。特刊尽管在第二次世界大战中幸存下来，
但其时效性早已被电视和广播取代。

　　尽管有些纸质媒体被电子媒体所取代，但在整个20世纪，
二者短期或长期共生才是主流趋势。铁轨的发明带来了火车时
刻表，电话的广泛应用也促成了号码簿的出现。一系列特殊期
刊为留声机、广播和电视提供了纸质的触角。在私人家庭、商
业和工业中，机械化和电气化的进程并行不悖。在这种新的背
景下，纸质媒体和电子媒体互相依存、相互补充。这也是为什
么保尔·瓦雷里在1932年可以将纸比喻成蓄电池和导线的原
因，纸张没有必要为了与这个全新的世界建立联系而让自己也
电气化。

　　在20世纪早期，与电影和无线广播的兴起同步的还有书写
的机械化进程。从19世纪末到20世纪末出版的大量文集中可
以看出，许多作家、记者和哲学家都在其作品、日记和书信中

---

[1]　即萨拉热窝事件，奥匈帝国皇位继承人斐迪南大公夫妇被塞尔维亚民族主义者枪杀。
这次事件导致奥匈帝国向塞尔维亚宣战，成为第一次世界大战爆发的导火线。

对打字机进行了讨论，态度褒贬不一，有人恨不得打字机赶紧消失，有人则认为它是不可或缺的工具。还有许多关于手、纸、笔（到 19 世纪时已经发展成了钢笔）分离的微妙观察，还有一些人抱怨打字机剥夺了书写的个性化特征。但从作者角度出发的关于手写和打字之间关系的争论，只是被淹没在打字杆奏出的宏大乐章中的小插曲，因为打字机真正大显身手的地方是办公室。只有在办公室中，它的优点才能被充分显示出来：专业打字员的打字速度可以跟得上人讲话的速度；插入几张用复写纸隔开的纸后，打字机又能够化身为复印机。传统的男性抄写员们（如巴尔扎克作品中的律师助理、狄更斯笔下的尼姆先生和梅尔维尔小说中的巴特尔比）演变成了女性打字员大军，她们成为电影、广播和配图杂志中常登场的形象。

打字纸不断呈现出多重性和标准化的趋势。在办公室中，放入打字机中的单张纸应该与其他纸张具有相同的规格和质量。1922 年，德国标准化学会（Deutschen Institut für Normung）经过与各政府机关、工商业、纸张生产商、纸张贸易商及印刷业的共同协商后，制定了一个纸张规格标准：DIN476，这个标准以 $\sqrt{2}$: 1 的长宽比为基础，并允许通过加倍或减半的方式确定相邻的尺寸。因此，在工业化纸张生产的条件下，传统的标准化之路得以确立和系统化。我们先前讨论过阿拉伯造纸商人是如何统一纸张规格的，而且，在法国大革命时期，也就是造纸机被发明前不久，法国已经有人提议将长宽比 $\sqrt{2}$: 1 确定为纸张标准。1786 年 10 月，格奥尔格·克里斯托夫·利希滕贝格曾写信给"技术"（technologie）一词的创始人约翰·贝克曼，说他曾拜托一位英国人寻找一种纸，无论其大小如何，都具有相似的长宽比。他随信附了一张未经裁剪的纸，并说这种规格的纸就是他想要的。1796年，利希滕贝格在《哥廷根袖珍历书》（Göttinger Taschenkalender）上发表《论书籍规格》（Über Bücher-Formate）一文，在文章中，他讨论了这一纸张规格，并高度赞扬了该尺寸的无名发明者，认为这种规格的纸不仅满足代数要求，也能够确保手和眼睛在书写和阅读时的舒适度。利希滕贝格猜测，在他之前的常用书写用纸中其实也不乏这种规格，这种猜测是有道理的。在14世纪晚期的博洛尼亚石碑上记载的"recute"尺寸（我们在第一部分的第三章曾经提到过这一最早有记载的纸张规格）约为31.5厘米×44.5厘米，非常接近$\sqrt{2}$：1的长宽比。这说明，通过代数计算发现的这种规格，其实已经在欧洲流传了几个世纪。在1792年8月21日巴黎举办的国民议会上，议员让-巴蒂斯特-莫伊兹·德·乔利弗（Jean-Baptiste-Moise de Jollivet）提出了确立共和国纸张规格的建议，将"米"确定为计量单位的动议也是在这一天提出的。乔利弗在陈述自己的理由时，并没有引经据典，他关注的是结果，认为这样做不仅有利于降低纸张的生产和仓储成本，还能够简化官方的印花纸系统。他在纸张标准方面的意见与利希滕贝格一致。然而，尽管1789年出台的《印花纸法案》——其中规定的六种纸张规格中有五种都符合$\sqrt{2}$：1的长宽比——允许使用"厘米"作为计量单位，却远不如1796年7月确立的"米"那么成功。这种数学上的精确实施是乔利弗无论如何都无法达到的。那时候，纸浆桶上生产出来的每一张纸多少都存在一些差别，而无论是造纸机还是裁切机都还没有被发明出来。只有纸张生产的机械化才能有效推动纸张规格的标准化，同时确保纸张按照既定规格大规模生产。基于 DIN 476 标准的 A 类纸，其规格基准为 0.8411 米 × 1.189 米，对工业社会产生了最为持久的影响，常见的日历、地址簿、文件、股票、报纸、杂志采用的都是 A 类纸的规格。

几年前，法国数学家贝诺特·里托（Benoît Rittaud）将 $\sqrt{2}$ 作为一个"普遍常数"进行了详细的研究，发现无论是古巴比伦人还是古埃及人，无论是在古希腊罗马时代、文艺复兴时期还是现代社会，这一常数的应用都十分广泛。从这个角度来看，20 世纪的各种纸张规格与文艺复兴时期的建筑论文具有同等重要的地位，是现代社会的基石。A4 纸（210 毫米 × 297 毫米）在欧洲（美国的情况有所不同）的应用尤为广泛。在扬·奇肖尔德（Jan Tschichold）的著作《新字体排版——当代创作者手册》（ Die neue Typographie. Ein Handbuch für Zeitgemäss Schaffende, 1928）中，展现了这一标准被视为"现代性标志"的程度。这本书通过文字、图像，甚至是 DIN476 标准的复述和详细解释，阐述了新字体排版和新的纸张规格（特别是 A4 纸）的结合。奇肖尔德的观点与利希滕贝格一致，都认为这是一个非常适宜书写、令人舒适的尺寸，它的广泛使用将超越商业信函，进入私人信件的领域之中。在这本书里，排版学既是对字体设计的研究，也是对纸张的研究。奇肖尔德的新字体排版不仅关注书籍，也关注宣传册、广告、日报、杂志、明信片和海报的设计，它将打字机摆在跟飞机和汽车同等重要的地位。这并不是一个随意的并列，奇肖尔德盛赞纸张的标准规格，认为它是节省材料和时间的有效工具，非常规的纸张不需要大量储备，标准规格纸张的可分性降低了材料损耗，并为书籍装订提供了极大的便利，大小不同的印刷品也可以同时进行印刷，成本计算和价格表大大简化，客户服务也能够更好地开展。DIN476 标准的纸张规格体系（包括作为基础规格的 A 类，以及用于信封、笔记本、文件夹等纸制品制作的 B、C、D 类）不仅统一了纸张标准，也对书面通信有加强和提速的作用。

　　只要能允许一定的误差，手工制作的书写纸和信封也能符合 DIN 标准。只是手工纸与机造纸的差别非常之大，无论手工纸多么严格地遵循标准，也是另外一种纸。1860 年出版的格林兄弟《德语大辞典》第二卷为"手工纸"（büttenpapier）这个名词做出了简明扼要的解释：经由纸浆桶制作而成而非机器生产的纸张。遗憾的是，没有关于这个词何时出现的记录。它只可能是随着造纸机的普及而出现的，因为在此之前，提到"纸"这一概念，指的就是手工纸，没有必要再用一个复合词专门强调。而如今的手工纸已经成为一个专门的纸张品类，它仍然忠实于传统的原材料基础——废旧布料。其真实性的特色在于纸张四周的不规则毛边，这种毛边是在舀浆过程中产生的，很难在纸张成型之后仿造。有一个 DIN 标准（6730）是专门用来保护手工纸不被仿造的。手工纸有自己的市场和价格，在今天，买这种纸的人也不会再像古人那样将毛边裁掉了。

手工纸并未因造纸机的出现而被完全淘汰，而是成为一种特别的纸张种类供人们选择，如18世纪的仿羊皮纸凭借其与标准纸张的不同而受到追捧。在大规模生产廉价纸张的现代社会，手工纸像一座记忆的孤岛，承载着人们对纸张仍然相对紧缺和昂贵的时代的记忆。它很容易被定义为对复古设计、反现代怀旧的渴望或是一种标新立异——想通过手工制作的信纸及随信的名片来体现社会差异。

然而，回到这种不必要的前现代化传统是一件典型的现代人才会做的事情，与先锋派艺术家们使用可丢弃的包装纸、报纸或海报的做法没有什么不同。但这么做的人不仅仅是追求标新立异或者一些象征性的因素，他们会不断考虑纸的物理性质，宣称纸要符合审美标准，而这种标准通常比DIN标准体系还要严苛。

19世纪晚期，英国掀起了轰轰烈烈的"工艺美术运动"，威廉·莫里斯（William Morris）正是这场运动的推动者与领导者。作为约翰·拉斯金（John Ruskin）的学生，莫里斯对维多利亚时代以来的工厂和大规模生产进行了公开批判，主张通过回归手工制作来解放劳动。这位社会主义者把他生命的最后几年奉献给了一次"排版冒险"。1891年，莫里斯创立了凯姆斯科特出版社（Kelmscott Press），着手制作他所认为的"理想图书"，并由此成为一名研究印刷、字体和纸张的历史学家。他所制作的图书之所以名贵，并非是因为他想要抬高价格而限制产量，而是因为其奢侈的制作方式。这些书通常是在手工制作的布浆纸（有时是精品羊皮纸）上用手动印刷机印制而成。莫里斯蔑视18世纪末流行的波多尼字体，并通过参考15世纪印刷术刚兴起时采用的字体及中世纪时期的书页，亲自设计了新哥特式字体。所有的这些复古设计，都是对现代出版业在廉价纸张上进行大规模印刷这一做法进行的美学批判，同时也是一种尝试，为印刷在纸上的现代文学作品创造一个舞台，在这个舞台上，所有的物质元素都与作品的精神内核相统一。《荒凉山庄》中令人压抑的灰色氛围会被白纸黑字的鲜明对比所冲淡，紧密的字距和行距也会给读者呈现出一个严格和清晰的物质存在。

个性化设计与大规模生产之间的对立，并不是工艺美术运动中唯一的现代性对立，这场由轮转印刷和工业纸张而兴起的运动，也包含了当代的性别冲突的特点，以及对现代文明中的颓废主义和仇女倾向。1892年，美国印刷商人西奥多·洛·德·维恩（Theodore Low De Vinne）发表了所谓的"男性化印刷"宣言。宣言提出，手工纸的价值不在于其稀有或昂贵，而在于作为一种工具所体现出的简单、清晰、直接、阳刚等特点，和图书世界日益女性化的趋势相对抗。在高速印刷过程中，轮转印刷机的尖锐衬线字模只是短暂接触了令人厌恶的木浆纸，而维恩选择使用"强健有力的""男性化的"能够与手工纸有机融合的印刷方式。他认为，轮转印刷机与现代纸张的结合是弱化的、女性化的象征，而古老的布浆纸与手动印刷的结合则象征着更强的、男性化的形式。他认为，维多利亚时代面向日益增长的女性读者的标准排版就是这种虚弱性别的体现。在维恩看来，这样的版式在书页灰白色的空白区域上摇摆不定，字母似乎不愿意附着在纸上。从这个角度来看，印刷术和纸张的关系也反映了当时的性别偏见。然而，在反对工业印刷图书"去男性化"、将手工纸看作生命源泉的论战中所隐藏的，不仅是对女性的反感。在维恩和莫里斯看来，对强健、有力、清晰的追求和对"阳刚的现代性"的向往，同时也预示着对装饰的批评。莫里斯用典藏版的《坎特伯雷故事集》（Canterbury Tales）来反抗维多利亚时代粗制滥造的小说，而美国"男性化印刷"的倡导者们则用沃尔特·惠特曼（Walt Whitman）的作品与"女性化印刷"对峙：1930年，艾德文·格莱布霍恩和罗伯特·格莱布霍恩兄弟（Edwin und Robert Grabhorn）秉承维恩和莫里斯的原则，限量出版了兰登书屋版本的《草叶集》（Leaves of Grass），在手工布浆纸的大对开页面上，他们用巨大的压力压印字母，使页面宛如雕塑，与维多利亚时期轻薄浮夸的装饰风格形成了鲜明对比。

　　《草叶集》于1855年首次匿名出版，卷首放了一幅作者的银版摄影照片，用钢版雕刻印刷而成。作者是一位丰神俊逸的年轻人，左手插在裤子口袋里，右手支着后腰，衣领敞开着，能看到里面的汗衫，黑色的帽子斜斜地戴在头上。这个初代版本的扉页设计既简单又有挑战性：书名是用超大号的 Scotch Roman Face 字体排印的，"Leaves"（叶）72点，"Grass"（草）

108点[1]。这个版本的书名让很多读者产生不适，因为这种排印让他们联想到了商业字体而非文学字体，给人一种冰冷生硬的感觉，与作者生气勃勃、魅力四射的形象形成一种怪异的反差。而封面上的字母花枝招展，几乎到了无法辨认的地步。在最新的德译版中，尤尔根·布雷坎（Jürgen Brôcan）将标题首次译为"Grasblätter"，而不是一直以来的"Grashalme"，因为"Grashalme"回译为英文是"Blades of Grass"（草片），而非"Leaves of Grass"（草叶），虽然只有一字之差，但后者却兼具有机的、活力的一面和技术的、冷静的一面："在当时印刷业的行话中，'草'（grass）指的是一张在空闲时用于排版试验的纸，而'叶'（leaves）指的是一整包纸。惠特曼曾经在尤斯图斯·李比希[2]那里读到过，所有植物的绿色部分在科学上的正确名称均为'叶'，草也是如此。"这个标题在书籍制作方面的隐喻需要具有一定生物学基础的读者才能够理解。然而，即使没有这方面的考虑，这次译名的改变也是非常正确的，因为"叶"在日常用语习惯中同时包含了自然和文化双重含义，不仅能在草地上找到，也能够在书本中找到，它们与作者书写下的未装订的散页也有关联。惠特曼在进行文学创作的40年时间里，经常为迎合时代的品位而在版本设计上做出妥协，但他仍旧是现代审美世界中使用"树叶"和"书页"的重要人物。

书籍史学家让-亨利·马丁（Jean-Henri Martin）曾经提到，

---

[1]　点（point）是国际通用的字号大小计量方法，1点约为0.35毫米。
[2]　尤斯图斯·李比希（Justus Liebig，1803—1873），德国化学家，在农业和生物化学上有突出的贡献，被称为"有机化学之父"。

17世纪中期到18世纪早期的排版创新为"白色空间战胜黑色字母"做出了巨大贡献。旁注开始消失，脚注也逐渐失去了地位。17世纪以来，诗歌，尤其是短诗，与书页白色空间的关系越来越紧密。自由诗[1]长短不一的诗行就充分运用了黑白对比的美学效果，马拉美[2]的《骰子一掷，不会改变偶然》（*Coup des Dés*）就是其中的杰出代表。然而，白色空间的运用不止局限于在象征主义诗歌的领域，也不止出现在私人收藏家珍贵的手工纸典藏版里。奇肖尔德的新字体排版取消了中轴线，主张将不对称作为新的设计原则，并强调了空白空间在使用标准规格用纸的广告和商业信函中的应用："设计的不对称性加大了白色背景对格式的积极作用。传统版式的代表性体现——扉页，就是在白色背景上加上了黑色字体，在设计上几乎没有起到任何作用……而新字体排版则采用不对称格式，纸张背景或多或少会影响设计效果……新字体排版有意使用了先前'背景'的效果，并认为纸上的空白与黑字具有同等重要的地位。通过这种方式，新型排版为书籍印刷工艺提供了一种新的表达方式，丰富了印刷艺术的表现力。新字体排版的许多例子都有引人注目的效果，这种效果正是基于对大面积白色区域的使用，毕竟白色总是要比灰色和黑色更能吸引眼球。"

---

[1] 自由诗（free verse）是不讲求规则音节、韵律及其他正规设计的诗，一般认为近现代主流自由诗的开创者就是沃尔特·惠特曼。

[2] 马拉美，全名斯特芳·马拉美（Stéphane Mallarmé, 1842—1898），法国象征主义诗人和散文家。

　　巴洛克诗歌经常会用诗句组成花环、玫瑰、眼镜、瓶子、烟柱等各种图案，这种图像诗的传统可以追溯到古希腊罗马时期。如果对这种诗歌类型有一定的了解，就会发现，对白色空间的应用不只是现代才有，在古代的图像诗中，纸张背景就在早期的视觉诗歌中发挥了重要作用。如果我们放眼望向书籍之外的广阔世界，就更加能够理解奇肖尔德对白色空间的重视，因为白色在现代风格的设计中应用十分广泛，几乎已经成为现代性的标志性颜色：画廊中的白色墙壁，建筑师对采光的注重和对透明建筑的追求，关于光和空气的乌托邦神话……在这个背景下，晚年的奇肖尔德提醒人们，如果认为纸张只有在物理属性上越来越白才能够最大限度地为现代性做出贡献，这种观点是十分幼稚的。实际上，他对胶版纸感觉非常不适，以至于会抗议说："在一系列印刷纸张之中，纯白色的胶版纸当然更能吸引无知者的眼球。也许是因为在办公室中人们更喜欢使用白纸，也许是因为白纸对某些人来说似乎更'现代'吧——它不会使人们联想到冰箱、现代卫生器具以及牙医吗？——也许是因为白色的胶版纸天然地与艺术品印刷相匹配，因为没有人生产有色的艺术纸，也许是因为人们追求'出色的'印刷结果，也许是因为毫无经验的非专业人士在这些问题上有发言权，总之，我们现在纯白色的书实在是多到可怕！"

　　这种对"冷淡"白色的不信任，可能会让人联想到白色在19世纪和20世纪的许多文学影视作品中都是经典的恐怖元素，从阿达尔贝特·施蒂弗特（Addbert Stifter）到赫尔曼·梅尔维尔（Herman Melville），从乔治·威廉·巴布斯特（Georg Wilhelm Pabst）的《白朗峰风暴》（*Die weiße Hölle vom Piz Palu*, 1929）到斯坦利·库布里克（Stanley Kubrick）在《闪灵》（*Shining*, 1980）中被暴风雪围困的酒店……此外，对白色纸张的怀疑也可以追溯到早前对机造纸的批判。从约翰·穆雷（John Murrays）的《现代纸张实用评论》（*Practical Remarks on Modern Paper*, 1829）开始，人们就一直怀疑纸张的漂白是以牺牲耐用性为代价来增加白度。扬·奇肖尔德在对将胶版纸用作书籍用纸的警告中，也伴随着对手工纸及其所具有的前现代风格色彩的挽歌：

> 为了拥有纯白的颜色，纸张材料必须经过化学漂白。然而，未经漂白的纸不仅更为结实耐用，也更加美观。如今，这种纸非常稀少，也许只有手工纸能够免受被漂白的厄运。古老的书籍以及更为古老的手稿，如果没有受潮或者腐烂，那种美妙的色调可以历经千年而不发生改变。如果从前有人用"白纸"来表达对纸的赞美，那他指的是未经漂白的纸张因亚麻和羊毛这些造纸材料而呈现的一种略带青色的色调，这种色调即使在今天也是无与伦比的。

詹姆斯·乔伊斯、报纸和剪刀

在詹姆斯·乔伊斯的作品《尤利西斯》（*Ulysses*）中，利奥波德·布卢姆在参加帕特里克·迪格纳穆的葬礼时，脑子里曾出现这样的想法：即使一个人可以孤零零地度过一生，但在死后也还是需要有人将其埋葬。布卢姆继而又联想到了世界上最著名的那位长期独居者："据说鲁滨孙·克鲁索过的是顺从于大自然的生活。但最后他还是由'星期五'埋葬的。说起来，每个星期五都埋葬一个星期四哩。"[1]乔伊斯让布卢姆这位报纸广告兜揽员的脑中产生这样的想法，其实隐藏着双重含义。在下一章中，布卢姆正忙于给凯斯先生在报纸上刊登广告，他在《自由人报》编辑部想到："听到第二个故事之前，觉得头一个也蛮好。"这个想法仿佛是他在葬礼上所思所想的回声，每个星期五都埋葬一个星期四，在报纸行业中尤其如此：每一份周五发行的报纸都将埋葬周四的版本。

在"埃奥洛"章节[2]中，利奥波德·布卢姆也深陷这个前一天被不断埋葬的世界。这一章都从属于风神埃奥洛，比如记者、编辑和校对员被比喻成了一个类似于风口袋[3]的形象。[4]他们从一开始就置身于一个永不停歇的环境中，被由呼喊、机器、交通等产生的各种噪声包围。由于报纸行业和运输行业之间渊源颇深，读者在看到编辑部之前，先看到了邮局和邮车。

---

[1] 本书有关《尤利西斯》的译文皆摘自萧乾、文洁若译本，江苏凤凰文艺出版社 2018 年版。部分字词略有改动。

[2] 即《尤利西斯》第七章。

[3] 即《奥德赛》中风神埃奥洛送给尤利西斯的风口袋。《尤利西斯》采用了和《奥德赛》情节相平行的结构，奥德修斯的拉丁文名字即为尤利西斯。

[4] 《尤利西斯》原文："那些报人只要一听说哪儿有空子可钻，马上就见风使舵，煞是可笑。风信鸡。嘴里一会儿吹热气，一会儿又吹冷风。"

一位少年跑进利奥波德·布卢姆工作的办公室，将一份电报扔在办公室的柜台上，只匆匆喊了一句"《自由人报》！"就走了。报童们大声吆喝着头条新闻，而布卢姆则迈过散布在地上的包装纸，走向校对室。顺便提一句，利奥波德·布卢姆也透露了这个行业的机密："周刊全靠广告和各种专栏来增加销数，并非靠官方公报发布的那些陈旧新闻。"从19世纪中叶开始，广告的重要性日益增长，其影响还不止于周刊。20世纪前30年的一些报纸理论家认为，报纸的编辑工作只是为广告创造空间。布卢姆关于报纸的理论不仅揭露了行业机密，也解释了为什么《尤利西斯》的主角是报纸广告兜揽商，而非一名编辑或者作者。他出入于编辑部，看到了报纸的制造过程，"恭顺的大卷筒在往轮转机里输送大卷大卷的印刷用纸"，他是理想的观察者。他清楚地知道，报纸不应该只包括新闻，不仅只是过去的埋葬者，同时也是同种元素循环往复的媒介，广告只有反复出现才能达到效果。为此，他曾就凯斯先生的广告要刊登几个月与报纸的排字房工长进行了讨论。

在这之前，布卢姆去找了一个拿剪刀的人——在办公室负责剪报纸的红毛穆雷，从他那里拿到了一份广告样品，并随后送到《电讯报》报馆，"红毛穆雷利利索索地用长剪刀将广告从报纸上铰了下来。剪刀和糨糊。"带着剪好的齐齐整整的剪报，他去了编辑部和印刷车间。剪报纸是一份看起来毫不起眼的工作，但却意义重大、不可或缺。安克·特·海森（Anke te Heesen）就将剪报看作一种"现代纸质品"，并在她有关剪报的启发性研究中，详细地阐释了剪报这种小型媒介是如何从19世纪报刊业的工业化进程中衍生出来的。她解释了从19世纪80年代起，剪报公司是如何在欧洲的各大都市中崛起，获得了与电报公司同等重要的市场地位，并发掘个人和公共客户的。剪报独特的魅力来自反馈效应。作为自我观察和自我评估的媒介，剪报集是当时起步不久的社会学和历史学研究的重要文献来源，是科学家们个人的研究工具，是名流们声望的反映，也是失败的艺术家们一生碌碌无为的证明。

剪报集并不是报纸档案的简单重复。剪报通常是由助理（大部分是女性）根据具体的指令检索报纸，并做好标记，再由另外的助理（大部分是男性）将其剪下。它的核心意义并不在于像之前那样将报纸按照时间顺序进行整理，而是根据关键词对信息进行重新组合。这就产生了一种二阶纸质媒介，它从报纸中提取个别元素，然后将它们转移到另一个系统里，并将它们再次反馈到社会有机体中，从而延长了短暂流通的日报的寿命。然而，剪报的兴起与专业剪报公司的诞生并没有必然联系。每一位报纸阅读者、每一位作者都是潜在的剪报人。我们之前已经讨论过，在19世纪的家庭中，个性化的存档系统已经以剪贴簿和图册的形式出现。出版行业的工业化及19世纪的剪贴簿成为先锋派艺术家们的创作源泉，他们将拼贴画发展成现代艺术中的一座永久高峰。

利奥波德·布卢姆是这种小型媒介的专业使用者。他会让人将旧广告剪下来，以便给新广告让出位置。与报纸上大篇幅

的评论文章相比，他与这些小广告的关系更为密切。小说中写
到，布卢姆穿过排字房时，曾从一位戴着眼镜、系着围裙的驼
背老人——排字房老领班的身边走过。布卢姆很清楚要把凯斯
先生的广告放在报纸的哪个部分："他这辈子想必亲手排了许多
五花八门的消息：讣告、酒店广告、演讲、离婚诉讼、打捞到
溺死者。"其中最后一个是经典的桥段，我们在巴尔扎克的《驴
皮记》中也见到过。然而，从巴尔扎克到乔伊斯，很多事情都
发生了改变，"社会杂闻"已经成了小篇幅的超级力量。它们不
再是报纸附带的花边新闻，而是一种具有特定规律的微型叙事
文体，一种偶然和因果冲突的舞台。如果说连载小说会刻意制
造"冲突"，那么对社会杂闻而言，"意外"则显得非常重要。

　　汉斯·齐施勒（Hanns Zischler）和莎拉·达尼乌斯（Sara
Danius）曾经对社会杂闻的兴起及其文学化进程进行过深入的
探讨，并引用了詹姆斯·乔伊斯于1931年写给作曲家乔治·安
太尔（George Antheil）的信中的话："我很荣幸，能够作为一个
用剪刀和糨糊的人被后世所铭记。"与布卢姆一样，乔伊斯对剪
报的利用和收集非常精通，而他收集的主要领域就是社会杂闻。
在《尤利西斯》"埃奥洛"那一章中，乔伊斯用多个复杂的、带
有讽刺意味的小标题将整章内容分为多个部分（例如"一份伟
大的日报是怎样编印出来的"），使得小说的某些部分看起来像
报纸文章一样。他已经知道并认真对待这一事实：报纸不仅仅
只是对事件进行报道，报纸本身就是事件，他将这种报纸文章
的写作技巧应用起来，讲述在一天中发生的"小故事"。然而，

这个小故事并不是一条社会杂闻，而是一部大型小说，它标志着长期以来欧洲小说和报纸的漫长较量已经消失了。在乔伊斯的作品中，发展成为大众媒体的报纸不仅是小说的内容，也是小说背后的构成力。小说接受了这个挑战，吸收了报纸流通中的力量，它的目标是确立自我主张，而非适应其他媒介。

这种自我主张的确立依托于一个强大的权威形象：叙述者。在英国新闻业首次兴盛之际，小说和报纸之间的较量早已开始，亨利·菲尔丁在《弃儿汤姆·琼斯的历史》(Tom Jones)第一章的开头，让他笔下的叙述者提醒读者，并嘲笑了某些历史学家，他们"为了保持各卷篇幅的划一，就认为不得不把逐年逐月的琐事统统填到那些平淡无奇、没什么重大史实发生的时期里，从而与在人类历史舞台上演出过无比壮丽场面的著名时期耗用同样多的纸张。这种历史实际上很像报纸，不管有没有新闻，横竖它总是那么多篇幅。还可以把它比作驿车，不管是放空车还是载满了乘客，它总是在同一段路程上行走"。[1]

因为不受严格的周期性出版这一规则的约束，这部小说便可以用嘲讽的语气宣示自己的主权，使叙事节奏和内容分配顺应事件的过程。但它没有提及的是，小说是以自认为合适的方式决定了事件的过程。在《尤利西斯》中，《珍闻》就是空驿车的典型代表，这是利奥波德·布卢姆上厕所时所读的周报。乔伊斯对媒体制造出来的这种低劣产品又爱又恨，所以才

[1]　本书有关《弃儿汤姆·琼斯的历史》的译文摘自萧乾、李从弼译本，上海译文出版社2013年版。

让这种廉价的报纸在厕所中出现。《珍闻》是由书籍、杂志及其他报纸的内容拼凑而成的，相当于粗制滥造的剪报集。这一切并没有逃脱布卢姆专业的眼光，这份周报在6月中旬[1]已经成了一辆空荡荡的驿车："如今啥都可以印出来，是个胡来的季节。"

与菲尔丁不同，乔伊斯展示了空驿车里都包含了些什么内容。他的小说甚至消化了难以消化的东西，比如《珍闻》的味道。在这里，《尤利西斯》的特点在于抛弃了传统的叙述者形象，采用一种全新的形式讲述日常生活中发生的小故事，并以此来与日报和周报相竞争。但是，当我们说，《尤利西斯》将包括报纸制作者和读者在内的整个报纸行业都吸收进来，这句话具体意味着什么呢？这种现象在19世纪不是更大规模地发生过吗？在报纸上刊登周期性出版的连载小说，难道不比乔伊斯的小说与现代媒体的关系更为紧密吗？巴尔扎克在《幻灭》中讲述的印刷商大卫·赛夏的故事，又何尝不是一部现代报纸的诞生史呢？确实如此，但菲尔丁的观点并没有被否定，叙述者也没有退回到报纸领域，即使大卫·赛夏向吕西安·德·吕邦泼雷口述的内容堪称一篇完整的文艺小品，但与读者相比，他仍然在事件过程和叙事节奏方面掌握着绝对的主动权。

马歇尔·麦克卢汉将他的首部著作《机器新娘》(*The Mechanical Bride*, 1951)献给了利奥波德·布卢姆赖以为生的行业——广告

---

[1]　《尤利西斯》的故事发生在6月16日。

业。全书以对两份报纸的头版对比开始，一份是风格稳重的《纽约时报》（*New York Times*），一份是赫斯特集团旗下习惯兜售噱头搞轰动性新闻的《纽约新闻报》（*New York Journal-American*）。排版时应该遵循的线性和连续性原则，即使在相对稳重的《纽约时报》中也没有体现。这是一个"马赛克"的世界，在麦克卢汉的媒介理论中预示着电子化对印刷的破坏，报纸页面的同时性和非连续性对应毕加索绘画的视觉技巧和乔伊斯的文学创作手法。这里还隐藏着作者对斯特芳·马拉美的致敬，这位19世纪的诗人不仅希望将这个世界写进一本书里，而且也发现了包括社会杂闻在内的现代媒体作品中蕴含着的不容忽视的美学力量。马拉美曾经思考过，报纸是否已经成为现代社会的《一千零一夜》。

　　《尤利西斯》预设了已经独立于书籍、充分发展的报纸页面的存在，它有自己的版面和专栏，能够使文章与广告相互叠加和渗透，在内容毫无关联的事物之间建立物理联系，这与马拉美的想法不谋而合。乔伊斯的这部小说不仅将社会杂闻当作一种体裁，而且让这些故事出现在报纸的整个版面上。但是小说并不希望变得跟这张版面一样。如同18世纪的书信体小说经过一个多世纪邮政服务的持续稳定和个人书信文化的快速发展之后，让书信所具有的全部元素为自己服务一样，《尤利西斯》也让19世纪现代媒体行业的美学技巧为己所用。然而，两者的不同之处在于，书信体小说通过排版技巧让人们产生一种错觉，即书信体小说是书信而非小说，而《尤利西斯》却并不符合报纸的形式，它由每天发生的一个个"小故事"组成，但又不是一份超大的日报。乔伊斯将"非线性"应用到了书页中，就像劳伦斯·斯特恩曾做的那样，"埃奥洛"章节中提到的"托比大叔为小娃娃开辟的专页"，就是向劳伦斯·斯特恩的致敬。[1]讲述者通过技巧使自己隐形，但并不想要从小说空间中消失，而是为了更好地吞噬和消化报纸文章时不被打扰。它采用书页而非报纸页面的版面布局。这种书页排版尽管融合了笔记、与报纸类似的标题、对话和问答游戏等各种形式，但仍然是一个具有精妙段落设计的书页，是同时性和非线性特征矛盾叠加的场所，它将剪报引入这部无论是在国家图书馆还是街头巷尾都广为流传的、百科全书式的小说中。

所以，能够读懂报纸文章的人，不一定能看懂《尤利西斯》，因为跳读、略读等阅读报纸时养成的习惯并不适用于阅读这部小说。这里看一条杂闻，那里看一条讣告，期间又注意到一条肉罐头的广告，这种阅读方式将很难发现《尤利西斯》中精心设计的修辞、意味深长的暗示、若隐若现的伏笔。读《尤利西斯》需要像读《圣经》那样，专注、执着，随时准备在看似散乱的小故事中发现文字的多重意义。

例如，《尤利西斯》还设计了一种与刊登着凯斯先生广告的剪报相对的印刷用纸。利奥波德·布卢姆在报馆中看到（并听到）大型印刷机不知疲倦、永不停歇地运转，不禁暗自思索："印完之后呢？"他给出的答案是："哦，包肉啦，打包裹啦，足能派

---

[1] 托比叔叔是劳伦斯·斯特恩所著《项狄传》中的主要人物之一。

上一千零一种用场。"这个来自东方传说的数字，已经间接变成
了一个形容词，预示着这些无用之物即将开始的冒险之旅。从
早晨在屠夫德鲁加茨那里买了猪腰子开始，利奥波德·布卢姆
就一直随身带着一张包东西的纸，上面提到了东方，印着一则
配有插图的广告：位于柏林布莱布特留大街的阿根达斯·内泰
穆公司号召大家给巴勒斯坦的农场投资。对布卢姆而言，这无
法为他提供任何业务上的帮助。这个小细节引出了这部小说的
一个宏大主题：利奥波德·布卢姆拥有犹太和爱尔兰的双重血
统，但却又不属于二者中的任何一个民族。如果在阅读《尤利
西斯》的过程中能够留心这则广告，并注意到利奥波德·布卢
姆是在何种情况下读到、想到它，那就是发现了"书中之书"，
这种深意是报纸文章无论如何都没有办法讲述的剪报故事。在
"埃奥洛"章节中，摩西和"应许之地"作为修辞出现在爱尔兰
政治当中，这则广告是一种无形的存在。它以雅法之北的橘树
林和大片大片的瓜地、橄榄、橘子、扁桃和香橼诱惑着投资者，
但在转瞬间就可以变成一片荒原，变成《旧约》中的不毛之
地——死海、所多玛、蛾摩拉和埃多姆。随着情节的推进，作
者用这则广告在整部小说中铺设的网络变得越来越紧密。它甚
至还吸收了利奥波德·布卢姆装在裤袋中的柠檬味肥皂的香气。
当利奥波德·布卢姆与玛丽·德里斯科尔在法庭上对质时，它还
出现在他的幻想中。它所引发的气味也环绕在摩莉·布卢姆[1]

---

[1]　即利奥波德·布卢姆的妻子。

的周围，因为使用香橙花液，她的身体也散发出瓜果般的香甜气息，作为一个应许之地和家园，她可以和雅法相媲美。在小说结尾前的一个深夜举行的仪式中，利奥波德·布卢姆将刊载这则广告的报纸卷成一根细长的圆筒并点燃，"从小小火山那烧掉了尖儿的圆锥形火门，一股令人联想到东方香烟的垂直的蛇状熏烟袅袅上升。"这个味道来自那块爱尔兰肥皂，在20世纪的所有文学作品中，还没有哪一张报纸可以在小说中如此消失，不留痕迹。

威廉·加迪斯、纸化交易危机与穿孔卡片

1904年，在利奥波德·布卢姆所处的都柏林，报童的吆喝声清晰可辨，他们卖力地兜售着印有赛马结果的特刊。他们估摸着这件事应该能戳中人们的兴奋点。即使是希望通过押一匹热门赛马来赢得一场小胜的人，也不会对冷门获胜的消息无动于衷。在"刻尔吉"章节[1]中，夸夸其谈的贝洛将赛马与股市联系起来："顺便说一句，吉尼斯的特惠股份是十六镑四分之三。我真是个笨蛋，竟没把克雷格和加德纳同我谈起的那一股买下来。真是倒霉透顶，他妈的。可是那匹该死的没有希望赢的'丢掉'，居然以二十博一获胜了。"贝洛押的马并没有获

---

[1]　即《尤利西斯》第十五章。

胜，而且他还错过了一条内幕消息。如果说押错赛马是运气不好，那在股票上的失利就是因为他不具备处理股票相关知识的能力。在一条内幕消息中，知识是以预测的形式出现的，但它最原始的形态是股市公告。在电报和日报日趋成熟的时代，股市新闻迅速从中获益。对于诞生于19世纪中叶的电报公司而言，股市电报是其主要业务，它们是经济话题的核心。在证券交易所附近分发来自金融市场的手写公告发展成一项独立的业务。金融话题这一媒介不仅为报纸提供了丰富的新闻素材，也催生了很多新报纸的诞生：1879年，年轻的查尔斯·亨利·道（Charles H. Dow）来到纽约，在基尔南新闻社当记者。这家金融新闻机构在一段时间内专注于为银行和经纪公司编纂股市新闻。短短五年之后，查尔斯·亨利·道就开始自己创业，与爱德华·琼斯（Edward D. Jones）、查尔斯·博格斯特莱斯（Charles M. Bergstresser）合伙成立了道琼斯公司，专门做金融新闻的生意——通过邮差将手写的公告分发到华尔街的股票经纪人手中。这种手写的公告被称作"薄纸副本"，也就是用复写纸复写的薄纸片。1889年7月8日，《华尔街日报》（*The Wall Street Journal*）从这种新闻媒介中诞生，查尔斯·亨利·道是该报纸的首位编辑。

在时间和空间的工业化进程中，证券交易和通讯媒体之间的联系越来越紧密。通讯媒体不仅描画了资金和股票的走势，更对这种走势产生了决定性影响。1866年，第一条跨大西洋的电报电缆铺设成功，次年投入使用的股票行情机和电话一起构成了远程通信的技术基础，使人们可以在欧洲和美国之间传输当日的价格，相距遥远的股票交易被同步到一个交易空间中。然而，数据不仅需要快速传播，还需要快速存储、归档和管理。数据的高速同步传播导致金融交易量急剧增长，但数据的存储和管理速度又相对缓慢，两者之间的不平衡导致了20世纪60年代末"纸化交易危机"（paperwork crisis）的爆发，危机爆发的地点正是美国资本主义的神经中枢——华尔街。"纸化交易危机"主要发生在证券交易所的交易结算室。由于投资成本的问题，当时的计算机技术还没有进入证券交易领域，证券交易所中包括合法转卖在内的所有交易的结算业务，都是在交易结算室中以纸张为记录媒介完成的，而升级后的电话交换机加速了股票交易的步伐。1965年，一项由纽约证券交易所委托进行的研究预测，到1975年证券日均成交量将由1965年的500万股增加到1000万股。事实上，这一数字早在1967年就已经实现了，1968年日均成交量已经涨到1200万股。数据处理无论从速度还是规模上来讲都远远落后于数据传播，无数文件像洪水一样涌进交易结算室。雇员们不得不每天工作12个小时，每周工作7天。证券行业从业者与媒体记者的命运非常相似——二者的工作都有截止日期。每一次交易结束后，都必须在5天之内完成认证、签字和公证才能具有法律效力。危机带来的直接后果是大规模的破产。没有赶上这一年深秋计算机化浪潮的人，就只能等待寒冬降临。1968—1970年，大约有100家纽约证券交易经纪公司从市场上消失了。

　　交易结算室的电子化是走出危机的出路。无论是对于雇员还是老板来说，这都是一个充满戏剧性的、适应起来非常困难的过程。过度适应就是一个突出的问题：许多雇员都对他们的"新同事"如此信任，以至于完全放弃了手工记录。1970年前后，最先进的计算机是通过电话线接入电传终端的。现在，在股票交易大厅和交易结算室之间的信息自动传播实现了："指令和用户程序通常被记录在穿孔卡上，这是一种带有80列孔的硬纸卡，人们必须按照正确的顺序将其递交到操作人员手中。"

　　在纸质媒体向电子媒体发展过程中，穿孔卡是一个虽不起眼但却很有启发性的例子。在穿孔卡的发明过程中，里昂作为欧洲书籍印刷工业和纺织工业的中心，发挥着重要作用。1800年前后，约瑟夫·玛利·雅卡尔（Joseph Marie Jacquard）开发出了一套穿孔卡片系统来控制织布机上的编织图样。他的这套机制采用了与书籍印刷和葡萄酒压榨类似的方法。此外，卡片上的孔洞并不是一个个单独打出的，而是把一个排版盘压入卡片来打孔，如同印刷工将活字压印在纸上那样。毕竟，他曾在年少时给印刷商、书商巴雷特（Barret）做过学徒。这些都是比吉特·施奈德（Birgit Schneider）在她的著作《提花织布机的媒体历史》（*Mediengeschichte der Lochkartenweberei*）中提到的。只是这些卡片并不便宜，因为当时的纸张还相对较贵。直到19世纪20年代，随着造纸机的广泛使用，这些卡片才变得有利可图，开始在纺织业中大量普及。在英国纺织行业的中心城市曼彻斯特，机械工程师查尔斯·巴贝奇（Charles Babbage）从这种机制中获得了灵感，从 1833 年到 1846 年致力于研究"分析机"，他想必会认为自己的发明与 18 世纪的同类——自动装置、机器人及丝绸织造技术的重要性不相上下吧。[1]穿孔卡既是一种操作机制，同时又是一种存储媒介，这使得它在自动化乐器的制造中也大显身手。赫尔曼·何乐礼（Herman Hollerith）将穿孔卡用作人口普查和现代化办公的工具，而在艾伦·图灵（Alan Turing）那里，它则是电子计算机的组成部分。它既能触发电子脉冲，又能引起探针的机械运动。

　　美国作家威廉·加迪斯（William Gaddis）是一位穿孔卡的私人历史学家。他必定对穿孔卡片和纸带都极为迷恋，因为在他的文学作品中，这两者在两大功能——触发音乐和触发数学运算——上都有直观的体现。在加迪斯的遗作《爱筵开裂》（*Agape, Agape*, 2002）中，描绘了一位濒临死亡的老人，因担心自动钢琴的音乐停止而弯腰查看卡片上的穿孔。他的独白是对加迪斯在 1975 年出版的小说《小大亨》中织就的宏大声音集合[2]的回响。在《小大亨》中，这些对话不是用引号而是用破折号来标记的，作者通过这种方式，捕捉到了 20 世纪的重要时刻，在这些历史时刻，纸质媒介和电子媒介以前所未有的速度和规模开始融合。在此之前，计算机虽已经成为技术讨论中的常见话题，但尚未大规模地进入私人家庭。现在，计算机不仅

---

[1]　因为得不到英国政府进一步的资助，加上当时的工艺水平限制，所以直到巴贝奇去世，分析机也最终没能够成功制造出来，只留下了大量设计图纸和部分零件。
[2]　《小大亨》全书没有使用传统的篇章结构，绝大部分是人物的谈话实录。

帮助人们度过了"纸化交易危机",还为证券交易扫清了由于
数据传播和处理的不平衡而造成的重重障碍。1971年,美元和
黄金的挂钩开始松动,之后不久,1944年建立的布雷顿森林体
系正式解体,破除了黄金对美元的限制:"随着布雷顿森林体系
的结束,无担保的纸币或记账货币不再仅仅是危机时期的权宜
之计,而是被视为资本国际流动的前提条件、功能要素及不可
避免的命运。"

在《小大亨》中,主人公JR只有11岁,却已经步入了狂热
的青春期,华尔街的活力牢牢地攫住了他。或者更确切地说,
他就像中世纪史诗中的骑士那样,挥舞着飘扬的旗帜冲向了商
界。他生活在长岛的马萨皮夸,他所在的学校配备了最先进的
视听设备,一些老师已经成了学校电视台的明星教师。除了这
种电子化教育,学校还引入了一种穿孔卡评估测试,旨在提前
筛选潜在的差等生。学校的现代化教学计划还包括对美国经济
体系的介绍,学生们不仅要学习如何"从经纪人手中购买股
票"[1]的理论知识,更要将其付诸实践。于是,JR所在的班级组
织了一次旅行,目的就是去华尔街购买真正的股票。在看到股
票经纪人克劳利先生桌子上的电子设备时,此前从未见过计算
机的学生们还以为那是一台电视。"这个,这叫作'科特龙',
只要按一两个按钮,我就能向它查询任何一种股票的最新行情,
它交易的数量,最新的出价和要价……"自20世纪50年代以

---

[1] 本书《小大亨》的译文均摘自朱叶等人的译本,译林出版社2008年版。译文有改动,
且添加了标点符号。

来，科特龙系统一直是证券交易所电子化的领导者，是"纸化交易危机"中的赢家之一。克劳利先生桌子上的计算机突出显示了他刚刚在电话中向一名新闻官发表的声明，与"发生在目前我们强劲市场条件下的早该做的技术性调整"有关。此外，他在对学生们发表的小型演讲里，还给一句老生常谈的格言赋予了现代意义："时间就是金钱，对吧。我想你们已经，我们已经都听说了那事了，不是吗？"富兰克林在《给一个年轻商人的忠告》（*Advice to a Young Tradesman*, 1748）中自己得出了结论："如果说时间就是金钱，那速度对商业来说就是绝对的、不容置疑的必要条件。"但克劳利先生并不需要援引这个说法，因为计算机的存在就是美国梦最核心的内涵。现在，只需要一种催化剂，就能把加迪斯讽刺金融业的所有元素汇集在一起。这一催化剂以声音的形式登场——"什么是期货？"我们并不清楚是谁问了这个问题，很大可能是 JR 问的。这个问题问到了一个有着光明未来的金融产品，也就是承诺在未来某个固定时间买入或者卖出某项资产。

JR 并没得到答案，但他一直思考着这个问题。在这部伟大的小说中，主人公的行为都是围绕着这个问题展开的。在几百页之后，他向老师建议，应该在课堂上学习期货，班级应再举行一次华尔街之行，但不再是为了购买一份股票——"一份美国的股票"——而是有巨大风险的商品期货交易。从订购的一份期货时事通讯中，JR 了解到"以通过银行给套期保值商品的贷款所提供的杠杆作用，就有机会增加一个公司资金的基金额"。此时他已经深度参与了金融交易，并正以梅菲斯特式的鲁莽和淡定建立自己的商业帝国。但他并不是魔鬼，而是一个认真对待克劳利先生和富兰克林先生、用他没完没了的问题惹恼成年人的孩子。他是一个没有幽暗内心世界的模范学生，尽管数学成绩只得了 D，但能在现实生活中解决非常复杂的问题。

　　然而，加迪斯作品中内置的宏大声音集合，并不是按照自然的模式编织而成的。就在小说开篇，从第一句话起，讽刺和神话便在罕见的和谐中注视着 JR。

　　　　——钱……？一个细小而急促的声音说道。
　　　　——是的，纸币。
　　　　——我们以前从没见过。纸币。
　　　　——我们来东部之前从没见过纸币。
　　　　——我们头一次看到它的时候，它看上去真是奇怪。死气沉沉的。
　　　　——你没法相信它值个什么。
　　　　——在父亲把他的零钱弄得叮当响之后才不是那样了。
　　　　——那些都是一美元的银币。

　　讲这些话的是两位老妇人，她们在回忆金银本位制坚不可摧的美好时代。在她们的弟弟去世后，她们被迫来到银行处理遗产事务，在这些银行中，纸币早就不是新生事物，而是明日黄花了。这就是上文说的"讽刺"。而神话则是通过音乐登场的，音乐是这个家族的无形资产。老妇人的侄子爱德华·巴斯特先生正带领学生排练瓦格纳的歌剧《莱茵的黄金》，但这所现代化学校的自助餐馆被更为重要的司机培训占用了，排练不得不换到犹太教堂中[1]。巴斯特先生希望从学生扮演的莱茵女仙口中听到胜利和喜悦的欢呼，而非鬼哭狼嚎："莱茵……黄金!!"这里点出了黄金和纸币的古老对立，不久之后的华尔街之行又出现了这一对立的升级版——黄金和股票的对立。在犹太教堂里，伴随着瓦格纳的音乐，JR也要扮演一个神话人物——矮人阿尔伯里克，这一形象贯穿小说始终，无形地伴随着他的金融交易。他完全演不好这个角色，因为他不喜欢音乐，也不是黄金的守护者。但赐予矮人力量的隐身盔却被传给了他。在一个由看不见的手掌控的市场中，JR是一个隐形的操盘手，没人发现他还只是个孩子，因为他都是通过电话来处理所有交易的。JR通过一块手帕把声音压低到成年人的频率，他的账户是在内华达开设的，那里不会有人仔细检查他是否已经年满21岁。巴斯特先生从学校失业后，就被JR雇用，成了他的面具和稻草人，但巴斯特先生却并不清楚JR到底要做什么。

　　JR身处的媒介环境对于这一金融讽刺作品的实质，还有渗透其中的魔法、宝藏的神话题材来说都是至关重要的。JR看到了"计算机创造的奇迹"，却无法得到它，因为在他日常的学校

---

[1]　瓦格纳曾公开表示过自己的反犹立场。

生活和其他的一切中，纸质媒介仍然占据主导地位：电话还是有线的，要把复写纸放入打字机中才能复印，要用剪刀才能把时事通讯和报纸上看到的最有趣的证券报价和最热门的业务技巧剪下来。

　　艾伦·图灵通过"人机对比"介绍了他的计算机："通过写下一连串的程序指令并要求人去执行，就有可能达到计算机的效果。这种人与书面指令的结合被称作'纸机器'。事实上，如果一个人配备了纸、铅笔、橡皮，并服从于严格的指令，就是一台万能的机器。"如果在这个定义中再加入电话，JR 就与这种"万能的机器"非常接近了。他从始终伴随自己的文件、宣传册和报纸中获取控制指令，其中最基本的指令来自本杰明·富兰克林。加迪斯用昙花一现的商业成就，将 JR 塑造成一个狂热、激进的否定美国梦的完美机器。整部小说中充斥了大量的未装订纸张，营造出一种幽闭恐惧症的即视感，以及在腐朽膨胀中土崩瓦解的氛围。与狄更斯笔下的伦敦不同，这里没有"破衣烂骨商店"，有的是在全书一开始学生们被要求拼写的"熵定律"，是有序和无序、沟通与中断之间的持续转化，是电话的一头滔滔不绝而另一头却无人在听……艺术在无情地消失，不再有宏大的图书计划，只剩下泛黄、难以辨认的手稿和剪报，一部伟大的清唱剧最终缩水成了无力的大提琴独奏，人们对巴赫的美妙音乐充耳不闻。JR 的商业帝国在崩塌前，曾要吞并一家造纸厂及其附属的出版社："杂志社正被收购，去完成与'三角公司'从木浆来源到造纸的各阶段垂直合并的局面，进入该领域后增长速度超过了军工业，使出版终端在同一处厂房内完成。"在小说的结尾，JR筹划的大型儿童百科全书已经出版了几卷，但却错误百出。加迪斯这部百科全书式的小说充满了反讽的力量，他笔下那些充满神话色彩的公司名称，让人们联想到卡尔·马克思和赫尔曼·梅尔维尔作品里出现在大工业时期机器厂房中的怪物。在19世纪，缠住拉奥孔的不再是蛇，而是电话线。加迪斯并不满足于区区几条蛇，小说中实力最强的公司被命名为"堤丰"——"大地之母"盖亚与"地狱之神"塔尔塔罗斯的儿子，长有一百个蛇头的巨人。

莱纳尔德·戈茨、神奇写字板和纸的气味

1924年10月，西格蒙德·弗洛伊德（Sigmund Freud）撰写了《神奇写字板上的笔记》（*Notiz über den Wunderblock*），阐述了他对心灵感知和记忆机制的理解。文章一开始，弗洛伊德对带有墨水字迹的纸和带有粉笔字迹的石板进行了对比。他认为，纸的优势在于字迹可以在纸上无期限保存，如同"永久的记忆痕迹"，而它的缺点则在于，书写面积有限，而且你如果要丢弃笔记，就要连作为书写载体的纸一起丢掉；石板的优势则在于上面的内容可以很容易地擦除，而不对书写平面造成损毁，石板在任何时候都能以全新的姿态迎接每一次记录，而这种无限的记录能力，却是以无法永久保存记忆痕迹为代价的。在弗

洛伊德看来，"神奇写字板"[1]就是人类认知系统的图像，因为它兼具纸和石板的功能："既能够随时记录，又可以将记录的内容永久保存。"赛璐珞板防止撕裂，而蜡纸则保留了之前被擦除的字迹，在二者的协同作用下，弗洛伊德看到了一种"无意识"的图像，这一图像向外部世界延伸出"触角"，"它们一旦尝到了外界的刺激，就会迅速撤回"。

弗洛伊德的兴趣在于，通过这种"神奇写字板"获得精神认知系统功能的图像。如果我们抛开这一层面，只看这种记录系统本身，就会发现，其中蕴含着两种互相叠加的基本模式：蜡版模式和编织模式，它们从古希腊罗马时期开始就调节着书写和书写载体的关系。蜡版模式的代表人物是比布利斯，在奥维德的《变形记》中，比布利斯爱上了自己的孪生弟弟，希望通过写信来向弟弟表达自己的爱意。她是蜡版和笔的理想使用者，因为乱伦的禁忌让她不得不将饱含深情的文字一遍遍擦掉重写。而与她相对的则是菲罗墨拉，忒柔斯将她强奸后，还把她的舌头砍了下来，避免她将自己的罪行公之于众。菲罗墨拉将她的遭遇编织在了一块布上，再把布交给了自己的姐姐。在这个故事中，文字和载体被不可分割地联结在了一起，符号需要借助载体，成为沉默的喉舌，揭露犯下的罪行。这两种基本

---

[1]　弗洛伊德讲的"神奇写字板"上面是透明的薄片，下面是深色的树脂板或蜡板。透明薄片又分为两层，上层是赛璐珞板，下层是蜡纸，可以贴在下面的板子上。用笔在赛璐珞板上写字，会在下面的深色板子上留下痕迹，显示出字迹；把上面的薄片掀起来，字迹就消失了，但下面的树脂板或蜡板上仍有凹痕。

模式反映了符号与符号载体之间关系的两极化，贯穿了记录媒介的整个历史。一台显示着文本处理程序空白页面的电脑显示器，就是这样的"神奇写字板"，既可以将上面的文字符号持续保留，也能永久删除。如今，通过那些被遗忘和被覆盖但可以在硬盘中被重新修复的数据，弗洛伊德可以找到"无意识"的图像了。然而，如果计算机连接上了互联网，那么，在弗洛伊德的文章中占据重要地位的信息存储和删除，就又增加了传播的可能性。

20世纪末期，从1998年2月到1999年1月，对弗洛伊德的理论持怀疑态度的莱纳尔德·格茨（Rainald Goetz）在互联网上公开发表了自己的日志，日志中的所有文章最终以纸质图书的形式出版，书名为《给所有人看的垃圾》（*Abfall für alle. Roman eines Jahres*）。在这本书里，技术基础设施仍有一些脆弱之处，作者讽刺性地称之为"电子世界的石器时代"，并将技术故障巧妙地转化为妙语和见解：

> 托马斯给我发了一封很好的邮件，电子世界的石器时代的诸神们决定，它应该沉淀在我的邮件程序里，排成一行长长的文字，就像项链上的文字彩珠一样，还无法打印出来。所以我还得重新誊写一遍，用手！比起阅读屏幕上的文章，我能更好地理解写在纸上的文字。正是电脑处理后的文本易变性使得垃圾开口说话、能够说话。

这段文字清楚地表明，书写的电子化先于阅读的电子化。同时，电脑书写所具有的"比布利斯特性"（可以随时对书写内容进行修改）以及写作内容的不稳定状态，也鼓励人们创作那些可供选择的、临时的、可被修订的文本。我们在讲现代写作与印刷图书的关系时已经知道，印刷出来的文本是固定的，而非印刷文本则是开放的。因为发表就意味着必须被印刷出来，所以我们可以说，发表的文章是固定的，而没有发表的文章就是开放的。网络作家格茨则恰好相反，他尝试采用一种"不固定的发表形式"，"网络发表这种特殊的发表形式，在于其无实体的、抽象的可用性，文章获得了更多的可能性，而不再仅仅是以实体的形式存在，网络文章只有在人们对某个话题感兴趣时才会被搜到。如果人们输入某个网址，看到的可能是某个作者尝试性地撰写的文章，可能出于一时冲动，可能第二天就会怀疑自己之前的观点，进而对文章进行修改或者干脆撤回……然而，所有这一切也都实现了一种发表的形式，因此，也需要遵守发表文章的规范"。

在"电子世界的石器时代"，格茨被公认为是网络写作的先驱，然而，写下《给所有人看的垃圾》的他具有内在双重性的身份，在这部网络日记的作者心中，隐藏着一位纸质图书作者，这决定了他必须遵守纸质图书作者"确定性"的义务，日志中的每一篇文章都记录了他的精神成果和物质成果。他有时会大声高喊："天啊，我们并不缺纸！"这句话并不仅仅指的是电脑显示器拥有无限的书写面积。他不再需要像杰克·凯鲁亚克^[1]那样要将长长的纸卷粘在一起，以便能够不间断地用打字机将一篇作品打出。然而，即使是他的网络日志，也描绘了一幅与纸张工作者并无差异的创作情景。早在创作网络日志的第一天，他就收到了出版社寄来的新书《锐舞》（*Rave*）的校样及修正过的封面打样，此后，这本书和其他书的校样不断出现，他也总是能收到各种传真件，打印店、信箱、报刊亭和书店是他必去的几个地方，墙上贴满了密密麻麻的纸条，打印机也必须时不时地修理，"令人窒息／沉迷在纸的疯狂中／美好的感觉""被纸淹没了"。这位网络作家的日常生活由他阅读的各种书籍、报纸和杂志构成，他偶尔也会参与其中的一些项目。"信件、书籍、办公室、邮件"这四点一线在他身上回荡。在他与出版商的沟通中，印刷品与确定性这一传统关联也反复产生作用，"汉斯-乌尔里希打来电话。讨论了关于排版的书面说明。修改，进一步说明，拒绝，权衡，确定"。作家对于自己印刷书籍的关注，并没有随着校样的更正而结束，这种关注甚至延续到了书籍的制作过程，以及用于内文和封面的纸张。因为对气味非常敏感，所以他给出版商打电话："是的，纸会放在这种大桶里，桶里有很多水，在造纸厂中，如果工人长时间不搅动这些桶，就会变成这样——是的，腐烂，闻起来会有点臭——他说：是的，会有点味道。但在我们的造纸厂，工人们会老老实实地搅拌。感谢造纸厂。"

---

[1] 杰克·凯鲁亚克（Jack Kerouac，1922—1969），美国作家，"垮掉的一代"的代表人物。其代表作《在路上》的原稿，就是他在一卷30米长的打字纸上一气呵成的。

更重要的是，人们可以触摸纸张，听它在手中沙沙作响，气味成为纸张所具有的"旧"物质性的真实象征，社会的数字化程度越高，越是如此。纸张的气味引导着这位网络作家走进这座现代化的造纸厂中，在这里，生产线的宽度已经达到了难以超越的 11 米，传送带传动的速度高达 33 米 / 秒。这位网络作家创作时消耗的大量纸张，很大一部分都来自废纸的再利用，当时德国的废纸利用率已接近 70%。

在"电子世界的石器时代"，作者与纸张重新建立物质联系，伴随着与书籍象征性形式的联系的重建。作者形象与纸质书籍这一概念还无法彻底分开。网络日志只有以书籍的形式呈现出来，才能够真正成为格茨的作品。1999 年 1 月初，也就是《给所有人看的垃圾》写作临近尾声的时候，作者去参观了柏林艺术学院档案馆中海纳·穆勒（Heiner Müller）的文学遗稿。曾经被手稿占据的空间，如今已经配备了各种电子设备，与用电脑来进行写作的房间无异。在网络日志的结尾，作家格茨强调了书籍、确定的内容与未印刷作品的界限："古老的书籍有自己的精神，而现在的涂鸦、笔迹、打印稿和修改过的文字，只是一种精神活动和能量残余，是已经死去、不复存在的东西。作家就是作品，是一本书的完成态……尝试着写出来的内容并不是一篇文章的早期形式，从写下它们的那一刻开始，它就成了对那一实验性时刻的一种纪念。人们不应该去接近这些实验性的材料，而是应该与它保持距离，以便让它们转化回其原本的功能。这样，你会找到那个拥有一切的人——所有的逸事、照片、产生的意象；另一方面，最重要的是与这些对象直接接触，与书接触。这里是终点，一切的终点，这里就是一切。通往作品的道路往往贯穿整部作品，通往作者的道路往往通向整个书籍世界。"

后　记

模拟^[1]和数字

1928年，保尔·瓦雷里在他的随笔《无处不在的征服》（*La conquête de l'ubiquité*）中虚构了一位哲学家，这位哲学家构想出了一个"为家庭传递感官体验"的公司。通过建立这个公司，哲学家也将瓦雷里对艺术未来的预言考虑了进来："近20年来，无论是物质还是时间和空间，都不再是自古以来那个样子了。人们必须估计到，伟大的革新会改变艺术的全部技巧，由此必将影响到艺术创作本身，最终或许还会导致以最迷人的方式改变艺术概念本身。艺术作品将会获得一种普遍性，它们会按照我们的召唤，顺从地在任何时间、任何地点出现或者重建。它们将不仅仅存在于自身之中，只要有人，有合适的设备，它们就会存在。艺术作品将不再仅仅是一种资源与起源，无论我们身处何地，都可以享受——而且是充分享受到它们的美。它们像水、空气和电流一样，从遥远的地方来到我们身边，满足我们的需求，而我们不必为此付出任何努力。它们向我们提供视觉和听觉的形象，这些形象跟一个信号差不多，只需一个简单

---

[1]　本章所讨论的"模拟"（Analoge）是与"数字"（Digital）相对的概念。

的手势就可以出现或消失。"瓦雷里的设想出现在他的一本关于音乐的文集中，是他在留声机和当时刚发明不久的收音机的启发下提出的。在瓦雷里看来，音乐是"与社会现实关系最为紧密"的艺术，因此，在艺术摆脱时间和空间界限的时代，音乐是天然的主角。他认为，根植于视觉领域的艺术形式，无论是艺术作品还是自然美景——"从太平洋上落下的夕阳，马德里收藏的提香画作"都会随之而来。

瓦雷里笔下的哲学家创立的这家公司将不得不成为一家大型的股份公司。跟那些大型能源公司一样，从19世纪末期开始，这家公司与钢铁工业一起成为影响日常生活的机构。它的商业模式是通过声音和图像的传播，使美学适应技术文明的便利性。在瓦雷里的预言中，住处就是送货地址，哲学家必须亲自追踪散落在城市各个角落的智能手机使用者。在未来，声音和图像可以通过微小的手势被唤起和消失，此时瓦雷里想到的显然是按一下电灯开关或者打开一个水龙头，拿起电话听筒应该也能算上。他的思想实验有一个重要前提：日常生活的高度电气化和机械化。20年之后，希格弗莱德·吉迪恩（Siegfried Giedion）在他的著作《机械化的决定作用》（*Mechanization Takes Command*, 1948）中，也从工厂和私人家庭的角度对这一点进行了描述。

我们在本书的开始就已经了解到，瓦雷里在他的微生物思想实验中将纸比喻成了蓄电池和导线，以强调其作为存储和传播媒介的重要性。然而，他是如何从强调纸在现代文明中的不可或缺演变为预言"无处不在的征服"（这让我们不得不联想到电视和互联网）的呢？

　　在瓦雷里所处的时代，这两则预言尚且是相辅相成的。尽管无线电广播已经在与特刊的竞争中获得了绝对优势，但纸张时代的终结仍然是大家所不能想象的，如果我们像瓦雷里所设想的那样，把纸张看作一种具有不同形态和功能的实体，就更不会觉得纸张时代会走向终结。纸张就像金钱一样，不会计较自己的每一个用途，无论是用作战争还是和平，用作革命还是反革命，用作行政管理还是私人信件。这一事实与它的可塑性一样，促进了其品类外观的不断变化，它可以是符合工业标准的A4纸，可以是超大号的书页，也可以是穿孔卡片。

　　然而，在21世纪之初的今天，电子媒介所带来的灾难，已经远远超出了瓦雷里在微生物思想实验中提出的假说。作家博托·施特劳斯（Botho Strauß）写道："如果有一种电子病毒，可以一举清空目前地球生活赖以生存的全部电子存储。瓦雷里提出的那些能够在短时间内摧毁地球上所有纸张的微生物，在行动速度方面与这些电子病毒具有天壤之别。这些微生物还没来得及出现，我们就已经改变了存储介质，实现了从纸质存储向无纸化存储的飞跃。然而，面对无所不在的电子病毒的威胁，我们又该何去何从呢？"施特劳斯所担忧的电子病毒还没有到来，但如果放弃纸质存储换来的是对电子存储的依赖，我们真的实现了"从纸质存储向无纸化存储"的飞跃了吗？

　　年轻的学科倾向于尽可能耸人听闻地展示它们的发现，以彰显自身的价值。也许，这就是为什么20世纪的媒介理论如此热衷于讨论"媒介革命"，这些革命塑造了整个时代，改变了人们的心态，分化了人们的信仰，甚至推动了现代化民族国家的诞生。而纸张还停留在旧有的常规中，维持着这种常规的稳定和发展，默默地为数据的存储和流通贡献着自己的力量，因此很难成为媒介革命中的主角。在新时代的媒介世界中，纸张只是众多文化技术中一个沉默的参与者，通常是与其他媒介合作发挥作用，与学者、商人、律师常用的一些不起眼的小工具，以及伟大的改革创新都保持着良好的关系。

　　将"谷登堡时代"嵌入纸张时代具有双重目的。一方面，我希望论证"从手稿到印刷"这一范式并不是对我们起源世界的唯一理解；另一方面，也能避免这个范式仓促地转变为"从模拟到数字"。诚然，电报消失了，列车时刻表也消失了，证券市场也许再也不会遭遇"纸化交易危机"，导航系统有时确实要比地图更加便利。但本书一开始概括这种现象的概念——"衰落"并不能告诉我们，在我们如今所处的过渡时期还会发生什么。它给人的印象是一场不均衡的运动，在某个地方可能会狂飙突进，在另一个地方则止步不前，也没有说明每个地方的稳固度究竟如何。从一个广泛的霸权地位上退却，不一定在任何时候都是不可逆的，甚至可能会有暂时的进步。我们无法知晓纸质书籍将会在遥远的未来扮演怎样的角色，就像我们无法知晓纸币和周期性出版的印刷刊物究竟会走向何方。尽管我们希望能够将每一种现象尽可能快速地对应到时间轴上，并清楚地标明起止日期。然而，正如印刷机将印刷文稿和非印刷文稿的同步对立带到世界上一样，如今，出现了模拟和数字的同步对立，这属于人类学家克洛德·列维－施特劳斯（Claude Lévi-Strauss）以"生食和熟食"的角度研究的二元对立的一种。

从这个意义上来讲，如果要追问纸张和电子纸之间的关系，那就应该将所有类型的纸张都包含进来，不管是装订过的还是未装订过的、印刷过的还是未印刷过的。每一种模拟格式都有对应的电子格式吗？那跟剪报相对应的是什么呢？正反两面在不同时间写了字的纸条呢？电子书和电子日报的关系与纸质书籍和印刷报纸的关系相同吗？如何对单个的页面进行比较？传统纸的基本单位准确的数字对应是什么，"页"吗？

在印刷品和非印刷品的同步对立中，我们已经看到，印刷书籍具有很高的确定性，而手写书稿则具有很高的开放性，在新的同步对立中，是否也存在这样的两极化趋势呢？一部小说的电子版与精装印刷版的内容可以一致，但电子版整合附加材料的方式与印刷版不同。具有不确定性的电子版要比确定的印刷版具有更大的潜在空间。如果你把这两种类型的书视为阅读设备，那么这首先是一种物质上的选择。但是，电子书在整合附加材料方面所具有的开放性特征，也凸显了与印刷书籍在材料和物理特性方面的基本区别。无论电子书收录了什么，它依然是一种阅读设备，它在阅读上的便利性是以限制个性化选择为代价的。当200本形态不同的精装印刷书以电子书的形式放入一台阅读设备上时，这些书的重量减轻了，也可以在旅行时一并带走。然而，它们之间的个性化特征也随之消失了。相反，印刷书籍尽管重量不可能有太大变化，但所具有的物质性及由此生成的外观是非常重要的加分项。瓦尔特·本雅明曾在《机械复制时代的艺术作品》（*Das Kunstwerk im Zeitalter seiner technischen Reproduzierbarkeit*）一书的开头，引用了本篇开头瓦雷里的那段文字。但在瓦雷里自己的文章里，他不仅对机械复制品不感兴趣，对原作也意兴阑珊。他认为，随处可见的提香的画，并不能作为原作在世界各地的艺术爱好者的家中流传。作品的真实性取决于材料和物理形态的独特性。任何印刷书籍都不具有这种独特性。然而，与电子书相比，印刷书籍可能会多一些原始格式的光环。相反，如果把电子书看作一种商品，那就还需要为其方便快捷付出另外一种代价：它更容易被盗版。

与电子书相比，数字化期刊的开放性更为显著。一份日报的印刷版尽管会经过数次更新，但每一次印刷的内容都是确定的。而用于平板电脑的数字版则提供了可以——也必须——接受或者拒绝的技术选择。这一点既适用于时间发展或者是更新的机会，又适用于每一篇单独文章的同步链接，或者是增加补充材料。只要不是突发新闻，出版商就必须自己权衡这些技术选择的使用频率，这决定了一张报纸的电子页面由什么构成，其中的空间也没有明确的规定。一个来自视听媒体领域的例子显示出，有多少力量影响了对选择的使用。遥控器与私人频道的建立和扩展，为电视消费提供了更多选择的可能性，它带来的影响并不局限于沙发的一角，还扩展到了电影院中。二者的区别在于，在电影院中，人们不能切换频道，只能离开。

保尔·瓦雷里的设想默认了一个前提，即作品的无处不在不仅包括空间中的同步流通，还包括在时间维度上的长期存储，维持着哈罗德·伊尼斯希望在时间偏向的媒体和空间偏向的媒体之间寻求的一种平衡。瓦雷里考虑的是音乐的全球直播及录制音乐会（或录音棚录音）的播出。如今，在我们的图书馆和档案馆中，许多馆藏书籍和文件都已经实现了数字化，其中包括中世纪的全部手稿、百科全书、大量的信件及年代久远的期刊。这么做的目的并不是想要用电子书取代传统印刷书籍，而是让两者平行存在。因为，在时间维度上，印刷书籍，特别是用老式布浆纸印制的书籍有一个基本的优势：它可以被修复，但无法被创新。与之相反，电子版则必须面对很长的时间维度，必须考虑不断对格式进行更新。

新来者总是会模仿它从中诞生的旧媒介，这是一个经验之谈。所以，当我们删除一份电子文档时，电子回收站也会发出沙沙的响声，用带有剪刀的图标可以剪切标记好的内容。电子屏幕上的打印机标志在模拟世界中也有一个伙伴：A4 纸。此外，与一开始人们总说的相反，电子纸并不缺乏触感。在展会和博物馆中，我们翻阅着古老的手稿。我们在庞大的电子数据中搜索，也会时不时地寻找一张小纸条，上面有我们在打电话时随手记下的重要信息。印刷不再等同于出版，他们在数字出版的时代已经具有了不同的含义。我们会在传统纸张上阅读和书写，也会在电子纸张上阅读和书写。瓦雷里笔下的微生物还有相当多的事情要做。如今，我们仍然生活在纸张的时代。

Weiße Magie

Die Epoche des Papiers